高等学校公共基础课系列教材

线性代数

（第二版）

主　编　乔宝明
副主编　伊晓玲　谢丽娟　马继丰　张金柱

西安电子科技大学出版社

内容简介

线性代数是高等学校理工类和经管类专业的一门数学基础课. 本书主要针对应用型本科院校的学生而编写. 为满足学生系统学习的需要，本书强化了实用性、科学性、针对性，实现了知识结构的整体优化.

本书叙述通俗易懂，语言简洁明快，并根据线性代数少学时的特点，对内容的深度和广度进行了适度调整。全书共分为六章：行列式、矩阵及其运算、矩阵的初等变换与线性方程组、向量组的线性相关性、相似矩阵及二次型、线性代数计算与 MATLAB 软件应用。前五章后都配有一定数量的习题，书末附有习题参考答案. 本书能适应国家对高等教育的新要求，并且体现了大学数学的通识属性及数学与其他学科的交叉性.

本书可作为普通高等院校理工类与经管类专业的本科生教材，也可作为学生考研的参考资料，还可以为其他科研人员提供帮助.

图书在版编目（CIP）数据

线性代数 / 乔宝明主编. -- 2 版. -- 西安 ：西安电子科技大学出版社，2025. 2. -- ISBN 978-7-5606-7555-8

Ⅰ. O151.2

中国国家版本馆 CIP 数据核字第 20250PD136 号

责任编辑　许青青

出版发行　西安电子科技大学出版社（西安市太白南路 2 号）

电　　话　(029) 88202421　88201467　　邮　　编　710071

网　　址　www.xduph.com　　电子邮箱　xdupfxb001@163.com

经　　销　新华书店

印刷单位　陕西天意印务有限责任公司

版　　次　2025 年 2 月　第 2 版　　2025 年 2 月第 1 次印刷

开　　本　787 毫米×1092 毫米　1/16　印张 12

字　　数　277 千字

定　　价　32.00 元

ISBN 978-7-5606-7555-8

XDUP 7856002-1

出版说明

本书为西安科技大学高新学院课程建设的最新成果之一. 西安科技大学高新学院是经教育部批准、由西安科技大学主办的全日制普通本科独立学院.

学院秉承西安科技大学六十余年厚重的历史文化积淀，坚持“为党育人，为国育才”教育使命，充分发挥学科优势和优质教育教学资源，注重“产学研用”的融合与学生高质量就业目标的达成，践行高水平应用型试点院校发展道路.

学院根据国家、城市发展的阶段性需求，现设置有科技与工程学院、经济管理与传媒艺术学院、国际教育与人文学院三个二级学院，以及马克思主义学院、公共基础部、体育部、外语中心部等教学单位，开设有本、专科专业 44 个，涵盖工、管、文、艺等多个学科门类，并联合学术、行业专家，根据人才培养的实际需要不断优化科学培养体系.

学院以高质量就业、高水平升学为责任，通过校企合作、订单式培养、建设双师团队与实践基地，提升学生职业能力与就业优势，通过书院制培养、中外合作办学，打造升学平台，拓宽升学通道，满足每位学子的学历提升需求. 学院以建设国际化、创新性、高水平应用型大学为使命，致力于培养实践动手能力强、具有创新创业思维和国际化视野的高素质应用型人才.

在全面、协调发展的同时，学院以人才培养为根本目标，高度重视以课程设计为基本内容的各项专业建设，着力提升学院的核心竞争力. 学院大力推进教学内容和教学方法的变革与创新，努力建设与时俱进、先进实用的课程教学体系，在师资队伍、教学条件、社会实践及教材建设等方面不断增加投入、提高质量，努力打造能够适应时代挑战、实现自我发展的人才培养模式. 学院与西安电子科技大学出版社合作，发挥学院办学条件及优势，不断推出反映学院教学改革与创新成果的新教材，逐步完善学校特色教材系列，推动学院人才培养质量不断迈向新的台阶，同时为在全国建设独立本科教学示范体系、服务全国独立本科人才培养作出有益探索.

西安科技大学高新学院
西安电子科技大学出版社
2024 年 12 月

前　言

应用型本科教育的发展是高等教育进入大众化阶段的必然趋势，应用型本科教育已成为我国高等教育的重要组成部分. 线性代数作为应用型本科院校大多数专业的基础课程，在学生本科阶段的学习中有着举足轻重的作用. 本书就是结合上述需求，由长期从事应用型本科院校数学教学的一线教师编写而成的.

为满足应用型本科学生系统学习的需要，本书强化了实用性、科学性、针对性，实现了知识结构的整体优化. 与同类教材相比，本书在章节上进行了适度的调整，并结合应用型本科教学的特点，对定理的证明及理论性过强的内容作了适当的简化处理. 本书内容由易到难、深入浅出，章后习题丰富多样，既注重对基础知识点的训练，又注重对必要技巧的强化. 前五章的知识点通过思维导图的形式呈现，并在逻辑相关的知识点之间进行了关联标记，有助于学生理解、掌握知识脉络. 本书引入了 MATLAB 软件应用，内容自成体系，既有利于教师辅导学生理解数学的实用价值，培养其解决实际问题的能力，也方便学生自学，帮助有志于参加数学建模竞赛的学生打下坚实基础.

乔宝明(西安科技大学)担任本书主编，伊晓玲(西安科技大学高新学院)、谢丽娟(西安科技大学高新学院)、马继丰(西安科技大学)、张金柱(西安科技大学高新学院)担任副主编. 具体编写分工如下：第 1 章、第 4 章由伊晓玲编写；第 2 章由张金柱编写；第 3 章由谢丽娟编写；第 5 章、第 6 章由马继丰编写. 全书由乔宝明统稿.

限于编者水平，加之时间仓促，书中难免存在不足之处，恳请各位专家、同行和其他读者批评指正.

编　者

2024 年 10 月

目　录

第1章
行　列　式

行列式是研究线性方程组和矩阵的重要工具，同时在许多科学技术领域也有着广泛的应用. 本章主要介绍行列式的定义、性质与计算方法，以及求解线性方程组的克拉默(Cramer)法则.

1.1　二阶与三阶行列式

在初等数学中，已通过解二元、三元线性方程组引出二、三阶行列式的定义. 此处简单进行回顾.

1.1.1　二元线性方程组与二阶行列式

对于二元线性方程组

$$\begin{cases} a_{11}x_1 + a_{12}x_2 = b_1 \\ a_{21}x_1 + a_{22}x_2 = b_2 \end{cases}, \tag{1.1.1}$$

在初等数学中，主要通过消元法来进行求解. 消元法的基本过程如下：

首先，第一个方程等号两端同时乘 a_{22}，第二个方程等号两端同时乘 a_{12}，然后两个方程相减，这样就可以消去未知数 x_2，得

$$(a_{11}a_{22} - a_{12}a_{21})x_1 = b_1a_{22} - a_{12}b_2.$$

类似地，第一个方程等号两端同时乘 a_{21}，第二个方程等号两端同时乘 a_{11}，两个方程相减消去 x_1，得

$$(a_{11}a_{22} - a_{12}a_{21})x_2 = b_2a_{11} - a_{21}b_1.$$

当 $a_{11}a_{22} - a_{12}a_{21} \neq 0$ 时，求得方程组(1.1.1)的解为

$$\begin{cases} x_1 = \dfrac{b_1a_{22} - a_{12}b_2}{a_{11}a_{22} - a_{12}a_{21}} \\ x_2 = \dfrac{a_{11}b_2 - a_{21}b_1}{a_{11}a_{22} - a_{12}a_{21}} \end{cases}. \tag{1.1.2}$$

仔细观察式(1.1.2)会发现，x_1 和 x_2 的解具有相同的结构特征，主要有：

(1) 都是分式形式，且分母相同；

(2) 分子、分母都是两项的代数和(差)；

(3) 参与代数和的每一项都是两个元素的乘积.

为了方便记忆，根据上述特征，引入二阶行列式：

$$\begin{vmatrix} a_{11} & a_{12} \\ a_{21} & a_{22} \end{vmatrix} = a_{11}a_{22} - a_{12}a_{21}, \tag{1.1.3}$$

其中，数 $a_{ij}(i=1, 2; j=1, 2)$ 称为式(1.1.3)的元素. 元素 a_{ij} 的下标表示该元素在行列式中的位置，第一个下标 i 称为行标，表明该元素位于第 i 行，第二个下标 j 称为列标，表明该元素位于第 j 列.

上述二阶行列式的定义可用如图 1.1.1 所示的对角线法则来记忆：

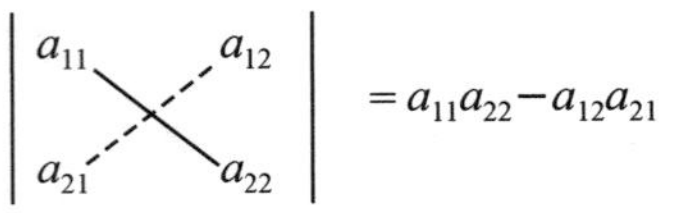

图 1.1.1

把 a_{11} 到 a_{22} 的实连线称为主对角线，a_{12} 到 a_{21} 的虚连线称为副对角线，于是二阶行列式便是主对角线上的两元素之积减去副对角线上的两元素之积所得的差.

若记

$$D = \begin{vmatrix} a_{11} & a_{12} \\ a_{21} & a_{22} \end{vmatrix}, \ D_1 = \begin{vmatrix} b_1 & a_{12} \\ b_2 & a_{22} \end{vmatrix}, \ D_2 = \begin{vmatrix} a_{11} & b_1 \\ a_{21} & b_2 \end{vmatrix},$$

那么式(1.1.2)可写成

$$\begin{cases} x_1 = \dfrac{D_1}{D} = \dfrac{\begin{vmatrix} b_1 & a_{12} \\ b_2 & a_{22} \end{vmatrix}}{\begin{vmatrix} a_{11} & a_{12} \\ a_{21} & a_{22} \end{vmatrix}} \\ x_2 = \dfrac{D_2}{D} = \dfrac{\begin{vmatrix} a_{11} & b_1 \\ a_{21} & b_2 \end{vmatrix}}{\begin{vmatrix} a_{11} & a_{12} \\ a_{21} & a_{22} \end{vmatrix}} \end{cases}. \tag{1.1.4}$$

值得说明的是：式(1.1.4)中的分母 D 是由方程组(1.1.1)的系数所确定的二阶行列式(称其为系数行列式)，x_1 的分子 D_1 是用常数项 b_1、b_2 替换 D 中 x_1 的系数 a_{11}、a_{21} 所得的二阶行列式，x_2 的分子 D_2 是用常数项 b_1、b_2 替换 D 中 x_2 的系数 a_{12}、a_{22} 所得的二阶行列式. 可以简单地理解为“求谁换谁”，即求未知数 x_1 时就将分母 D 中 x_1 的系数用相应的常数项换掉，从而形成分子 D_1；求未知数 x_2 时就将分母 D 中 x_2 的系数用相应的常数项换掉，从而形成分子 D_2.

【例 1.1.1】 求解二元线性方程组

$$\begin{cases} 3x_1 + x_2 = 5 \\ 2x_1 - x_2 = 1 \end{cases}.$$

解 由于

$$D = \begin{vmatrix} 3 & 1 \\ 2 & -1 \end{vmatrix} = -3 - 2 = -5 \neq 0,$$

$$D_1 = \begin{vmatrix} 5 & 1 \\ 1 & -1 \end{vmatrix} = -5 - 1 = -6,$$

$$D_2=\begin{vmatrix}3 & 5\\2 & 1\end{vmatrix}=3-10=-7,$$

所以原方程组的解为

$$x_1=\frac{D_1}{D}=\frac{-6}{-5}=\frac{6}{5},\ x_2=\frac{D_2}{D}=\frac{-7}{-5}=\frac{7}{5}.$$

1.1.2 三阶行列式

与二元线性方程组类似，含有三个未知量、三个方程式的线性方程组的一般形式为

$$\begin{cases}a_{11}x_1+a_{12}x_2+a_{13}x_3=b_1\\a_{21}x_1+a_{22}x_2+a_{23}x_3=b_2.\\a_{31}x_1+a_{32}x_2+a_{33}x_3=b_3\end{cases}\tag{1.1.5}$$

同样可以利用消元法对式(1.1.5)进行求解，当

$$a_{11}a_{22}a_{33}+a_{12}a_{23}a_{31}+a_{13}a_{21}a_{32}-a_{11}a_{23}a_{32}-a_{12}a_{21}a_{33}-a_{13}a_{22}a_{31}\neq 0$$

时，有

$$\begin{cases}x_1=\dfrac{b_1a_{22}a_{33}+a_{12}a_{23}b_3+a_{13}b_2a_{32}-b_1a_{23}a_{32}-a_{12}b_2a_{33}-a_{13}a_{22}b_3}{a_{11}a_{22}a_{33}+a_{12}a_{23}a_{31}+a_{13}a_{21}a_{32}-a_{11}a_{23}a_{32}-a_{12}a_{21}a_{33}-a_{13}a_{22}a_{31}}\\x_2=\dfrac{a_{11}b_2a_{33}+b_1a_{23}a_{31}+a_{13}a_{21}b_3-a_{11}a_{23}b_3-b_1a_{21}a_{33}-a_{13}b_2a_{31}}{a_{11}a_{22}a_{33}+a_{12}a_{23}a_{31}+a_{13}a_{21}a_{32}-a_{11}a_{23}a_{32}-a_{12}a_{21}a_{33}-a_{13}a_{22}a_{31}}.\\x_3=\dfrac{a_{11}a_{22}b_3+a_{12}b_2a_{31}+b_1a_{21}a_{32}-a_{11}b_2a_{32}-a_{12}a_{21}b_3-b_1a_{22}a_{31}}{a_{11}a_{22}a_{33}+a_{12}a_{23}a_{31}+a_{13}a_{21}a_{32}-a_{11}a_{23}a_{32}-a_{12}a_{21}a_{33}-a_{13}a_{22}a_{31}}\end{cases}\tag{1.1.6}$$

这就是三元方程组的解的公式. 这个公式形式比较烦琐. 为了便于记忆，下面引入三阶行列式的概念.

定义 1.1.1 设有 9 个数排成 3 行 3 列的数表

$$\begin{matrix}a_{11} & a_{12} & a_{13}\\a_{21} & a_{22} & a_{23}\\a_{31} & a_{32} & a_{33}\end{matrix},\tag{1.1.7}$$

并记

$$\begin{vmatrix}a_{11} & a_{12} & a_{13}\\a_{21} & a_{22} & a_{23}\\a_{31} & a_{32} & a_{33}\end{vmatrix}=a_{11}a_{22}a_{33}+a_{12}a_{23}a_{31}+a_{13}a_{21}a_{32}-a_{11}a_{23}a_{32}-a_{12}a_{21}a_{33}-a_{13}a_{22}a_{31},\tag{1.1.8}$$

式(1.1.8)称为式(1.1.7)所确定的三阶行列式.

上述定义表明三阶行列式为 6 项的代数和，每项均为位于不同行与不同列的三个元素的乘积再冠以正负号，其规律遵循图 1.1.2 所示的对角线法则，图中三条实线上三个元素的乘积冠正号，三条虚线上三个元素的乘积冠负号.

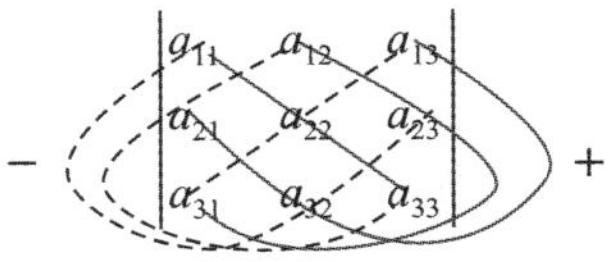

图 1.1.2

同样采用二元线性方程组求解过程中“求谁换谁”的思想，令

$$D_1=\begin{vmatrix} b_1 & a_{12} & a_{13} \\ b_2 & a_{22} & a_{23} \\ b_3 & a_{32} & a_{33} \end{vmatrix},\quad D_2=\begin{vmatrix} a_{11} & b_1 & a_{13} \\ a_{21} & b_2 & a_{23} \\ a_{31} & b_3 & a_{33} \end{vmatrix},\quad D_3=\begin{vmatrix} a_{11} & a_{12} & b_1 \\ a_{21} & a_{22} & b_2 \\ a_{31} & a_{32} & b_3 \end{vmatrix},$$

则方程组(1.1.5)的解[式(1.1.6)]可改写为

$$x_1=\frac{D_1}{D},\ x_2=\frac{D_2}{D},\ x_3=\frac{D_3}{D}.$$

【例 1.1.2】 计算三阶行列式

$$D=\begin{vmatrix} 1 & 2 & -3 \\ -2 & 2 & 1 \\ -3 & 4 & -2 \end{vmatrix}.$$

解 按对角线法则，有

$$\begin{aligned} D &=1\times2\times(-2)+2\times1\times(-3)+(-3)\times(-2)\times4-1\times1\times4- \\ &\quad 2\times(-2)\times(-2)-(-3)\times2\times(-3) \\ &=-4-6+24-4-8-18=-16. \end{aligned}$$

【例 1.1.3】 解方程组

$$\begin{cases} x_1-2x_2+x_3=-2 \\ 2x_1+x_2-3x_3=1 \\ -x_1+x_2-x_3=0 \end{cases}.$$

解 由于系数行列式

$$\begin{aligned} D &=\begin{vmatrix} 1 & -2 & 1 \\ 2 & 1 & -3 \\ -1 & 1 & -1 \end{vmatrix} \\ &=1\times1\times(-1)+(-2)\times(-3)\times(-1)+1\times2\times1- \\ &\quad 1\times1\times(-1)-(-2)\times2\times(-1)-1\times(-3)\times1 \\ &=-5\neq0, \end{aligned}$$

同理得

$$D_1=\begin{vmatrix} -2 & -2 & 1 \\ 1 & 1 & -3 \\ 0 & 1 & -1 \end{vmatrix}=-5,\quad D_2=\begin{vmatrix} 1 & -2 & 1 \\ 2 & 1 & -3 \\ -1 & 0 & -1 \end{vmatrix}=-10,$$

$$D_3=\begin{vmatrix} 1 & -2 & -2 \\ 2 & 1 & 1 \\ -1 & 1 & 0 \end{vmatrix}=-5,$$

故该方程组的解为

$$x_1=\frac{D_1}{D}=1,\ x_2=\frac{D_2}{D}=2,\ x_3=\frac{D_3}{D}=1.$$

【例 1.1.4】 求 a、b 满足什么条件时，有

$$\begin{vmatrix} a & b & 0 \\ -b & a & 0 \\ 1 & 0 & 1 \end{vmatrix}=0.$$

解 由于

$$\begin{vmatrix} a & b & 0 \\ -b & a & 0 \\ 1 & 0 & 1 \end{vmatrix}=a^2+b^2,$$

因此，若要使 $a^2+b^2=0$，则要求 a、b 同时为零，即当 $a=0$，$b=0$ 时，给定的行列式等于零.

【例 1.1.5】 求解方程 $\begin{vmatrix} 1 & 1 & 1 \\ 2 & 3 & x \\ 4 & 9 & x^2 \end{vmatrix}=0.$

解 方程左端的三阶行列式

$$D=3x^2+4x+18-9x-2x^2-12=x^2-5x+6.$$

由 $x^2-5x+6=0$，解得 $x=2$ 或 $x=3$.

对角线法则只适用于二阶与三阶行列式. 为了研究更高阶的行列式，下面介绍有关全排列与逆序数的知识，然后引出 n 阶行列式的概念.

1.2 全排列与逆序数

1.2.1 全排列

定义 1.2.1 由 n 个不同的元素 1，2，3，…，n 排成的任一有序数组称为一个 n 级全排列，简称 n 级排列.

例如，1 3 2 是一个 3 级排列，1 2 3 4 5 是一个 5 级排列.

n 个不同元素的所有排列的个数通常用 P_n 表示，即

$$P_n=n\cdot(n-1)\cdot\cdots\cdot3\cdot2\cdot1=n!.$$

例如，由 1、2、3 这三个元素可以排出 3!=6 个 3 级排列，它们是：

1 2 3，1 3 2，2 1 3，2 3 1，3 1 2，3 2 1.

一般地，我们将一个 n 级排列记为 i_1，i_2，…，i_n，其中 i_1 是 1，2，…，n 中的某一个数，i_2 是余下的 $n-1$ 个数中的某一个数，以此类推.

1.2.2 逆序数

对于 n 个不同的元素，先规定各元素之间的一个标准次序(如 n 个不同的自然数，可规定由小到大为标准次序)，于是在这 n 个元素的任一排列中，当某两个元素的先后次序与标准次序不同时，就称发生了一个逆序.

定义 1.2.2 在 n 阶排列 i_1，i_2，…，i_n 中，如果有较大的数 i_j 排在较小的数 i_k 前面(即 $j<k$，但是 $i_j>i_k$)，则称 i_j 与 i_k 构成了一个逆序. 一个排列中所有逆序的总数称为这个排列的逆序数. 排列 i_1，i_2，…，i_n 的逆序数记作

$$t(i_1, i_2, \cdots, i_n).$$

逆序数为奇数的排列叫作奇排列，逆序数为偶数的排列叫作偶排列.

下面来讨论计算排列的逆序数的方法.

不失一般性，不妨设 n 个元素为 $1\sim n$ 这 n 个自然数，并规定由小到大为标准次序. 设 $p_1p_2\cdots p_n$ 为这个 n 个自然数的一个排列，考虑元素 $p_i(i=1, 2, \cdots, n)$，如果比 p_i 大的且排在 p_i 前面的元素有 t_i 个，就说 p_i 这个元素的逆序数是 t_i. 全体元素的逆序数总和

$$t=t_1+t_2+\cdots+t_n=\sum_{t=1}^{n}t_i \quad (i=1, 2, \cdots, n) \tag{1.2.1}$$

就是这个排列的逆序数.

【例 1.2.1】 求排列 635124 的逆序数，并判断此排列的奇偶性.

解 在这个排列中，6 排在首位，前面没有比它更大的数，故其逆序数为 0；

3 的前面只有 6 比它大，故 3 的逆序数为 1；

5 的前面也只有 6 比它大，故 5 的逆序数为 1；

1 的前面有 3 个数(6, 3, 5)比它大，故 1 的逆序数为 3；

2 的前面有 3 个数(6, 3, 5)比它大，故 2 的逆序数为 3；

4 的前面有 2 个数(6, 5)比它大，故 4 的逆序数为 2.

于是这个排列的逆序数为

$$t=0+1+1+3+3+2=10,$$

因此该排列为偶排列.

1.3 对换

为了方便研究 n 阶行列式的性质，我们先来讨论对换以及它与排列的奇偶性关系.

定义 1.3.1 在一个排列 $i_1\cdots i_s\cdots i_t\cdots i_n$ 中，如果只将 i_s 与 i_t 的位置互换(其余均不动)，则得到另一个排列 $i_1\cdots i_t\cdots i_s\cdots i_n$，这样的变换称为一次对换.

例如，在排列 32145 中将 2 与 4 对换，得到新的排列 34125.

我们会发现，奇排列 32145 经对换 2 与 4 之后，变成了偶排列 34125. 反之，也可以说偶排列 34125 经对换 4 与 2 之后，变成了奇排列 32145.

定理 1.3.1 一个排列中的任意两个元素对换，排列改变奇偶性.

证明 先证相邻对换的情形.

设排列为 $a_1\cdots a_l abb_1\cdots b_m$，对换 a 与 b，变为 $a_1\cdots a_l bab_1\cdots b_m$，显然，$a_1$，…，$a_l$ 和 b_1，…，b_m 这些元素的逆序数经过对换并不改变，而 a、b 两元素的逆序数改变如下：

当 $a<b$ 时，经对换后 a 的逆序数增加 1，而 b 的逆序数不变；

当 $a>b$ 时，经对换后 a 的逆序数不变，而 b 的逆序数减少 1.

所以排列 $a_1\cdots a_l abb_1\cdots b_m$ 与排列 $a_1\cdots a_l bab_1\cdots b_m$ 的奇偶性改变.

再证一般对换的情形.

设排列为 $a_1\cdots a_l ab_1\cdots b_m bc_1\cdots c_n$，把它作 m 次相邻对换，变成

$$a_1\cdots a_l a b b_1\cdots b_m c_1\cdots c_n,$$

再作 $m+1$ 次相邻对换，变成

$$a_1\cdots a_l b b_1\cdots b_m a c_1\cdots c_n,$$

总之，经 $2m+1$ 次相邻对换，排列 $a_1\cdots a_l a b_1\cdots b_m b c_1\cdots c_n$ 变成排列

$$a_1\cdots a_l b b_1\cdots b_m a c_1\cdots c_n,$$

所以这两个排列的奇偶性相反.

推论 奇(偶)排列变成标准排列的对换次数为奇(偶)数.

1.4 *n* 阶行列式的定义

为了给出 n 阶行列式的定义，我们回顾一下二、三阶行列式的结构. 二、三阶行列式的定义分别为

$$\begin{vmatrix} a_{11} & a_{12} \\ a_{21} & a_{22} \end{vmatrix} = a_{11}a_{22}-a_{12}a_{21},$$

$$\begin{vmatrix} a_{11} & a_{12} & a_{13} \\ a_{21} & a_{22} & a_{23} \\ a_{31} & a_{32} & a_{33} \end{vmatrix} = a_{11}a_{22}a_{33}+a_{12}a_{23}a_{31}+a_{13}a_{21}a_{32}-a_{11}a_{23}a_{32}-a_{12}a_{21}a_{33}-a_{13}a_{22}a_{31}.$$

通过仔细观察可以看出，二、三阶行列式的结构具有如下特点：

(1) 二阶行列式是由 2!项的代数和构成的，三阶行列式是由 3!项的代数和构成的.

(2) 二阶行列式的代数和的每一项是 2 个元素的乘积，且这 2 个元素来自不同行不同列. 三阶行列式的代数和的每一项是 3 个元素的乘积，且这 3 个元素来自不同行不同列.

(3) 代数和中的每一项，行标都是标准次序，若列标的逆序数为偶数(即列标为偶排列)，则该项前面为正号，若列标的逆序数为奇数(即列标为奇排列)，则该项前面为负号.

由此，二、三阶行列式还可以改写为

$$\begin{vmatrix} a_{11} & a_{12} \\ a_{21} & a_{22} \end{vmatrix} = \sum_{2!}(-1)^{t(p_1p_2)}a_{1p_1}a_{2p_2},$$

$$\begin{vmatrix} a_{11} & a_{12} & a_{13} \\ a_{21} & a_{22} & a_{23} \\ a_{31} & a_{32} & a_{33} \end{vmatrix} = \sum_{3!}(-1)^{t(p_1p_2p_3)}a_{1p_1}a_{2p_2}a_{3p_3}.$$

根据这一特点，我们可以把行列式推广到一般情形.

定义 1.4.1 由 n^2 个数 $a_{ij}(i, j=1, 2, \cdots, n)$按如下形式组成的 n 行 n 列的数表称为 n 阶行列式：

$$\begin{vmatrix} a_{11} & a_{12} & \cdots & a_{1n} \\ a_{21} & a_{22} & \cdots & a_{2n} \\ \vdots & \vdots & & \vdots \\ a_{n1} & a_{n2} & \cdots & a_{nn} \end{vmatrix}.$$

它是由 $n!$ 项构成的代数和，每一项都是来自不同行不同列的 n 个元素的乘积，当这 n 个元素的行标按升序排列时，以列标的逆序数作为 -1 的幂次为该项冠以相应的符号，即

$$\begin{vmatrix} a_{11} & a_{12} & \cdots & a_{1n} \\ a_{21} & a_{22} & \cdots & a_{2n} \\ \vdots & \vdots & & \vdots \\ a_{n1} & a_{n2} & \cdots & a_{nn} \end{vmatrix} = \sum_{n!} (-1)^{t(p_1 p_2 \cdots p_n)} a_{1p_1} a_{2p_2} \cdots a_{np_n}.$$

行列式通常用字母 D 表示，也可简记作 $\det(a_{ij})$.

需要说明的是，按定义 1.4.1 形成的二、三阶行列式与 1.1 节中用画对角线的方法形成的二、三阶行列式是一致的，而高于三阶的行列式不能用画对角线的方法定义. 同时，根据定义 1.4.1，一阶行列式 $|a|=a$，注意不要与绝对值记号混淆.

根据定义 1.4.1 容易获得以下常用结论：

$$\begin{vmatrix} \lambda_1 & & & \\ & \lambda_2 & & \\ & & \ddots & \\ & & & \lambda_n \end{vmatrix} = \lambda_1 \lambda_2 \cdots \lambda_n, \tag{1.4.1}$$

$$\begin{vmatrix} & & & \lambda_1 \\ & & \lambda_2 & \\ & \iddots & & \\ \lambda_n & & & \end{vmatrix} = (-1)^{\frac{n(n-1)}{2}} \lambda_1 \lambda_2 \cdots \lambda_n, \tag{1.4.2}$$

$$\begin{vmatrix} a_{11} & & & \\ a_{21} & a_{22} & & \\ \vdots & \vdots & \ddots & \\ a_{n1} & a_{n2} & \cdots & a_{nn} \end{vmatrix} = a_{11} a_{22} \cdots a_{nn}, \tag{1.4.3}$$

$$\begin{vmatrix} a_{11} & a_{12} & \cdots & a_{1n} \\ & a_{22} & \cdots & a_{2n} \\ & & \ddots & \vdots \\ & & & a_{nn} \end{vmatrix} = a_{11} a_{22} \cdots a_{nn}. \tag{1.4.4}$$

上述行列式中未写出的元素均为“0”. 式(1.4.1)和式(1.4.2)等号左端称为对角行列式，式(1.4.3)和式(1.4.4)等号左端分别称为下三角形行列式和上三角形行列式.

【例 1.4.1】 设

$$D_1 = \begin{vmatrix} a_{11} & a_{12} & \cdots & a_{1n} \\ a_{21} & a_{22} & \cdots & a_{2n} \\ \vdots & \vdots & & \vdots \\ a_{n1} & a_{n2} & \cdots & a_{nn} \end{vmatrix}, \quad D_2 = \begin{vmatrix} a_{11} & a_{12}b^{-1} & \cdots & a_{1n}b^{1-n} \\ a_{21}b & a_{22} & \cdots & a_{2n}b^{2-n} \\ \vdots & \vdots & & \vdots \\ a_{n1}b^{n-1} & a_{n2}b^{n-2} & \cdots & a_{nn} \end{vmatrix},$$

证明：$D_1 = D_2$.

证明 根据行列式的定义可得

$$D_1=\begin{vmatrix} a_{11} & a_{12} & \cdots & a_{1n} \\ a_{21} & a_{22} & \cdots & a_{2n} \\ \vdots & \vdots & & \vdots \\ a_{n1} & a_{n2} & \cdots & a_{nn} \end{vmatrix}=\sum_{n!}(-1)^{t(p_1p_2\cdots p_n)}a_{1p_1}a_{2p_2}\cdots a_{np_n},$$

$$D_2=\begin{vmatrix} a_{11} & a_{12}b^{-1} & \cdots & a_{1n}b^{1-n} \\ a_{21}b & a_{22} & \cdots & a_{2n}b^{2-n} \\ \vdots & \vdots & & \vdots \\ a_{n1}b^{n-1} & a_{n2}b^{n-2} & \cdots & a_{nn} \end{vmatrix}$$

$$=\sum_{n!}(-1)^{t(p_1p_2\cdots p_n)}a_{1p_1}a_{2p_2}\cdots a_{np_n}b^{(1+2+\cdots+n)-(p_1+p_2+\cdots+p_n)}.$$

由于 $p_1+p_2+\cdots+p_n=1+2+\cdots+n$，因此

$$D_2=\sum_{n!}(-1)^{t(p_1p_2\cdots p_n)}a_{1p_1}a_{2p_2}\cdots a_{np_n}b^{(1+2+\cdots+n)-(p_1+p_2+\cdots+p_n)}$$

$$=\sum_{n!}(-1)^{t(p_1p_2\cdots p_n)}a_{1p_1}a_{2p_2}\cdots a_{np_n},$$

故 $D_1=D_2$.

下面来讨论行列式的另一种表示法.

对于行列式的任一项 $(-1)^t a_{1p_1}\cdots a_{ip_i}\cdots a_{jp_j}\cdots a_{np_n}$，其中 $1\cdots i\cdots j\cdots n$ 为自然排列，t 为排列 $p_1\cdots p_i\cdots p_j\cdots p_n$ 的逆序数，对换元素 a_{ip_i} 和 a_{jp_j}，变为 $(-1)^t a_{1p_1}\cdots a_{jp_j}\cdots a_{ip_i}\cdots a_{np_n}$，这时这一项的值不变，而行标排列与列标排列同时作了一次相应的对换. 设新的行标排列 $1\cdots j\cdots i\cdots n$ 的逆序数为 r，则 r 为奇数；设新的列标排列 $p_1\cdots p_j\cdots p_i\cdots p_n$ 的逆序数为 t_1，则 $(-1)^{t_1}=-(-1)^t$，故 $(-1)^t=(-1)^{r+t_1}$，于是

$$(-1)^t a_{1p_1}\cdots a_{ip_i}\cdots a_{jp_j}\cdots a_{np_n}=(-1)^{r+t_1}a_{1p_1}\cdots a_{jp_j}\cdots a_{ip_i}\cdots a_{np_n}.$$

这就表明，对换乘积中两元素的次序，从而行标排列和列标排列同时作了相应的对换，而行标排列与列标排列的逆序数之和并不改变奇偶性. 经过一次对换是如此，经过多次对换当然还是如此. 于是，经过若干次对换，使

(1) 列标排列 $p_1p_2\cdots p_n$(逆序数为 t)变为自然排列(逆序数为 0).

(2) 行标排列则相应地从自然排列变为某个新的排列，设此新排列为 $q_1q_2\cdots q_n$，其逆序数为 s，则有 $(-1)^t a_{1p_1}a_{2p_2}\cdots a_{np_n}=(-1)^s a_{q_11}a_{q_22}\cdots a_{q_nn}$.

又设 $p_i=j$，则 $q_j=i$(即 $a_{ip_i}=a_{ij}=a_{q_jj}$). 可见排列 $q_1q_2\cdots q_n$ 由排列 $p_1p_2\cdots p_n$ 唯一确定.

定理 1.4.1 n 阶行列式也可定义为

$$D=\begin{vmatrix} a_{11} & a_{12} & \cdots & a_{1n} \\ a_{21} & a_{22} & \cdots & a_{2n} \\ \vdots & \vdots & & \vdots \\ a_{n1} & a_{n2} & \cdots & a_{nn} \end{vmatrix}=\sum_{n!}(-1)^{t(p_1p_2\cdots p_n)}a_{p_11}a_{p_22}\cdots a_{p_nn}.$$

证明 按行列式的定义有

$$D=\sum_{n!}(-1)^{t(p_1p_2\cdots p_n)}a_{1p_1}a_{2p_2}\cdots a_{np_n}.$$

记

$$D_1=\sum_{n!}(-1)^{t(p_1p_2\cdots p_n)}a_{p_11}a_{p_22}\cdots a_{p_nn}.$$

对于 D 中的任意一项 $(-1)^{t(p_1p_2\cdots p_n)}a_{1p_1}a_{2p_2}\cdots a_{np_n}$，有且仅有 D_1 中的某一项 $(-1)^{s(q_1q_2\cdots q_n)}a_{q_11}a_{q_22}\cdots a_{q_nn}$ 与之对应相等.

反之，对于 D_1 中的任意一项 $(-1)^{t(p_1p_2\cdots p_n)}a_{p_11}a_{p_22}\cdots a_{p_nn}$，也有且仅有 D 中的某一项 $(-1)^{s(q_1q_2\cdots q_n)}a_{1q_1}a_{2q_2}\cdots a_{nq_n}$ 与之对应相等.

因此，D 中的项与 D_1 中的项具有一一对应相等的关系，从而 $D=D_1$.

定理 1.4.2 n 阶行列式也可定义为

$$D=\begin{vmatrix}a_{11}&a_{12}&\cdots&a_{1n}\\a_{21}&a_{22}&\cdots&a_{2n}\\\vdots&\vdots&&\vdots\\a_{n1}&a_{n2}&\cdots&a_{nn}\end{vmatrix}=\sum_{n!}(-1)^{t(p_1p_2\cdots p_n)+t(q_1q_2\cdots q_n)}a_{p_1q_1}a_{p_2q_2}\cdots a_{p_nq_n}.$$

该定理证明从略.

【例 1.4.2】 判断 $a_{14}a_{23}a_{31}a_{42}a_{56}a_{65}$ 和 $-a_{32}a_{43}a_{14}a_{51}a_{25}a_{66}$ 是否都是 6 阶行列式中的项.

解 $a_{14}a_{23}a_{31}a_{42}a_{56}a_{65}$ 和 $-a_{32}a_{43}a_{14}a_{51}a_{25}a_{66}$ 都是来自不同行不同列的元素的乘积，但 $a_{14}a_{23}a_{31}a_{42}a_{56}a_{65}$ 下标的逆序数为

$$t(123456)+t(431265)=6,$$

所以 $a_{14}a_{23}a_{31}a_{42}a_{56}a_{65}$ 是 6 阶行列式中的项. 而 $-a_{32}a_{43}a_{14}a_{51}a_{25}a_{66}$ 下标的逆序数为

$$t(341526)+t(234156)=8,$$

所以 $-a_{32}a_{43}a_{14}a_{51}a_{25}a_{66}$ 不是 6 阶行列式中的项.

1.5 行列式的性质

除了二、三阶行列式和一些特殊的行列式之外，直接利用行列式的定义进行计算是比较烦琐的. 本节主要对行列式的性质进行讨论，这些性质可以帮助我们简化行列式的计算过程.

设 $D=\begin{vmatrix}a_{11}&a_{12}&\cdots&a_{1n}\\a_{21}&a_{22}&\cdots&a_{2n}\\\vdots&\vdots&&\vdots\\a_{n1}&a_{n2}&\cdots&a_{nn}\end{vmatrix}$，将它的行依次变为相应的列，得 $D^{\mathrm{T}}=\begin{vmatrix}a_{11}&a_{21}&\cdots&a_{n1}\\a_{12}&a_{22}&\cdots&a_{n2}\\\vdots&\vdots&&\vdots\\a_{1n}&a_{2n}&\cdots&a_{nn}\end{vmatrix}$，称 D^{T} 为 D 的转置行列式.

为了讨论方便，我们给出下面的一些符号：

以 r_i 代表行列式的第 i 行，以 c_j 代表行列式的第 j 列.

(1) $r_i \leftrightarrow r_j$ 表示将行列式中的第 i 行与第 j 行互换位置；

(2) $c_i \leftrightarrow c_j$ 表示将行列式中的第 i 列与第 j 列互换位置；

(3) $r_i \times k$ 表示将行列式中的第 i 行元素全部乘以 k；

(4) $c_i \times k$ 表示将行列式中的第 i 列元素全部乘以 k；

(5) $r_i \div k$ 表示从行列式中的第 i 行元素提取公因子 k；

(6) $c_i \div k$ 表示从行列式中的第 i 列元素提取公因子 k；

(7) $r_i + kr_j$ 表示将行列式的第 i 行元素加上第 j 行元素的 k 倍(第 j 行元素保持不变)；

(8) $c_i + kc_j$ 表示将行列式的第 i 列元素加上第 j 列元素的 k 倍(第 j 列元素保持不变).

性质 1.5.1 行列式与它的转置行列式相等，即 $D = D^{\mathrm{T}}$.

证明 记 $D = \det(a_{ij})$ 的转置行列式

$$D^{\mathrm{T}} = \begin{vmatrix} b_{11} & b_{12} & \cdots & b_{1n} \\ b_{21} & b_{22} & \cdots & b_{2n} \\ \vdots & \vdots & & \vdots \\ b_{n1} & b_{n2} & \cdots & b_{nn} \end{vmatrix},$$

即 $b_{ij} = a_{ji}(i, j = 1, 2, \cdots, n)$，根据行列式的定义有

$$D^{\mathrm{T}} = \sum_{n!} (-1)^{t(p_1 p_2 \cdots p_n)} b_{1p_1} b_{2p_2} \cdots b_{np_n} = \sum_{n!} (-1)^{t(p_1 p_2 \cdots p_n)} a_{p_1 1} a_{p_2 2} \cdots a_{p_n n},$$

根据定理 1.4.1 有

$$D = \sum_{n!} (-1)^{t(p_1 p_2 \cdots p_n)} a_{p_1 1} a_{p_2 2} \cdots a_{p_n n},$$

故

$$D^{\mathrm{T}} = D.$$

该性质表明行列式中行与列具有同等的地位，因此，行列式的性质凡是对行成立的对列也同样成立，反之亦然.

例如，取 $D = \begin{vmatrix} 1 & 2 \\ 3 & 4 \end{vmatrix}$，则 $D^{\mathrm{T}} = \begin{vmatrix} 1 & 3 \\ 2 & 4 \end{vmatrix}$，显然 $D = D^{\mathrm{T}} = -2$.

性质 1.5.2 互换行列式的两行($r_i \leftrightarrow r_j$)或两列($c_i \leftrightarrow c_j$)，行列式的值变号.

证明 设行列式

$$D = \begin{vmatrix} a_{11} & a_{12} & \cdots & a_{1n} \\ \vdots & \vdots & & \vdots \\ a_{i1} & a_{i2} & \cdots & a_{in} \\ \vdots & \vdots & & \vdots \\ a_{j1} & a_{j2} & \cdots & a_{jn} \\ \vdots & \vdots & & \vdots \\ a_{n1} & a_{n2} & \cdots & a_{nn} \end{vmatrix} \begin{matrix} \\ \\ \leftarrow 第 i 行 \\ \\ \leftarrow 第 j 行 \\ \\ \\ \end{matrix}$$

交换行列式第 i 行与第 j 行对应元素($1 \leqslant i < j \leqslant n$)，得行列式

$$D_1=\begin{vmatrix} a_{11} & a_{12} & \cdots & a_{1n} \\ \vdots & \vdots & & \vdots \\ a_{j1} & a_{j2} & \cdots & a_{jn} \\ \vdots & \vdots & & \vdots \\ a_{i1} & a_{i2} & \cdots & a_{in} \\ \vdots & \vdots & & \vdots \\ a_{n1} & a_{n2} & \cdots & a_{nn} \end{vmatrix} \begin{matrix} \\ \\ \leftarrow \text{第 } i \text{ 行} \\ \\ \leftarrow \text{第 } j \text{ 行} \\ \\ \\ \end{matrix}$$

乘积 $a_{1p_1}\cdots a_{ip_i}\cdots a_{jp_j}\cdots a_{np_n}$ 在行列式 D 和 D_1 中都是取自不同行不同列的 n 个元素的乘积，而符号分别为 $(-1)^{s+t}$ 和 $(-1)^{s'+t}$，其中 s 为 D 中行标排列 $1\cdots i\cdots j\cdots n$ 的逆序数，s' 为 D_1 中行标排列 $1\cdots j\cdots i\cdots n$ 的逆序数. 而 D 和 D_1 中列标均为 t，没有变化. 显然，$(-1)^{s+t}=(-1)^t=-(-1)^{s'+t}$，即行列式 D 和 D_1 中一般项的奇偶性相反. 因此，$D=-D_1$.

推论 如果行列式有两行(列)完全相同，则此行列式等于零.

证明 把相同的两行互换，由 $D=-D$，可得 $D=0$.

性质 1.5.3 行列式的某一行(列)中所有的元素都乘以同一数 k($r_i\times k$ 或 $c_i\times k$)，则等于用数 k 乘此行列式.

证明 根据行列式的性质可得

$$\begin{aligned}\begin{vmatrix} a_{11} & a_{12} & \cdots & a_{1n} \\ \vdots & \vdots & & \vdots \\ ka_{i1} & ka_{i2} & \cdots & ka_{in} \\ \vdots & \vdots & & \vdots \\ a_{n1} & a_{n2} & \cdots & a_{nn} \end{vmatrix} &= \sum_{n!}(-1)^{t(p_1\cdots p_i\cdots p_j\cdots p_n)}a_{1p_1}\cdots ka_{ip_i}\cdots a_{np_n} \\ &= k\sum_{n!}(-1)^{t(p_1\cdots p_i\cdots p_j\cdots p_n)}a_{1p_1}\cdots a_{ip_i}\cdots a_{np_n} \\ &= k\begin{vmatrix} a_{11} & a_{12} & \cdots & a_{1n} \\ \vdots & \vdots & & \vdots \\ a_{i1} & a_{i2} & \cdots & a_{in} \\ \vdots & \vdots & & \vdots \\ a_{n1} & a_{n2} & \cdots & a_{nn} \end{vmatrix}.\end{aligned}$$

推论 行列式中某一行(列)中所有元素的公因子可以提到行列式的外面($r_i\div k$ 或 $c_i\div k$).

性质 1.5.4 行列式中如果有两行(列)元素成比例，则此行列式等于零.

证明 设行列式 $D=\det(a_{ij})$ 中，$a_{jk}=ca_{ik}$($k=1, 2, \cdots, n$)，即

$$D=\begin{vmatrix} a_{11} & a_{12} & \cdots & a_{1n} \\ \vdots & \vdots & & \vdots \\ a_{i1} & a_{i2} & \cdots & a_{in} \\ \vdots & \vdots & & \vdots \\ ca_{i1} & ca_{i2} & \cdots & ca_{in} \\ \vdots & \vdots & & \vdots \\ a_{n1} & a_{n2} & \cdots & a_{nn} \end{vmatrix} \begin{matrix} \\ \\ \leftarrow \text{第 } i \text{ 行} \\ \\ \leftarrow \text{第 } j \text{ 行} \\ \\ \\ \end{matrix}$$

由性质 1.5.3 的推论和性质 1.5.2 的推论可得

$$D=\begin{vmatrix} a_{11} & a_{12} & \cdots & a_{1n} \\ \vdots & \vdots & & \vdots \\ a_{i1} & a_{i2} & \cdots & a_{in} \\ \vdots & \vdots & & \vdots \\ ca_{i1} & ca_{i2} & \cdots & ca_{in} \\ \vdots & \vdots & & \vdots \\ a_{n1} & a_{n2} & \cdots & a_{nn} \end{vmatrix}=c\begin{vmatrix} a_{11} & a_{12} & \cdots & a_{1n} \\ \vdots & \vdots & & \vdots \\ a_{i1} & a_{i2} & \cdots & a_{in} \\ \vdots & \vdots & & \vdots \\ a_{i1} & a_{i2} & \cdots & a_{in} \\ \vdots & \vdots & & \vdots \\ a_{n1} & a_{n2} & \cdots & a_{nn} \end{vmatrix}$$

$$=c\times 0=0.$$

性质 1.5.5 若行列式的某一行(列)的所有元素都是两个数的和，则此行列式等于两个行列式的和. 这两个行列式的这一行(列)的元素分别为对应的两个加数之一，其余各行(列)的元素与原行列式相同，即设

$$D=\begin{vmatrix} a_{11} & a_{12} & \cdots & a_{1n} \\ \vdots & \vdots & & \vdots \\ a_{i1}+b_{i1} & a_{i2}+b_{i2} & \cdots & a_{in}+b_{in} \\ \vdots & \vdots & & \vdots \\ a_{n1} & a_{n2} & \cdots & a_{nn} \end{vmatrix},$$

$$D_1=\begin{vmatrix} a_{11} & a_{12} & \cdots & a_{1n} \\ \vdots & \vdots & & \vdots \\ a_{i1} & a_{i2} & \cdots & a_{in} \\ \vdots & \vdots & & \vdots \\ a_{n1} & a_{n2} & \cdots & a_{nn} \end{vmatrix},$$

$$D_2=\begin{vmatrix} a_{11} & a_{12} & \cdots & a_{1n} \\ \vdots & \vdots & & \vdots \\ b_{i1} & b_{i2} & \cdots & b_{in} \\ \vdots & \vdots & & \vdots \\ a_{n1} & a_{n2} & \cdots & a_{nn} \end{vmatrix},$$

则 $D=D_1+D_2$.

证明 由行列式定义可得

$$D=\sum_{n!}(-1)^{t(p_1p_2\cdots p_n)}a_{1p_1}a_{2p_2}\cdots(a_{ip_i}+b_{ip_i})\cdots a_{np_n}$$

$$=\sum_{n!}(-1)^{t(p_1p_2\cdots p_n)}a_{1p_1}a_{2p_2}\cdots a_{ip_i}\cdots a_{np_n}+\sum_{n!}(-1)^{t(p_1p_2\cdots p_n)}a_{1p_1}a_{2p_2}\cdots b_{ip_i}\cdots a_{np_n}$$

$$=D_1+D_2.$$

性质 1.5.6 把行列式的某一行(列)的各元素乘以同一数然后加到另一行(列)对应的元素上去(r_i+kr_j 或 c_i+kc_j)，行列式不变，即

$$\begin{vmatrix} a_{11} & a_{12} & \cdots & a_{1n} \\ \vdots & \vdots & & \vdots \\ a_{i1} & a_{i2} & \cdots & a_{in} \\ \vdots & \vdots & & \vdots \\ a_{j1} & a_{j2} & \cdots & a_{jn} \\ \vdots & \vdots & & \vdots \\ a_{n1} & a_{n2} & \cdots & a_{nn} \end{vmatrix} \xlongequal{r_i+kr_j} \begin{vmatrix} a_{11} & a_{12} & \cdots & a_{1n} \\ \vdots & \vdots & & \vdots \\ a_{i1}+ka_{j1} & a_{i2}+ka_{j2} & \cdots & a_{in}+ka_{jn} \\ \vdots & \vdots & & \vdots \\ a_{j1} & a_{j2} & \cdots & a_{jn} \\ \vdots & \vdots & & \vdots \\ a_{n1} & a_{n2} & \cdots & a_{nn} \end{vmatrix}.$$

证明 由性质 1.5.5 可得

$$\begin{vmatrix} a_{11} & a_{12} & \cdots & a_{1n} \\ \vdots & \vdots & & \vdots \\ a_{i1}+ka_{j1} & a_{i2}+ka_{j2} & \cdots & a_{in}+ka_{jn} \\ \vdots & \vdots & & \vdots \\ a_{j1} & a_{j2} & \cdots & a_{jn} \\ \vdots & \vdots & & \vdots \\ a_{n1} & a_{n2} & \cdots & a_{nn} \end{vmatrix} = \begin{vmatrix} a_{11} & a_{12} & \cdots & a_{1n} \\ \vdots & \vdots & & \vdots \\ a_{i1} & a_{i2} & \cdots & a_{in} \\ \vdots & \vdots & & \vdots \\ a_{j1} & a_{j2} & \cdots & a_{jn} \\ \vdots & \vdots & & \vdots \\ a_{n1} & a_{n2} & \cdots & a_{nn} \end{vmatrix} + \begin{vmatrix} a_{11} & a_{12} & \cdots & a_{1n} \\ \vdots & \vdots & & \vdots \\ ka_{j1} & ka_{j2} & \cdots & ka_{jn} \\ \vdots & \vdots & & \vdots \\ a_{j1} & a_{j2} & \cdots & a_{jn} \\ \vdots & \vdots & & \vdots \\ a_{n1} & a_{n2} & \cdots & a_{nn} \end{vmatrix}.$$

再由性质 1.5.4 知

$$\begin{vmatrix} a_{11} & a_{12} & \cdots & a_{1n} \\ \vdots & \vdots & & \vdots \\ ka_{j1} & ka_{j2} & \cdots & ka_{jn} \\ \vdots & \vdots & & \vdots \\ a_{j1} & a_{j2} & \cdots & a_{jn} \\ \vdots & \vdots & & \vdots \\ a_{n1} & a_{n2} & \cdots & a_{nn} \end{vmatrix} = 0,$$

故原式成立.

在计算行列式的值的过程中，一种常见的办法就是灵活运用上述性质，将行列式化为三角形行列式，从而计算出行列式的结果.

【例 1.5.1】 计算行列式

$$D = \begin{vmatrix} 1 & -1 & 2 & -3 & 1 \\ -3 & 3 & -7 & 9 & -5 \\ 2 & 0 & 4 & -2 & 1 \\ 3 & -5 & 7 & -14 & 6 \\ 4 & -4 & 10 & -10 & 2 \end{vmatrix}.$$

解 $D \xlongequal{r_2+3r_1} \begin{vmatrix} 1 & -1 & 2 & -3 & 1 \\ 0 & 0 & -1 & 0 & -2 \\ 2 & 0 & 4 & -2 & 1 \\ 3 & -5 & 7 & -14 & 6 \\ 4 & -4 & 10 & -10 & 2 \end{vmatrix} \xlongequal[r_5-4r_1]{\substack{r_3-2r_1 \\ r_4-3r_1}} \begin{vmatrix} 1 & -1 & 2 & -3 & 1 \\ 0 & 0 & -1 & 0 & -2 \\ 0 & 2 & 0 & 4 & -1 \\ 0 & -2 & 1 & -5 & 3 \\ 0 & 0 & 2 & 2 & -2 \end{vmatrix}$

$$\xlongequal{r_2 \leftrightarrow r_4} -\begin{vmatrix} 1 & -1 & 2 & -3 & 1 \\ 0 & -2 & 1 & -5 & 3 \\ 0 & 2 & 0 & 4 & -1 \\ 0 & 0 & -1 & 0 & -2 \\ 0 & 0 & 2 & 2 & -2 \end{vmatrix} \xlongequal{r_3 + r_2} -\begin{vmatrix} 1 & -1 & 2 & -3 & 1 \\ 0 & -2 & 1 & -5 & 3 \\ 0 & 0 & 1 & -1 & 2 \\ 0 & 0 & -1 & 0 & -2 \\ 0 & 0 & 2 & 2 & -2 \end{vmatrix}$$

$$\xlongequal[r_5 - 2r_3]{r_4 + r_3} -\begin{vmatrix} 1 & -1 & 2 & -3 & 1 \\ 0 & -2 & 1 & -5 & 3 \\ 0 & 0 & 1 & -1 & 2 \\ 0 & 0 & 0 & -1 & 0 \\ 0 & 0 & 0 & 4 & -6 \end{vmatrix} \xlongequal{r_5 + 4r_4} -\begin{vmatrix} 1 & -1 & 2 & -3 & 1 \\ 0 & -2 & 1 & -5 & 3 \\ 0 & 0 & 1 & -1 & 2 \\ 0 & 0 & 0 & -1 & 0 \\ 0 & 0 & 0 & 0 & -6 \end{vmatrix}$$

$$= -1 \times (-2) \times 1 \times (-1) \times (-6)$$

$$= 12.$$

【例 1.5.2】 计算行列式

$$D = \begin{vmatrix} 3 & 1 & 1 & 1 \\ 1 & 3 & 1 & 1 \\ 1 & 1 & 3 & 1 \\ 1 & 1 & 1 & 3 \end{vmatrix}.$$

解 这个行列式的特点是各列 4 个数之和都是 6. 首先把 2、3、4 行同时加到第 1 行，提出公因子 6，然后各行减去第一行.

$$D \xlongequal{r_1 + r_2 + r_3 + r_4} \begin{vmatrix} 6 & 6 & 6 & 6 \\ 1 & 3 & 1 & 1 \\ 1 & 1 & 3 & 1 \\ 1 & 1 & 1 & 3 \end{vmatrix} \xlongequal{r_1 \div 6} 6 \begin{vmatrix} 1 & 1 & 1 & 1 \\ 1 & 3 & 1 & 1 \\ 1 & 1 & 3 & 1 \\ 1 & 1 & 1 & 3 \end{vmatrix} \xlongequal[\substack{r_3 - r_1 \\ r_4 - r_1}]{r_2 - r_1} 6 \begin{vmatrix} 1 & 1 & 1 & 1 \\ 0 & 2 & 0 & 0 \\ 0 & 0 & 2 & 0 \\ 0 & 0 & 0 & 2 \end{vmatrix} = 48.$$

【例 1.5.3】 证明

$$\begin{vmatrix} a^2 & (a+1)^2 & (a+2)^2 & (a+3)^2 \\ b^2 & (b+1)^2 & (b+2)^2 & (b+3)^2 \\ c^2 & (c+1)^2 & (c+2)^2 & (c+3)^2 \\ d^2 & (d+1)^2 & (d+2)^2 & (d+3)^2 \end{vmatrix} = 0.$$

证明

$$\text{左边} \xlongequal[i=2,3,4]{c_i - c_1} \begin{vmatrix} a^2 & 2a+1 & 4a+4 & 6a+9 \\ b^2 & 2b+1 & 4b+4 & 6b+9 \\ c^2 & 2c+1 & 4c+4 & 6c+9 \\ d^2 & 2d+1 & 4d+4 & 6d+9 \end{vmatrix} \xlongequal[c_4 - 3c_2]{c_3 - 2c_2} \begin{vmatrix} a^2 & 2a+1 & 2 & 6 \\ b^2 & 2b+1 & 2 & 6 \\ c^2 & 2c+1 & 2 & 6 \\ d^2 & 2d+1 & 2 & 6 \end{vmatrix} = 0 = \text{右边}.$$

【例 1.5.4】 计算行列式

$$D = \begin{vmatrix} a & b & c & d \\ a & a+b & a+b+c & a+b+c+d \\ a & 2a+b & 3a+2b+c & 4a+3b+2c+d \\ a & 3a+b & 6a+3b+c & 10a+6b+3c+d \end{vmatrix}.$$

解 从第 4 行开始，后行依次减去前行，得

$$D\xlongequal[r_2-r_1]{\substack{r_4-r_3\\r_3-r_2}}\begin{vmatrix}a&b&c&d\\0&a&a+b&a+b+c\\0&a&2a+b&3a+2b+c\\0&a&3a+b&6a+3b+c\end{vmatrix}\xlongequal[r_3-r_2]{r_4-r_3}\begin{vmatrix}a&b&c&d\\0&a&a+b&a+b+c\\0&0&a&2a+b\\0&0&a&3a+b\end{vmatrix}$$

$$\xlongequal{r_4-r_3}\begin{vmatrix}a&b&c&d\\0&a&a+b&a+b+c\\0&0&a&2a+b\\0&0&0&a\end{vmatrix}=a^4.$$

【例 1.5.5】 计算行列式

$$D=\begin{vmatrix}101&1&0&1\\100&-1&1&3\\99&-1&1&3\\98&-2&3&4\end{vmatrix}.$$

解 根据性质将行列式分成两个行列式的和，即

$$D=\begin{vmatrix}101&1&0&1\\100&-1&1&3\\99&-1&1&3\\98&-2&3&4\end{vmatrix}=\begin{vmatrix}100&1&0&1\\100&-1&1&3\\100&-1&1&3\\100&-2&3&4\end{vmatrix}+\begin{vmatrix}1&1&0&1\\0&-1&1&3\\-1&-1&1&3\\-2&-2&3&4\end{vmatrix}.$$

其中：

$$D_1=\begin{vmatrix}100&1&0&1\\100&-1&1&3\\100&-1&1&3\\100&-2&3&4\end{vmatrix}=0,$$

$$D_2=\begin{vmatrix}1&1&0&1\\0&-1&1&3\\-1&-1&1&3\\-2&-2&3&4\end{vmatrix}\xlongequal[r_4+2r_1]{r_3+r_1}\begin{vmatrix}1&1&0&1\\0&-1&1&3\\0&0&1&4\\0&0&3&6\end{vmatrix}\xlongequal{r_4-3r_3}\begin{vmatrix}1&1&0&1\\0&-1&1&3\\0&0&1&4\\0&0&0&-6\end{vmatrix}=6,$$

所以 $D=D_1+D_2=0+6=6$.

【例 1.5.6】 设

$$D=\begin{vmatrix}a_{11}&\cdots&a_{1k}&&&\\\vdots&&\vdots&&\mathbf{0}&\\a_{k1}&\cdots&a_{kk}&&&\\c_{11}&\cdots&c_{1k}&b_{11}&\cdots&b_{1n}\\\vdots&&\vdots&\vdots&&\vdots\\c_{n1}&\cdots&c_{nk}&b_{n1}&\cdots&b_{nn}\end{vmatrix},$$

$$D_1=\det(a_{ij})=\begin{vmatrix}a_{11}&\cdots&a_{1k}\\\vdots&&\vdots\\a_{k1}&\cdots&a_{kk}\end{vmatrix},$$

$$D_2=\det(b_{ij})=\begin{vmatrix} b_{11} & \cdots & b_{1n} \\ \vdots & & \vdots \\ b_{n1} & \cdots & b_{nn} \end{vmatrix}.$$

证明 $D=D_1D_2$，并计算行列式

$$D=\begin{vmatrix} 1 & 2 & 0 & 0 \\ 3 & 4 & 0 & 0 \\ 1 & 0 & 2 & 1 \\ 0 & 1 & 1 & 2 \end{vmatrix}.$$

证明 利用行列式的性质对 D_1 和 D_2 分别施以行运算和列运算，可将 D_1、D_2 分别化为下三角形行列式，即

$$D_1=\begin{vmatrix} p_{11} & & 0 \\ \vdots & \ddots & \\ p_{k1} & \cdots & p_{kk} \end{vmatrix}=p_{11}\cdots p_{kk},$$

$$D_2=\begin{vmatrix} q_{11} & & 0 \\ \vdots & \ddots & \\ q_{n1} & \cdots & q_{nn} \end{vmatrix}=q_{11}\cdots q_{nn},$$

于是，对 D 的前 k 行作行运算，再对后 n 列作列运算，把 D 化为下三角形行列式

$$D=\begin{vmatrix} p_{11} & & & & & \\ \vdots & \ddots & & & \mathbf{0} & \\ p_{k1} & \cdots & p_{kk} & & & \\ c_{11} & \cdots & c_{1k} & q_{11} & & \\ \vdots & & \vdots & \vdots & \ddots & \\ c_{n1} & \cdots & c_{nk} & q_{n1} & \cdots & q_{nn} \end{vmatrix},$$

故 $D=p_{11}\cdots p_{kk}\cdot q_{11}\cdots q_{nn}=D_1D_2$.

对于行列式

$$D=\begin{vmatrix} 1 & 2 & 0 & 0 \\ 3 & 4 & 0 & 0 \\ 1 & 0 & 2 & 1 \\ 0 & 1 & 1 & 2 \end{vmatrix},$$

设

$$D_1=\begin{vmatrix} 1 & 2 \\ 3 & 4 \end{vmatrix}=-2,\ D_2=\begin{vmatrix} 2 & 1 \\ 1 & 2 \end{vmatrix}=3,$$

则

$$D=\begin{vmatrix} 1 & 2 & 0 & 0 \\ 3 & 4 & 0 & 0 \\ 1 & 0 & 2 & 1 \\ 0 & 1 & 1 & 2 \end{vmatrix}=D_1D_2=-2\times3=-6.$$

1.6 行列式按行(列)展开

1.6.1 余子式与代数余子式

定义 1.6.1 在 n 阶行列式 $D=\begin{vmatrix} a_{11} & a_{12} & \cdots & a_{1n} \\ a_{21} & a_{22} & \cdots & a_{2n} \\ \vdots & \vdots & & \vdots \\ a_{n1} & a_{n2} & \cdots & a_{nn} \end{vmatrix}$ 中，划去元素 a_{ij} 所在的第 i 行和第 j 列，余下的元素按原来的顺序构成的 $n-1$ 阶行列式称为元素 a_{ij} 的余子式，记作 M_{ij}；而 $A_{ij}=(-1)^{i+j}M_{ij}$ 称为元素 a_{ij} 的代数余子式.

例如，三阶行列式 $\begin{vmatrix} a_{11} & a_{12} & a_{13} \\ a_{21} & a_{22} & a_{23} \\ a_{31} & a_{32} & a_{33} \end{vmatrix}$ 中元素 a_{23} 的余子式为 $M_{23}=\begin{vmatrix} a_{11} & a_{12} \\ a_{31} & a_{32} \end{vmatrix}$，而元素 a_{23} 的代数余子式为 $A_{23}=(-1)^{2+3}M_{23}=-M_{23}$.

四阶行列式 $\begin{vmatrix} 1 & 0 & -1 & 1 \\ 0 & -2 & -5 & 1 \\ 1 & x & 2 & 3 \\ 0 & 3 & 0 & 1 \end{vmatrix}$ 中元素 x 的代数余子式为 $A_{32}=(-1)^{3+2}\begin{vmatrix} 1 & -1 & 1 \\ 0 & -5 & 1 \\ 0 & 0 & 1 \end{vmatrix}=5$.

1.6.2 行列式按行(列)展开

引理 一个 n 阶行列式，如果其中第 i 行的所有元素除 (i, j) 元 a_{ij} 外都为零，那么这个行列式等于 a_{ij} 与它的代数余子式的乘积，即 $D=a_{ij}A_{ij}$.

证明 先证 $(i, j)=(1, 1)$ 的情形，此时

$$D=\begin{vmatrix} a_{11} & 0 & \cdots & 0 \\ a_{21} & a_{22} & \cdots & a_{2n} \\ \vdots & \vdots & & \vdots \\ a_{n1} & a_{n2} & \cdots & a_{nn} \end{vmatrix},$$

这是例 1.5.6 中当 $k=1$ 时的特殊情形，按例 1.5.6 的结论，即有 $D=a_{11}M_{11}$.

又因为 $A_{11}=(-1)^{1+1}M_{11}=M_{11}$，从而 $D=a_{11}M_{11}$.

再证一般情形，此时

$$D=\begin{vmatrix} a_{11} & \cdots & a_{1j} & \cdots & a_{1n} \\ \vdots & & \vdots & & \vdots \\ 0 & \cdots & a_{ij} & \cdots & 0 \\ \vdots & & \vdots & & \vdots \\ a_{n1} & \cdots & a_{nj} & \cdots & a_{nn} \end{vmatrix},$$

为了利用前面的结果，把 D 的行列作如下调换：① 先把 D 的第 i 行依次与第 $i-1$，第 $i-2$，…，1 行对调，这样 a_{ij} 就调成$(1, j)$元，调换的次数为 $i-1$；② 把第 j 列依次与第$j-1$，第 $j-2$，…，1 列对调，这样 a_{ij} 就调成$(1, 1)$元，调换的次数为 $j-1$；③ 经过 $i+j-2$ 次对调，把 a_{ij} 调成$(1, 1)$元，所得的行列式 $D_1=(-1)^{i+j-2}D=(-1)^{i+j}D$，而 D_1 中$(1, 1)$元的余子式就是 D 中(i, j)元的余子式 M_{ij}.

由于 D_1 中$(1, 1)$元为 a_{ij}，因此第 1 行其余元素都为 0，利用前面的结果，有 $D_1=a_{ij}M_{ij}$，于是 $D=(-1)^{i+j}D_1=(-1)^{i+j}a_{ij}M_{ij}=a_{ij}A_{ij}$.

定理 1.6.1 行列式 D 等于它的任意一行(列)的各元素与其对应的代数余子式的乘积之和，即

$$D=a_{i1}A_{i1}+a_{i2}A_{i2}+\cdots+a_{in}A_{in} \quad (i=1, 2, \cdots, n), \tag{1.6.1}$$

或

$$D=a_{1j}A_{1j}+a_{2j}A_{2j}+\cdots+a_{nj}A_{nj} \quad (j=1, 2, \cdots, n). \tag{1.6.2}$$

证明
$$D=\begin{vmatrix} a_{11} & a_{12} & \cdots & a_{1n} \\ \vdots & \vdots & & \vdots \\ a_{i1}+0+\cdots+0 & 0+a_{i2}+\cdots+0 & \cdots & 0+\cdots+0+a_{in} \\ \vdots & \vdots & & \vdots \\ a_{n1} & a_{n2} & \cdots & a_{nn} \end{vmatrix}$$

$$=\begin{vmatrix} a_{11} & a_{12} & \cdots & a_{1n} \\ \vdots & \vdots & & \vdots \\ a_{i1} & 0 & \cdots & 0 \\ \vdots & \vdots & & \vdots \\ a_{n1} & a_{n2} & \cdots & a_{nn} \end{vmatrix}+\begin{vmatrix} a_{11} & a_{12} & \cdots & a_{1n} \\ \vdots & \vdots & & \vdots \\ 0 & a_{i2} & \cdots & 0 \\ \vdots & \vdots & & \vdots \\ a_{n1} & a_{n2} & \cdots & a_{nn} \end{vmatrix}+\cdots+\begin{vmatrix} a_{11} & a_{12} & \cdots & a_{1n} \\ \vdots & \vdots & & \vdots \\ 0 & 0 & \cdots & a_{in} \\ \vdots & \vdots & & \vdots \\ a_{n1} & a_{n2} & \cdots & a_{nn} \end{vmatrix}.$$

根据引理，即得

$$D=a_{i1}A_{i1}+a_{i2}A_{i2}+\cdots+a_{in}A_{in} \quad (i=1, 2, \cdots, n),$$

类似地，若按列证明则可得

$$D=a_{1j}A_{1j}+a_{2j}A_{2j}+\cdots+a_{nj}A_{nj} \quad (j=1, 2, \cdots, n).$$

这个定理叫作行列式按行(列)展开法则.

由定理 1.6.1 还可得下述重要推论.

推论 行列式 D 的任意一行(列)的各元素与另一行(列)对应的代数余子式的乘积之和为零，即

$$a_{i1}A_{j1}+a_{i2}A_{j2}+\cdots+a_{in}A_{jn}=0 \quad (i\neq j) \tag{1.6.3}$$

或

$$a_{1i}A_{1j}+a_{2i}A_{2j}+\cdots+a_{ni}A_{nj}=0 \quad (i\neq j). \tag{1.6.4}$$

证明 将行列式 $D=\det(a_{ij})$按第 j 行展开，有

$$a_{j1}A_{j1}+a_{j2}A_{j2}+\cdots+a_{jn}A_{jn}=\begin{vmatrix} a_{11} & \cdots & a_{1n} \\ \vdots & & \vdots \\ a_{i1} & \cdots & a_{in} \\ \vdots & & \vdots \\ a_{j1} & \cdots & a_{jn} \\ \vdots & & \vdots \\ a_{n1} & \cdots & a_{nn} \end{vmatrix}.$$

在上式中把 a_{jk} 换成 $a_{ik}(k=1, \cdots, n)$，可得

$$a_{i1}A_{j1}+a_{i2}A_{j2}+\cdots+a_{in}A_{jn}=\begin{vmatrix} a_{11} & \cdots & a_{1n} \\ \vdots & & \vdots \\ a_{i1} & \cdots & a_{in} \\ \vdots & & \vdots \\ a_{i1} & \cdots & a_{in} \\ \vdots & & \vdots \\ a_{n1} & \cdots & a_{nn} \end{vmatrix} \begin{matrix} \\ \\ \leftarrow 第 i 行 \\ \\ \leftarrow 第 j 行 \\ \\ \\ \end{matrix}.$$

当 $i\neq j$ 时，上式右端行列式中有两行对应的元素相同，故行列式等于零，即得

$$a_{i1}A_{j1}+a_{i2}A_{j2}+\cdots+a_{in}A_{jn}=0 \quad (i\neq j).$$

同理，按列证明即可得

$$a_{1i}A_{1j}+a_{2i}A_{2j}+\cdots+a_{ni}A_{nj}=0 \quad (i\neq j).$$

综合定理 1.6.1 及其推论，有关代数余子式的重要性质如下：

$$\sum_{k=1}^{n} a_{ki}A_{kj}=D\delta_{ij}=\begin{cases} D & (i=j) \\ 0 & (i\neq j) \end{cases}$$

或

$$\sum_{k=1}^{n} a_{ik}A_{jk}=D\delta_{ij}=\begin{cases} D & (i=j) \\ 0 & (i\neq j) \end{cases}.$$

其中：

$$\delta_{ij}=\begin{cases} 1 & (i=j) \\ 0 & (i\neq j) \end{cases}.$$

利用行列式按行(列)法则，并结合行列式的性质，可以简化行列式的计算.

【例 1.6.1】 计算行列式

$$D=\begin{vmatrix} 5 & 3 & -1 & 2 & 0 \\ 1 & 7 & 2 & 5 & 2 \\ 0 & -2 & 3 & 1 & 0 \\ 0 & -4 & -1 & 4 & 0 \\ 0 & 2 & 3 & 5 & 0 \end{vmatrix}.$$

解 首先将行列式按第 5 列展开，得

$$D=(-1)^{2+5}2\begin{vmatrix} 5 & 3 & -1 & 2 \\ 0 & -2 & 3 & 1 \\ 0 & -4 & -1 & 4 \\ 0 & 2 & 3 & 5 \end{vmatrix},$$

进一步再按第 1 列展开，得

$$D=-2\times(-1)^{1+1}5\begin{vmatrix} -2 & 3 & 1 \\ -4 & -1 & 4 \\ 2 & 3 & 5 \end{vmatrix},$$

再利用行列式的性质可得

$$D=-10\begin{vmatrix}-2&3&1\\-4&-1&4\\2&3&5\end{vmatrix}\xlongequal[r_3+r_1]{r_2-2r_1}-10\begin{vmatrix}-2&3&1\\0&-7&2\\0&6&6\end{vmatrix}.$$

最后，按第1列展开得

$$D=-10\times(-2)\begin{vmatrix}-7&2\\6&6\end{vmatrix}=-1080.$$

【例 1.6.2】 计算

$$D_{2n}=\underbrace{\begin{vmatrix}a&&&&&&&b\\&a&&&&&b&\\&&\ddots&&&\iddots&&\\&&&a&b&&&\\&&&c&d&&&\\&&\iddots&&&\ddots&&\\&c&&&&&d&\\c&&&&&&&d\end{vmatrix}}_{2n}.$$

解 按第1行展开，有

$$D_{2n}=a\cdot\underbrace{\begin{vmatrix}a&&&&&b&0\\&\ddots&&&\iddots&&\vdots\\&&a&b&&&\vdots\\&&c&d&&&\vdots\\&\iddots&&&&&0\\c&&&&&d&0\\0&\cdots&\cdots&\cdots&\cdots&0&d\end{vmatrix}}_{2(n-1)}+b(-1)^{1+2n}\underbrace{\begin{vmatrix}0&a&&&&b\\&&\ddots&&\iddots&\\&&&a&b&\\&&&c&d&\\&&\iddots&&\ddots&\\0&c&&&&d\\c&0&&&&0\end{vmatrix}}_{2(n-1)}$$

$$=adD_{2(n-1)}-bc(-1)^{2n-1+1}D_{2(n-1)}=(ad-bc)D_{2(n-1)},$$

以此作递推公式，可得

$$\begin{aligned}D_{2n}&=(ad-bc)D_{2(n-1)}=(ad-bc)^2D_{2(n-2)}=\cdots\\&=(ad-bc)^{n-1}D_2=(ad-bc)^{n-1}\begin{vmatrix}a&b\\c&d\end{vmatrix}\\&=(ad-bc)^n.\end{aligned}$$

【例 1.6.3】 设 n 阶行列式为

$$D_n=\begin{vmatrix}1&2&3&\cdots&n\\1&2&0&\cdots&0\\1&0&3&\cdots&0\\\vdots&\vdots&\vdots&&\vdots\\1&0&0&\cdots&n\end{vmatrix},$$

求第一行各元素的代数余子式 $A_{11}+A_{12}+\cdots+A_{1n}$ 之和.

解 由于

$$A_{11}+A_{12}+\cdots+A_{1n}=1\times A_{11}+1\times A_{12}+\cdots+1\times A_{1n},$$

根据行列式按行展开法则可得

$$\begin{vmatrix} 1 & 1 & 1 & \cdots & 1 \\ 1 & 2 & 0 & \cdots & 0 \\ 1 & 0 & 3 & \cdots & 0 \\ \vdots & \vdots & \vdots & & \vdots \\ 1 & 0 & 0 & \cdots & n \end{vmatrix}=A_{11}+A_{12}+\cdots+A_{1n},$$

而

$$\begin{vmatrix} 1 & 1 & 1 & \cdots & 1 \\ 1 & 2 & 0 & \cdots & 0 \\ 1 & 0 & 3 & \cdots & 0 \\ \vdots & \vdots & \vdots & & \vdots \\ 1 & 0 & 0 & \cdots & n \end{vmatrix} \xlongequal[j=2,\cdots,n]{c_1-\frac{1}{j}c_j} \begin{vmatrix} 1-\sum\limits_{j=2}^{n}\frac{1}{j} & 1 & 1 & \cdots & 1 \\ 0 & 2 & 0 & \cdots & 0 \\ 0 & 0 & 3 & \cdots & 0 \\ \vdots & \vdots & \vdots & & \vdots \\ 0 & 0 & 0 & \cdots & n \end{vmatrix}$$

$$=n!\left(1-\sum_{j=2}^{n}\frac{1}{j}\right),$$

故

$$A_{11}+A_{12}+\cdots+A_{1n}=n!\left(1-\sum_{j=2}^{n}\frac{1}{j}\right).$$

【例 1.6.4】 证明范德蒙德(Vandermonde)行列式

$$D_n=\begin{vmatrix} 1 & 1 & \cdots & 1 \\ x_1 & x_2 & \cdots & x_n \\ x_1^2 & x_2^2 & \cdots & x_n^2 \\ \vdots & \vdots & & \vdots \\ x_1^{n-1} & x_2^{n-1} & \cdots & x_n^{n-1} \end{vmatrix}=\prod_{n\geqslant i>j\geqslant 1}(x_i-x_j),$$

其中，记号“$\prod$”表示全体同类因子的乘积.

证明 采用数学归纳法. 由于

$$D_2=\begin{vmatrix} 1 & 1 \\ x_1 & x_2 \end{vmatrix}=x_2-x_1=\prod_{2\geqslant i>j\geqslant 1}(x_i-x_j),$$

所以当 $n=2$ 时该式成立. 现在假设上式对于 $n-1$ 阶范德蒙德行列式成立，那么要证上式对于 n 阶范德蒙德行列式也成立.

为此，设法把 D_n 降阶，即从第 n 行开始，后行减去前行的 x_1 倍，有

$$D_n=\begin{vmatrix} 1 & 1 & 1 & \cdots & 1 \\ 0 & x_2-x_1 & x_3-x_1 & \cdots & x_n-x_1 \\ 0 & x_2(x_2-x_1) & x_3(x_3-x_1) & \cdots & x_n(x_n-x_1) \\ \vdots & \vdots & \vdots & & \vdots \\ 0 & x_2^{n-2}(x_2-x_1) & x_3^{n-2}(x_3-x_1) & \cdots & x_n^{n-2}(x_n-x_1) \end{vmatrix},$$

按第 1 列展开，并把每列的公因子 x_i-x_1 提出，就有

$$D_n=(x_2-x_1)(x_3-x_1)\cdots(x_n-x_1)\begin{vmatrix}1 & 1 & \cdots & 1\\ x_2 & x_3 & \cdots & x_n\\ \vdots & \vdots & & \vdots\\ x_2^{n-2} & x_3^{n-2} & \cdots & x_n^{n-2}\end{vmatrix},$$

上式右端的行列式是 $n-1$ 阶范德蒙德行列式，按归纳法假设，它等于所有 x_i-x_j 因子的乘积，其中 $n\geqslant i>j\geqslant 2$，故

$$D_n=(x_2-x_1)(x_3-x_1)\cdots(x_n-x_1)\prod_{n\geqslant i>j\geqslant 2}(x_i-x_j)=\prod_{n\geqslant i>j\geqslant 1}(x_i-x_j).$$

【例 1.6.5】 计算 4 阶行列式

$$D=\begin{vmatrix}1 & 2 & 3 & 4\\ 1 & 2^3 & 3^3 & 4^3\\ 1 & 2^5 & 3^5 & 4^5\\ 1 & 2^7 & 3^7 & 4^7\end{vmatrix}.$$

解

$$\begin{aligned}D&=4!\begin{vmatrix}1 & 1 & 1 & 1\\ 1 & 2^2 & 3^2 & 4^2\\ 1 & 2^4 & 3^4 & 4^4\\ 1 & 2^6 & 3^6 & 4^6\end{vmatrix}=24\prod_{4\geqslant i>j\geqslant 1}(i^2-j^2)\\&=24(2^2-1^2)(3^2-1^2)(4^2-1^2)(3^2-2^2)(4^2-2^2)(4^2-3^2)\\&=3\ 628\ 800.\end{aligned}$$

【例 1.6.6】 已知 4 阶行列式

$$D=\begin{vmatrix}1 & 1 & 7 & -1\\ 3 & 1 & 8 & 0\\ -2 & 1 & 4 & 3\\ 5 & 1 & 2 & 5\end{vmatrix},$$

求 $A_{14}+A_{24}+A_{34}+A_{44}$.

解 由于

$$A_{14}+A_{24}+A_{34}+A_{44}=1\times A_{14}+1\times A_{24}+1\times A_{34}+1\times A_{44},$$

这相当于第 2 列元素与第 4 列元素的代数余子式的乘积之和，根据定理 1.6.1 的推论可知

$$A_{14}+A_{24}+A_{34}+A_{44}=0.$$

1.6.3 行列式按 k 行(列)展开

定义 1.6.2 在 n 阶行列式 D 中，任意选定 k 行及 k 列($1\leqslant k\leqslant n$)，位于这些行及列交叉处的 k^2 个元素，按原来的顺序构成一个 k 阶行列式 N，称为 D 的一个 k 阶子式. 划去这 k 行 k 列后，余下的元素按原来的顺序构成一个 $n-k$ 阶行列式 M，叫作 k 阶子式 N 的余子式. 假定 N 所在的行的序数是 i_1, i_2, …, i_k，所在的列的序数是 j_1, j_2, …, j_k，那么 $(-1)^{i_1+i_2+\cdots+i_k+j_1+j_2+\cdots+j_k}M$ 叫作 k 阶子式 N 的代数余子式.

定理 1.6.2(拉普拉斯定理) 若在 n 阶行列式 D 中，取定某 k 行($1\leqslant k\leqslant n$)，则这 k

行的元素组成的所有 k 阶子式分别与它们的代数余子式的乘积之和等于 D.(证明略)

【例 1.6.7】 利用拉普拉斯定理计算 4 阶行列式:

$$D=\begin{vmatrix}1&6&0&0\\3&2&4&0\\0&5&3&2\\0&0&7&4\end{vmatrix}.$$

解 取定第一、二行,且不为零的二阶子式只有 3 个,即

$$N_1=\begin{vmatrix}1&6\\3&2\end{vmatrix}=-16,\ N_2=\begin{vmatrix}1&0\\3&4\end{vmatrix}=4,\ N_3=\begin{vmatrix}6&0\\2&4\end{vmatrix}=24.$$

其对应的代数余子式分别为

$$A_1=(-1)^{1+2+1+2}\begin{vmatrix}3&2\\7&4\end{vmatrix}=-2,\ A_2=(-1)^{1+2+1+3}\begin{vmatrix}5&2\\0&4\end{vmatrix}=-20,$$

$$A_3=(-1)^{1+2+2+3}\begin{vmatrix}0&2\\0&4\end{vmatrix}=0.$$

因此,有 $D=N_1A_1+N_2A_2+N_3A_3=-16\times(-2)+4\times(-20)+24\times0=-48$.

【例 1.6.8】 计算 $2n$ 阶行列式(其中空白处元素为 0,且 $ab\neq cd$):

$$D_{2n}=\begin{vmatrix}a&&&&&c\\&\ddots&&&\iddots&\\&&a&c&&\\&&d&b&&\\&\iddots&&&\ddots&\\d&&&&&b\end{vmatrix}.$$

解 在 D_{2n} 中取第一行、第 $2n$ 行,这两行的二阶子式中,只有一个不为零,即

$$\begin{vmatrix}a&c\\d&b\end{vmatrix}=ab-cd,$$

因此

$$\begin{aligned}D_{2n}&=\begin{vmatrix}a&c\\d&b\end{vmatrix}(-1)^{1+2n+1+2n}D_{2n-2}=(ab-cd)D_{2n-2}\\&=(ab-cd)^2D_{2n-4}=\cdots=(ab-cd)^{n-1}D_2=(ab-cd)^n.\end{aligned}$$

【例 1.6.9】 设 $D=\begin{vmatrix}D_1&0\\C&D_2\end{vmatrix}$,其中 $D_1=\begin{vmatrix}a_{11}&\cdots&a_{1k}\\\vdots&&\vdots\\a_{k1}&\cdots&a_{kk}\end{vmatrix}$,$D_2=\begin{vmatrix}b_{11}&\cdots&b_{1n}\\\vdots&&\vdots\\b_{n1}&\cdots&b_{nn}\end{vmatrix}$.

证明:$D=D_1D_2$.

证明 将 D 按前 k 行展开,因为前 k 行的 k 阶子式除 D_1 外全为零,而 D_1 的代数余子式是 $(-1)^{1+\cdots+k+1+\cdots+k}D_2=D_2$,所以由拉普拉斯定理得 $D=D_1D_2$.

类似地,有 $D=\begin{vmatrix}D_1&C\\0&D_2\end{vmatrix}=D_1\cdot D_2$.

例如,计算 $D=\begin{vmatrix}4&5&0&0\\2&3&0&0\\1&2&3&2\\3&0&5&6\end{vmatrix}$.

解 $D=\begin{vmatrix}4&5&0&0\\2&3&0&0\\1&2&3&2\\3&0&5&6\end{vmatrix}=\begin{vmatrix}4&5\\2&3\end{vmatrix}\times\begin{vmatrix}3&2\\5&6\end{vmatrix}=2\times 8=16.$

1.7 克拉默(Cramer)法则

1.7.1 非齐次线性方程组

含有 n 个未知数 x_1，x_2，…，x_n 的 n 个线性方程的方程组

$$\begin{cases}a_{11}x_1+a_{12}x_2+\cdots+a_{1n}x_n=b_1\\a_{21}x_1+a_{22}x_2+\cdots+a_{2n}x_n=b_2\\\qquad\vdots\\a_{n1}x_1+a_{n2}x_2+\cdots+a_{nn}x_n=b_n\end{cases},\tag{1.7.1}$$

当右端的常数项 b_1，b_2，…，b_n 不全为零时，该线性方程组称为非齐次线性方程组.

定理 1.7.1(克拉默法则) 若线性方程组(1.7.1)的系数行列式不等于零，即

$$D=\begin{vmatrix}a_{11}&a_{12}&\cdots&a_{1n}\\a_{21}&a_{22}&\cdots&a_{2n}\\\vdots&\vdots&&\vdots\\a_{n1}&a_{n2}&\cdots&a_{nn}\end{vmatrix}\neq 0,$$

则方程组有唯一解：

$$x_1=\frac{D_1}{D},\ x_2=\frac{D_2}{D},\ \cdots,\ x_n=\frac{D_n}{D}.\tag{1.7.2}$$

其中：

$$D_j=\begin{vmatrix}a_{11}&\cdots&a_{1,j-1}&b_1&a_{1,j+1}&\cdots&a_{1n}\\a_{21}&\cdots&a_{2,j-1}&b_2&a_{2,j+1}&\cdots&a_{2n}\\\vdots&&\vdots&\vdots&\vdots&&\vdots\\a_{n1}&\cdots&a_{n,j-1}&b_n&a_{n,j+1}&\cdots&a_{nn}\end{vmatrix}\quad(j=1,2,\cdots,n).$$

该定理的证明从略.

定理 1.7.1 从解的存在性、唯一性和解的形式这三个方面对方程组(1.7.1)的解进行了阐述. 从定理 1.7.1 的逆否命题不难看出，若方程组(1.7.1)无解或有两个不同的解，则其系数行列式必为零.

【例 1.7.1】 用克拉默法则解线性方程组

$$\begin{cases}x_1-4x_2+x_3+4x_4=1\\\qquad 2x_2+2x_3+x_4=0\\x_1+x_2\qquad\quad+3x_4=-1\\\quad -2x_2+3x_3+x_4=2\end{cases}.$$

解 因为

$$D=\begin{vmatrix}1&-4&1&4\\0&2&2&1\\1&0&1&3\\0&-2&3&1\end{vmatrix}=14\neq0,$$

$$D_1=\begin{vmatrix}1&-4&1&4\\0&2&2&1\\-1&0&1&3\\2&-2&3&1\end{vmatrix}=-30,\ D_2=\begin{vmatrix}1&1&1&4\\0&0&2&1\\1&-1&1&3\\0&2&3&1\end{vmatrix}=-6,$$

$$D_3=\begin{vmatrix}1&-4&1&4\\0&2&0&1\\1&0&-1&3\\0&-2&2&1\end{vmatrix}=4,\quad D_4=\begin{vmatrix}1&-4&1&1\\0&2&2&0\\1&0&1&-1\\0&-2&3&2\end{vmatrix}=4,$$

所以方程组的解为

$$x_1=-\frac{15}{7},\quad x_2=-\frac{3}{7},\quad x_3=\frac{2}{7},\quad x_4=\frac{2}{7}.$$

【例 1.7.2】 求一个二次多项式 $f(x)=ax^2+bx+c$，使得 $f(1)=0$，$f(2)=3$，$f(-3)=28$.

解 根据题意可得

$$\begin{cases}f(1)=a+b+c=0\\f(2)=4a+2b+c=3\\f(-3)=9a-3b+c=28\end{cases},$$

这实际上是关于 a、b、c 的非其次线性方程组，由于

$$D=\begin{vmatrix}1&1&1\\4&2&1\\9&-3&1\end{vmatrix}=-20\neq0,\ D_1=\begin{vmatrix}0&1&1\\3&2&1\\28&-3&1\end{vmatrix}=-40,$$

$$D_2=\begin{vmatrix}1&0&1\\4&3&1\\9&28&1\end{vmatrix}=60,\ D_3=\begin{vmatrix}1&1&0\\4&2&3\\9&-3&28\end{vmatrix}=-20,$$

根据克拉默法则解得

$$a=\frac{D_1}{D}=2,\ b=\frac{D_2}{D}=-3,\ c=\frac{D_3}{D}=1,$$

于是，所求二次多项式为

$$f(x)=2x^2-3x+1.$$

1.7.2 齐次线性方程组

方程组

$$\begin{cases} a_{11}x_1+a_{12}x_2+\cdots+a_{1n}x_n=0 \\ a_{21}x_1+a_{22}x_2+\cdots+a_{2n}x_n=0 \\ \quad\vdots \\ a_{n1}x_1+a_{n2}x_2+\cdots+a_{nn}x_n=0 \end{cases} \tag{1.7.3}$$

称为 n 元齐次线性方程组. $x_1=x_2=\cdots=x_n=0$ 一定是方程组(1.7.3)的解，这个解叫作齐次线性方程组的零解. 如果一组不全为零的数是该方程组的解，则它叫作齐次线性方程组(1.7.3)的非零解. 齐次线性方程组(1.7.3)一定有零解，但不一定有非零解.

定理 1.7.2 如果齐次线性方程组(1.7.3)的系数行列式 $D\neq 0$，则齐次线性方程组(1.7.3)只有零解.

该定理证明从略.

由定理 1.7.2 的逆否命题可以看出，如果齐次线性方程组(1.7.3)有非零解，则它的系数行列式必为零.

【例 1.7.3】 λ 取何值时，下述齐次方程组

$$\begin{cases} (\lambda+1)x_1+x_2+x_3=0 \\ x_1+(\lambda+1)x_2+x_3=0 \\ x_1+x_2+(\lambda+1)x_3=0 \end{cases}$$

有非零解？

解 根据定理 1.7.2，若此齐次线性方程组有非零解，则其行列式必为 0. 而

$$D=\begin{vmatrix} \lambda+1 & 1 & 1 \\ 1 & \lambda+1 & 1 \\ 1 & 1 & \lambda+1 \end{vmatrix}=(\lambda+3)\lambda^2,$$

由 $D=0$ 得 $\lambda_1=-3$，$\lambda_2=\lambda_3=0$.

容易验证，当 $\lambda=-3$ 或 $\lambda=0$ 时，题中所述方程组确有非零解.

1.8 行列式的应用实例

本节通过实例向读者展示行列式的实际应用情况.

【例 1.8.1】(联合收入问题) 有 3 个股份制公司 X、Y、Z 互相关联，X 公司持有 X 公司 70%股份，持有 Y 公司 20%股份，持有 Z 公司 30%股份；Y 公司持有 Y 公司 60%股份，持有 Z 公司 20%股份；Z 公司持有 X 公司 30%股份，持有 Y 公司 20%股份，持有 Z 公司 50%股份. 现设 X、Y、Z 公司各自的净收入分别为 22 万元、6 万元、9 万元，每家公司的联合收入是净收入加上其持有的其他公司的股份按比例的提成收入，试求各公司的联合收入及实际收入.

解 设公司 X、Y、Z 的联合收入分别为 x、y、z(万元)，易得 $\begin{cases} x=22+0.2y+0.3z \\ y=6+0.2z \\ z=9+0.3x+0.2y \end{cases}$，

即 $\begin{cases} x-0.2y-0.3z=22 \\ y-0.2z=6 \\ 0.3x+0.2y-z=-9 \end{cases}$

这是关于 x、y、z 的线性方程组，其系数行列式

$$D=\begin{vmatrix} 1 & -0.2 & -0.3 \\ 0 & 1 & -0.2 \\ 0.3 & 0.2 & -1 \end{vmatrix}=-0.858\neq 0,$$

由克拉默法则知，方程组有唯一解.

因为

$$D_1=\begin{vmatrix} 22 & -0.2 & -0.3 \\ 6 & 1 & -0.2 \\ -9 & 0.2 & -1 \end{vmatrix}=-25.74,\ D_2=\begin{vmatrix} 1 & 22 & -0.3 \\ 0 & 6 & -0.2 \\ 0.3 & -9 & -1 \end{vmatrix}=-8.58,$$

$$D_3=\begin{vmatrix} 1 & -0.2 & 22 \\ 0 & 1 & 6 \\ 0.3 & 0.2 & -9 \end{vmatrix}=-17.16,$$

所以

$$x=\frac{D_1}{D}=30,\ y=\frac{D_2}{D}=10,\ z=\frac{D_3}{D}=20.$$

因此，X 公司的联合收入为 30 万元，实际收入为 $0.7x=21$ 万元；Y 公司的联合收入为 10 万元，实际收入为 $0.6y=6$ 万元；Z 公司的联合收入为 20 万元，实际收入为 $0.5z=10$ 万元.

本章小结

本章的主要内容是 n 阶行列式的定义、基本性质及其计算；用行列式求解线性方程组——克拉默法则.

1. n 阶行列式的性质

(1) 行列式与其转置行列式相等.

(2) 行列式某两行(列)对调，行列式的值变号.

(3) 行列式某行(列)的所有元素都乘以 k，等于用 k 乘此行列式.

(4) 行列式满足下列条件之一，其值等于零：

① 有一行(列)的元素全为零；

② 有两行(列)对应元素完全相同；

③ 有两行(列)对应元素成比例.

(5) 行列式某行(列)的元素都是两项之和，则这个行列式等于两个行列式之和.

(6) 行列式某行(列)的各元素都乘以数 k 后，加到另一行(列)的对应元素上去，行列式的值不变.

2. 行列式的代数余子式性质

(1) 行列式的值等于它的任一行(列)的各元素与它们对应的代数余子式的乘积之和.

(2) 行列式的某一行(列)的各元素与另一行(列)对应的元素的代数余子式的乘积之和

等于零.

3. 行列式的计算方法

行列式的计算方法主要利用行列式的性质和有关特殊行列式. 具体用什么方法要具体分析，要多看、多练、多总结. 下面是几种常用的计算方法：

(1) 按含有 0 较多的一行(列)展开，化高阶为低阶的行列式计算.

(2) 化为上(下)三角行列式计算.

(3) 观察各行(列)所有元素之和是否相等，若相等，则可将各行(列)的元素都加到同一行(列)的对应元素上去，再提取公因子，就会出现某行(列)的元素都等于 1.

(4) 利用数学归纳法或递推法计算或证明行列式.

(5) 利用范德蒙德行列式结果计算行列式.

(6) 利用拉普拉斯展开式计算行列式.

4. 克拉默法则

(1) n 个未知量 n 个方程的非齐次线性方程组，当其系数行列式 $D\neq 0$ 时有唯一解：

$$x_1=\frac{D_1}{D},\ x_2=\frac{D_2}{D},\ \cdots,\ x_n=\frac{D_n}{D}.$$

(2) n 个未知量 n 个方程的齐次线性方程组，当系数行列式 $D\neq 0$ 时，则该方程组只有零解；该方程组有非零解的充要条件是 $D=0$.

本章知识点思维导图如下.

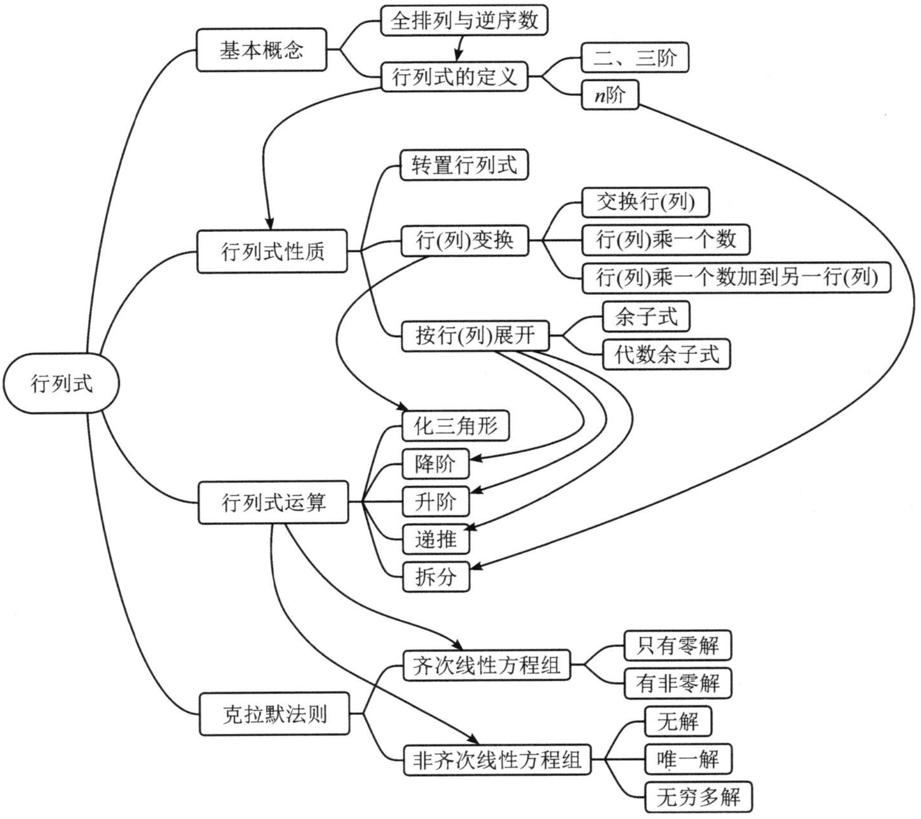

习 题 1

1. 确定下列排列的逆序数，并指出它们是奇排列还是偶排列.

(1) 41253；　(2) 654321；　(3) $n(n-1)(n-2)\cdots 3\cdot 2\cdot 1$.

2. 计算下列行列式.

(1) $\begin{vmatrix} 3 & 5 & 2 \\ 4 & 2 & 3 \\ -1 & 2 & 4 \end{vmatrix}$；　(2) $\begin{vmatrix} a_{11} & a_{12} & a_{13} \\ a_{21} & a_{22} & 0 \\ a_{31} & 0 & 0 \end{vmatrix}$；

(3) $\begin{vmatrix} 1 & -2 & 1 & 0 \\ 0 & 3 & -2 & -1 \\ 4 & -1 & 0 & -3 \\ 1 & 2 & -6 & 3 \end{vmatrix}$；　(4) $\begin{vmatrix} 0 & 0 & 0 & a_{14} \\ 0 & 0 & a_{23} & a_{24} \\ 0 & a_{32} & a_{33} & a_{34} \\ a_{41} & a_{42} & a_{43} & a_{44} \end{vmatrix}$；

(5) $\begin{vmatrix} a & 1 & 0 & 0 \\ -1 & b & 1 & 0 \\ 0 & -1 & c & 1 \\ 0 & 0 & -1 & d \end{vmatrix}$；　(6) $\begin{vmatrix} 0 & a & b & a \\ a & 0 & a & b \\ b & a & 0 & a \\ a & b & a & 0 \end{vmatrix}$；

(7) $\begin{vmatrix} 1+x & 1 & 1 & 1 \\ 1 & 1-x & 1 & 1 \\ 1 & 1 & 1+y & 1 \\ 1 & 1 & 1 & 1-y \end{vmatrix}$.

3. 证明.

(1) $\begin{vmatrix} a^2 & ab & b^2 \\ 2a & a+b & 2b \\ 1 & 1 & 1 \end{vmatrix} = (a-b)^3$；

(2) $\begin{vmatrix} ax+by & ay+bz & az+bx \\ ay+bz & az+bx & ax+by \\ az+bx & ax+by & ay+bz \end{vmatrix} = (a^3+b^3)\begin{vmatrix} x & y & z \\ y & z & x \\ z & x & y \end{vmatrix}$；

(3) $\begin{vmatrix} a^2 & (a+1)^2 & (a+2)^2 & (a+3)^2 \\ b^2 & (b+1)^2 & (b+2)^2 & (b+3)^2 \\ c^2 & (c+1)^2 & (c+2)^2 & (c+3)^2 \\ d^2 & (d+1)^2 & (d+2)^2 & (d+3)^2 \end{vmatrix} = 0$；

(4) $\begin{vmatrix} 1 & 1 & 1 & 1 \\ a & b & c & d \\ a^2 & b^2 & c^2 & d^2 \\ a^4 & b^4 & c^4 & d^4 \end{vmatrix} = (a-b)(a-c)(a-d)(b-c)(b-d)(c-d)(a+b+c+d)$.

4. 已知 $\begin{vmatrix} x & y & z \\ 0 & 2 & 3 \\ 1 & 1 & 1 \end{vmatrix}=1$，求下列各行列式的值.

(1) $\begin{vmatrix} \frac{1}{3}x & \frac{1}{3}y & \frac{1}{3}z \\ 0 & 2 & 3 \\ 1 & 1 & 1 \end{vmatrix}$；

(2) $\begin{vmatrix} x-1 & y-1 & z-1 \\ 1 & 3 & 4 \\ 1 & 1 & 1 \end{vmatrix}$；

(3) $\begin{vmatrix} x & y & z \\ 3x & 3y+4 & 3z+6 \\ x+1 & y+1 & z+1 \end{vmatrix}$.

5. n 阶行列式 $D_n=\begin{vmatrix} a_{11} & a_{12} & a_{13} & \cdots & a_{1n} \\ a_{21} & a_{22} & a_{23} & \cdots & a_{2n} \\ a_{31} & a_{32} & a_{33} & \cdots & a_{3n} \\ \vdots & \vdots & \vdots & & \vdots \\ a_{n1} & a_{n2} & a_{n3} & \cdots & a_{nn} \end{vmatrix}$ 中，若 $a_{ij}=-a_{ji}$，i，$j=1, 2, \cdots, n$，那么称 D_n 为 n 阶反对称行列式. 证明：奇数阶反对称行列式等于零.

6. 设四阶行列式 $\begin{vmatrix} -1 & 3 & 2 & 5 \\ 12 & 7 & 0 & 6 \\ -4 & 3 & 11 & 9 \\ 16 & 23 & 14 & 19 \end{vmatrix}$，试求：$A_{14}$，$A_{22}$，$A_{32}$.

7. 设四阶行列式 $\begin{vmatrix} 1 & 2 & 4 & -1 \\ 1 & 1 & 1 & 1 \\ -2 & 5 & 6 & 8 \\ 3 & 1 & -5 & -2 \end{vmatrix}$，试求：$A_{41}+A_{42}+A_{43}+A_{44}$.

8. 计算 n 阶行列式.

(1) $\begin{vmatrix} 0 & 0 & \cdots & 0 & 1 \\ 0 & 0 & \cdots & 2 & 0 \\ \vdots & \vdots & & \vdots & \vdots \\ 0 & n-1 & \cdots & 0 & 0 \\ n & 0 & \cdots & 0 & 0 \end{vmatrix}$；

(2) $\begin{vmatrix} 0 & 1 & 0 & \cdots & 0 \\ 0 & 0 & 2 & \cdots & 0 \\ \vdots & \vdots & & & \vdots \\ 0 & 0 & 0 & \cdots & n-1 \\ n & 0 & 0 & \cdots & 0 \end{vmatrix}$；

(3) $\begin{vmatrix} x & y & \cdots & 0 & 0 \\ 0 & x & \cdots & 0 & 0 \\ \vdots & \vdots & & \vdots & \vdots \\ 0 & 0 & \cdots & x & y \\ y & 0 & \cdots & 0 & x \end{vmatrix}$；

(4) $\begin{vmatrix} x_1-m & x_2 & \cdots & x_n \\ x_1 & x_2-m & \cdots & x_n \\ \vdots & \vdots & & \vdots \\ x_1 & x_2 & \cdots & x_n-m \end{vmatrix}$；

(5) $\begin{vmatrix} 1 & 2 & 3 & \cdots & n-1 & n \\ 1 & -1 & 0 & \cdots & 0 & 0 \\ 0 & 2 & -2 & \cdots & 0 & 0 \\ \vdots & \vdots & \vdots & & \vdots & \vdots \\ 0 & 0 & 0 & \cdots & n-1 & 1-n \end{vmatrix}$; (6) $\begin{vmatrix} 1+a_1 & 1 & 1 & \cdots & 1 \\ 1 & 1+a_2 & 1 & \cdots & 1 \\ 1 & 1 & 1+a_3 & \cdots & 1 \\ \vdots & \vdots & \vdots & & \vdots \\ 1 & 1 & 1 & \cdots & 1+a_n \end{vmatrix}$;

(7) $\begin{vmatrix} a_0 & 1 & 1 & \cdots & 1 \\ 1 & a_1 & 0 & \cdots & 0 \\ 1 & 0 & a_2 & \cdots & 0 \\ \vdots & \vdots & \vdots & & \vdots \\ 1 & 0 & 0 & \cdots & a_{n-1} \end{vmatrix}$ $(a_1 \cdot a_2 \cdots a_n \neq 0)$.

9. 证明.

(1) $\begin{vmatrix} x & -1 & 0 & \cdots & 0 & 0 \\ 0 & x & -1 & \cdots & 0 & 0 \\ \vdots & \vdots & \vdots & & \vdots & \vdots \\ 0 & 0 & 0 & \cdots & x & -1 \\ a_n & a_{n-1} & a_{n-2} & \cdots & a_2 & x+a_1 \end{vmatrix} = x^n + a_1 x^{n-1} + a_2 x^{n-2} + \cdots + a_{n-1} x + a_n$;

(2) $\begin{vmatrix} \cos\alpha & 1 & 0 & \cdots & 0 & 0 \\ 1 & 2\cos\alpha & 1 & \cdots & 0 & 0 \\ 0 & 1 & 2\cos\alpha & \cdots & 0 & 0 \\ \vdots & \vdots & \vdots & & \vdots & \vdots \\ 0 & 0 & 0 & \cdots & 1 & 2\cos\alpha \end{vmatrix} = \cos(n\alpha)$;

(3) $\begin{vmatrix} a_1+x & a_2 & a_3 & \cdots & a_{n-1} & a_n \\ -x_1 & x_2 & 0 & \cdots & 0 & 0 \\ 0 & -x_2 & x_3 & \cdots & 0 & 0 \\ \vdots & \vdots & \vdots & & \vdots & \vdots \\ 0 & 0 & 0 & \cdots & x_{n-1} & 0 \\ 0 & 0 & 0 & \cdots & -x_{n-1} & x_n \end{vmatrix} = x_1 \cdots x_n \left(1 + \sum_{i=1}^{n} \frac{a_i}{x_i}\right)$;

这里 $x_1 \cdot x_2 \cdot x_3 \cdot \cdots \cdot x_n \neq 0$.

(4) $\begin{vmatrix} a+b & ab & 0 & \cdots & 0 & 0 \\ 1 & a+b & ab & \cdots & 0 & 0 \\ 0 & 1 & a+b & \cdots & 0 & 0 \\ \vdots & \vdots & \vdots & & \vdots & \vdots \\ 0 & 0 & 0 & \cdots & 1 & a+b \end{vmatrix} = \frac{a^{n+1} - b^{n+1}}{a-b}$ $(a \neq b)$.

10. 利用范德蒙德行列式计算.

(1) $\begin{vmatrix} 1 & 1 & 1 & 1 \\ 4 & 3 & 7 & -5 \\ 16 & 9 & 49 & 25 \\ 64 & 27 & 343 & -125 \end{vmatrix}$; (2) $\begin{vmatrix} 1 & 1 & 1 & 1 \\ 2 & 3 & 4 & 5 \\ 1 & 4 & 9 & 16 \\ 1 & 8 & 27 & 64 \end{vmatrix}$.

11. 用克拉默法则解下列线性方程组.

(1) $\begin{cases} 2x_1+x_2-5x_3+x_4=8 \\ x_1-3x_2 \qquad -6x_4=8 \\ \qquad 2x_2-x_3+2x_4=-5 \\ x_1+4x_2-7x_3+6x_4=0 \end{cases}$；　(2) $\begin{cases} 2x_1+5x_2-3x_3+2x_4=3 \\ -x_1-3x_2+2x_3-x_4=-1 \\ -3x_1+4x_2+8x_3-2x_4=-5 \\ 6x_1-x_2-6x_3+4x_4=2 \end{cases}$.

12. 求 k 的值，使下列方程组有非零解.

$$\begin{cases} kx+y+z=0 \\ x+ky-z=0. \\ 2x-y+z=0 \end{cases}$$

13. 设有方程组 $\begin{cases} x+y+z=1 \\ ax+by+cz=d \\ a^3x+b^3y+c^3z=d^3 \end{cases}$，试求它能用克拉默法则求解的条件，并求出解.

第 2 章

矩阵及其运算

矩阵是线性代数的主要研究对象，它不仅是研究线性代数的主要工具，也是利用线性代数处理各种工程问题的主要工具之一. 矩阵理论和方法几乎贯穿了线性代数的始终. 它在自然科学的各个领域以及工程技术、经济管理、数据分析中有着广泛的应用.

本章通过实例引入矩阵的概念，介绍了矩阵的基本运算以及逆矩阵的概念和性质，并在此理论基础上给出了分块矩阵的概念和运算.

2.1 矩　　阵

在许多实际问题中，经常需要把一些数据按一定的顺序排成一个数表.

例如，某电器企业的制造厂有几条生产线，生产线在 2022 年和 2023 年上半年的每月产出量的统计表如表 2.1.1 和表 2.1.2 所示.

表 2.1.1　2022 年上半年的每月产出量的统计表

顺序	生产线名	2022 年上半年的每月产出量					
		1 月	2 月	3 月	4 月	5 月	6 月
1	冰箱线	22	35	30	23	25	12
2	吸尘器线	25	43	32	34	35	30
3	电视机线	23	23	34	44	40	45

表 2.1.2　2023 年上半年的每月产出量的统计表

顺序	生产线名	2023 年上半年的每月产出量					
		1 月	2 月	3 月	4 月	5 月	6 月
1	冰箱线	22	34	30	23	25	12
2	吸尘器线	24	43	32	34	35	34
3	电视机线	23	23	34	45	41	45
4	手机线	34	34	35	45	23	43
5	平板电脑线	45	24	31	34	45	12

上述数据可用数表

$$A=\begin{bmatrix}22&35&30&23&25&12\\25&43&32&34&35&30\\23&23&34&44&40&45\end{bmatrix},\ B=\begin{pmatrix}22&34&30&23&25&12\\24&43&32&34&35&34\\23&23&34&45&41&45\\34&34&35&45&23&43\\45&24&31&34&45&12\end{pmatrix}$$

表示. 这样由一些元素按一定顺序组成的数表就是矩阵.

2.1.1　矩阵的定义

定义 2.1.1　由 $m\times n$ 个数 $a_{ij}(i=1, 2, \cdots, m; j=1, 2, \cdots, n)$排成的 m 行 n 列的数表

$$\begin{matrix}a_{11}&a_{12}&\cdots&a_{1n}\\a_{21}&a_{22}&\cdots&a_{2n}\\\vdots&\vdots&&\vdots\\a_{m1}&a_{m2}&\cdots&a_{mn}\end{matrix}$$

称为 m 行 n 列矩阵，简称 $m\times n$ 矩阵. 为表示它是一个整体，总是加一个括弧，并用大写黑体字母表示它，记作

$$\boldsymbol{A}=\begin{pmatrix}a_{11}&a_{12}&\cdots&a_{1n}\\a_{21}&a_{22}&\cdots&a_{2n}\\\vdots&\vdots&&\vdots\\a_{m1}&a_{m2}&\cdots&a_{mn}\end{pmatrix}.$$

这 $m\times n$ 个数称为矩阵 $\boldsymbol{A}$ 的元素，简称为元；数 a_{ij} 位于矩阵 $\boldsymbol{A}$ 的第 i 行第 j 列，称为矩阵 $\boldsymbol{A}$ 的(i, j)元. 以数 a_{ij} 为(i, j)元的矩阵可简记作(a_{ij})或$(a_{ij})_{m\times n}$，$m\times n$ 矩阵 $\boldsymbol{A}$ 也记作 $\boldsymbol{A}_{m\times n}$.

元素是实数的矩阵称为实矩阵，元素是复数的矩阵称为复矩阵. 本书中的矩阵除特别说明外，都指实矩阵.

行数与列数都等于 n 的矩阵 $\boldsymbol{A}$ 称为 n 阶矩阵或 n 阶方阵. n 阶矩阵 $\boldsymbol{A}$ 也记作 $\boldsymbol{A}_n$.

定义 2.1.2　如果两个矩阵的行数和列数都相等，则称这两个矩阵为同型矩阵.

定义 2.1.3　如果矩阵 $\boldsymbol{A}=(a_{ij})$与矩阵 $\boldsymbol{B}=(b_{ij})$是同型矩阵，并且它们的对应元素都相等，即

$$a_{ij}=b_{ij}\quad(i=1, 2, \cdots, m; j=1, 2, \cdots, n),$$

那么就称矩阵 $\boldsymbol{A}$ 和矩阵 $\boldsymbol{B}$ 相等，记作 $\boldsymbol{A}=\boldsymbol{B}$.

2.1.2　常用的特殊矩阵

1. 行矩阵和列矩阵

只有一行的矩阵

$$\boldsymbol{A}=(a_1\quad a_2\quad\cdots\quad a_n)$$

称为行矩阵，又称行向量.

只有一列的矩阵

$$A=\begin{pmatrix} a_1 \\ a_2 \\ \vdots \\ a_n \end{pmatrix}$$

称为列矩阵，又称列向量.

2. 零矩阵

元素都是零的矩阵

$$\begin{pmatrix} 0 & 0 & \cdots & 0 \\ 0 & 0 & \cdots & 0 \\ \vdots & \vdots & & \vdots \\ 0 & 0 & \cdots & 0 \end{pmatrix}$$

称为零矩阵，记为 $\boldsymbol{O}$. 注意：不同型的零矩阵是不同的.

3. 对角矩阵

对角线元素为 λ_1，λ_2，…，λ_n，其余元素为 0 的方阵

$$\begin{pmatrix} \lambda_1 & 0 & \cdots & 0 \\ 0 & \lambda_2 & \cdots & 0 \\ \vdots & \vdots & & \vdots \\ 0 & 0 & \cdots & \lambda_n \end{pmatrix}$$

称为对角矩阵，记为 $\boldsymbol{\Lambda}$，也可以记为 $\boldsymbol{\Lambda}=\mathrm{diag}(\lambda_1, \lambda_2, \cdots, \lambda_n)$.

4. 数量矩阵

对角线上元素均相等，其余元素为 0 的方阵

$$\begin{pmatrix} \lambda & 0 & \cdots & 0 \\ 0 & \lambda & \cdots & 0 \\ \vdots & \vdots & & \vdots \\ 0 & 0 & \cdots & \lambda \end{pmatrix}$$

称为数量矩阵或纯量矩阵.

特别地，当对角线上元素都为 1，其余元素都为 0 的方阵

$$\begin{pmatrix} 1 & 0 & \cdots & 0 \\ 0 & 1 & \cdots & 0 \\ \vdots & \vdots & & \vdots \\ 0 & 0 & \cdots & 1 \end{pmatrix}$$

称为单位矩阵，记为 $\boldsymbol{E}$.

5. 上三角矩阵

对角线下方元素全为 0 的方阵

$$A=\begin{pmatrix} a_{11} & a_{12} & \cdots & a_{1n} \\ 0 & a_{22} & \cdots & a_{2n} \\ \vdots & \vdots & & \vdots \\ 0 & 0 & \cdots & a_{nn} \end{pmatrix}$$

称为上三角矩阵. 若记 $\boldsymbol{A}=(a_{ij})$，则当 $i>j$ 时其元素 a_{ij} 均为 0.

6. 下三角矩阵

对角线上方元素全为 0 的方阵

$$\boldsymbol{A}=\begin{pmatrix} a_{11} & 0 & \cdots & 0 \\ a_{21} & a_{22} & \cdots & 0 \\ \vdots & \vdots & & \vdots \\ a_{n1} & a_{n2} & \cdots & a_{nn} \end{pmatrix}$$

称为下三角矩阵. 若记 $\boldsymbol{A}=(a_{ij})$，则当 $i<j$ 时其元素 a_{ij} 均为 0.

2.2　矩阵的运算

矩阵的外观就是一个长方形的数表，行列式是一个正方形的代数运算结果. 矩阵与行列式的本质不同，矩阵是用括号把数字块括起来，表示一个有顺序有组织的数据块；而行列式是对正方形里的数字做一定规则的代数运算，其本质上是一个算式. 矩阵的意义不仅在于把一些数据按照一定的顺序排成数表，还在于对它定义了一些运算，从而使它成为进行矩阵理论研究和解决实际问题的重要工具. 本节将介绍矩阵的加法、减法，矩阵的数乘、乘法及矩阵的转置、方阵的行列式等运算.

2.2.1　矩阵的加法

定义 2.2.1　设有两个 $m\times n$ 矩阵 $\boldsymbol{A}=(a_{ij})$ 和 $\boldsymbol{B}=(b_{ij})$，称矩阵 $\boldsymbol{C}=(a_{ij}+b_{ij})$ 为矩阵 $\boldsymbol{A}$ 和 $\boldsymbol{B}$ 的和，记作 $\boldsymbol{C}=\boldsymbol{A}+\boldsymbol{B}$，即

$$\boldsymbol{C}=\boldsymbol{A}+\boldsymbol{B}=(a_{ij})+(b_{ij})=(a_{ij}+b_{ij})=\begin{pmatrix} a_{11}+b_{11} & a_{12}+b_{12} & \cdots & a_{1n}+b_{1n} \\ a_{21}+b_{21} & a_{22}+b_{22} & \cdots & a_{2n}+b_{2n} \\ \vdots & \vdots & & \vdots \\ a_{m1}+b_{m1} & a_{m2}+b_{m2} & \cdots & a_{mn}+b_{mn} \end{pmatrix},$$

$\boldsymbol{A}+\boldsymbol{B}$ 等于矩阵 $\boldsymbol{A}=(a_{ij})$ 和 $\boldsymbol{B}=(b_{ij})$ 的对应元素相加.

注意： 矩阵 $\boldsymbol{A}=(a_{ij})$ 和 $\boldsymbol{B}=(b_{ij})$ 必须是同型矩阵才能作加法运算.

由于矩阵的加法是利用数的加法而定义的，所以数的加法的某些运算规律在矩阵的加法里也成立，因此不难证明矩阵的加法满足下列运算规律：

(1) $\boldsymbol{A}+\boldsymbol{B}=\boldsymbol{B}+\boldsymbol{A}$（交换律）；

(2) $(\boldsymbol{A}+\boldsymbol{B})+\boldsymbol{C}=\boldsymbol{A}+(\boldsymbol{B}+\boldsymbol{C})$（结合律）；

(3) $\boldsymbol{A}+\boldsymbol{O}=\boldsymbol{A}$.

其中，$\boldsymbol{A}$、$\boldsymbol{B}$、$\boldsymbol{C}$、$\boldsymbol{O}$ 均为 $m\times n$ 矩阵.

设矩阵 $\boldsymbol{A}=(a_{ij})$，称矩阵 $(-a_{ij})$ 为 $\boldsymbol{A}$ 的负矩阵，记作 $-\boldsymbol{A}$.

显然有 $\boldsymbol{A}+(-\boldsymbol{A})=\boldsymbol{O}$，由此规定矩阵的减法为

$$\boldsymbol{A}-\boldsymbol{B}=\boldsymbol{A}+(-\boldsymbol{B}).$$

事实上，$\boldsymbol{A}$ 减 $\boldsymbol{B}$ 就是 $\boldsymbol{A}$ 与 $\boldsymbol{B}$ 的对应元素相减.

【例 2.2.1】 设 $\boldsymbol{A}=\begin{pmatrix}1&2&3\\0&1&2\end{pmatrix}$，$\boldsymbol{B}=\begin{pmatrix}-2&3&1\\1&2&0\end{pmatrix}$，求 $\boldsymbol{A}+\boldsymbol{B}$.

解
$$\boldsymbol{A}+\boldsymbol{B}=\begin{pmatrix}1+(-2)&2+3&3+1\\0+1&1+2&2+0\end{pmatrix}=\begin{pmatrix}-1&5&4\\1&3&2\end{pmatrix}.$$

【例 2.2.2】 求矩阵 $\boldsymbol{X}$，使 $\boldsymbol{A}=\boldsymbol{B}+\boldsymbol{X}$，其中
$$\boldsymbol{A}=\begin{pmatrix}3&-2&0\\1&1&2\\2&3&-1\end{pmatrix},\ \boldsymbol{B}=\begin{pmatrix}1&2&-1\\1&3&-4\\-2&-1&1\end{pmatrix}.$$

解
$$\boldsymbol{X}=\boldsymbol{A}-\boldsymbol{B}=\begin{pmatrix}3&-2&0\\1&1&2\\2&3&-1\end{pmatrix}-\begin{pmatrix}1&2&-1\\1&3&-4\\-2&-1&1\end{pmatrix}=\begin{pmatrix}2&-4&1\\0&-2&6\\4&4&-2\end{pmatrix}.$$

2.2.2 数与矩阵相乘

定义 2.2.2 设 $m\times n$ 矩阵 $\boldsymbol{A}=(a_{ij})$，λ 是一个数，矩阵 (λa_{ij}) 称为数 λ 与矩阵 $\boldsymbol{A}$ 的乘积，记作 $\lambda\boldsymbol{A}$ 或 $\boldsymbol{A}\lambda$，即
$$\lambda\boldsymbol{A}=(\lambda a_{ij})=\begin{pmatrix}\lambda a_{11}&\lambda a_{12}&\cdots&\lambda a_{1n}\\\lambda a_{21}&\lambda a_{22}&\cdots&\lambda a_{2n}\\\vdots&\vdots&&\vdots\\\lambda a_{m1}&\lambda a_{m2}&\cdots&\lambda a_{mn}\end{pmatrix}.$$

数乘矩阵满足下列运算规律(设 $\boldsymbol{A}$、$\boldsymbol{B}$ 为 $m\times n$ 矩阵；μ，λ 为常数)：

(1) $1\boldsymbol{A}=\boldsymbol{A}$；

(2) $(\lambda\mu)\boldsymbol{A}=\lambda(\mu\boldsymbol{A})$；

(3) $(\lambda+\mu)\boldsymbol{A}=\lambda\boldsymbol{A}+\mu\boldsymbol{A}$；

(4) $\lambda(\boldsymbol{A}+\boldsymbol{B})=\lambda\boldsymbol{A}+\lambda\boldsymbol{B}$.

矩阵相加和数乘矩阵合起来，统称为矩阵的线性运算.

2.2.3 矩阵与矩阵相乘

设有两个线性变换
$$\begin{cases}y_1=a_{11}x_1+a_{12}x_2+a_{13}x_3\\y_2=a_{21}x_1+a_{22}x_2+a_{23}x_3\end{cases},\tag{2.2.1}$$
$$\begin{cases}x_1=b_{11}t_1+b_{12}t_2\\x_2=b_{21}t_1+b_{22}t_2\\x_3=b_{31}t_1+b_{32}t_2\end{cases}.\tag{2.2.2}$$

若想求出从 t_1，t_2 到 y_1，y_2 的线性变换，可将式(2.2.2)代入式(2.2.1)，得
$$\begin{cases}y_1=(a_{11}b_{11}+a_{12}b_{21}+a_{13}b_{31})t_1+(a_{11}b_{12}+a_{12}b_{22}+a_{13}b_{32})t_2\\y_2=(a_{21}b_{11}+a_{22}b_{21}+a_{23}b_{31})t_1+(a_{21}b_{12}+a_{22}b_{22}+a_{23}b_{32})t_2\end{cases}.\tag{2.2.3}$$

式(2.2.3)可看成是先作式(2.2.2)的线性变换再作式(2.2.1)的线性变换的结果. 我们把式(2.2.3)叫作式(2.2.1)与式(2.2.2)的乘积，相应地，把式(2.2.3)所对应的矩阵定

义为式(2.2.1)与式(2.2.2)所对应的矩阵的乘积，即

$$\begin{pmatrix} a_{11} & a_{12} & a_{13} \\ a_{21} & a_{22} & a_{23} \end{pmatrix}\begin{pmatrix} b_{11} & b_{12} \\ b_{21} & b_{22} \\ b_{31} & b_{32} \end{pmatrix}=\begin{pmatrix} a_{11}b_{11}+a_{12}b_{21}+a_{13}b_{31} & a_{11}b_{12}+a_{12}b_{22}+a_{13}b_{32} \\ a_{21}b_{11}+a_{22}b_{21}+a_{23}b_{31} & a_{21}b_{12}+a_{22}b_{22}+a_{23}b_{32} \end{pmatrix}.$$

定义 2.2.3　设 $\boldsymbol{A}=(a_{ij})$ 是一个 $m\times s$ 矩阵，$\boldsymbol{B}=(b_{ij})$ 是一个 $s\times n$ 矩阵，那么称 $m\times n$ 矩阵 $\boldsymbol{C}=(c_{ij})$ 为矩阵 $\boldsymbol{A}$ 与矩阵 $\boldsymbol{B}$ 的乘积，记作 $\boldsymbol{C}=\boldsymbol{AB}$，其中

$$c_{ij}=a_{i1}b_{1j}+a_{i2}b_{2j}+\cdots+a_{is}b_{sj}=\sum_{k=1}^{s}a_{ik}b_{kj}，(i=1,2,\cdots,m;j=1,2,\cdots,n). \tag{2.2.4}$$

按此定义，一个 $1\times s$ 行矩阵与一个 $s\times 1$ 列矩阵的乘积是一个 1 阶方阵，也就是一个数

$$(a_{i1},a_{i2},\cdots,a_{is})\begin{bmatrix} b_{1j} \\ b_{2j} \\ \vdots \\ b_{sj} \end{bmatrix}=a_{i1}b_{1j}+a_{i2}b_{2j}+\cdots+a_{is}b_{sj}=\sum_{k=1}^{s}a_{ik}b_{kj}=c_{ij},$$

由此表明乘积矩阵 $\boldsymbol{C}=\boldsymbol{AB}$ 的 (i,j) 元 c_{ij} 就是矩阵 $\boldsymbol{A}$ 的第 i 行与矩阵 $\boldsymbol{B}$ 的第 j 列的乘积.

注意：(1) 只有当第一个矩阵(左矩阵)的列数等于第二个矩阵(右矩阵)的行数时，两个矩阵才能相乘.

(2) 记号 $\boldsymbol{AB}$ 常读作 $\boldsymbol{A}$ 左乘 $\boldsymbol{B}$ 或 $\boldsymbol{B}$ 右乘 $\boldsymbol{A}$.

矩阵乘法的图示解析如图 2.2.1～图 2.2.5 所示.

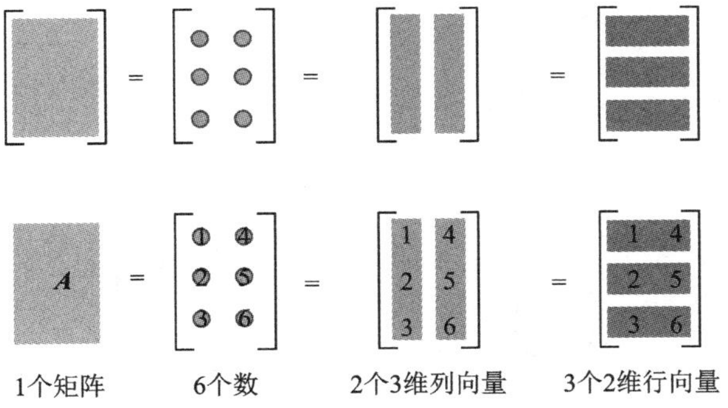

图 2.2.1

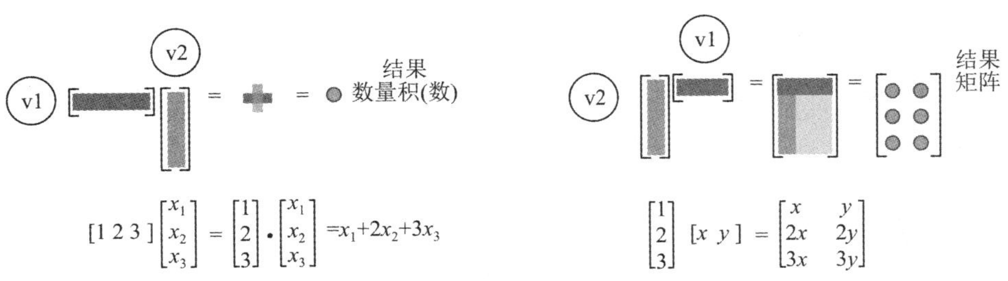

图 2.2.2

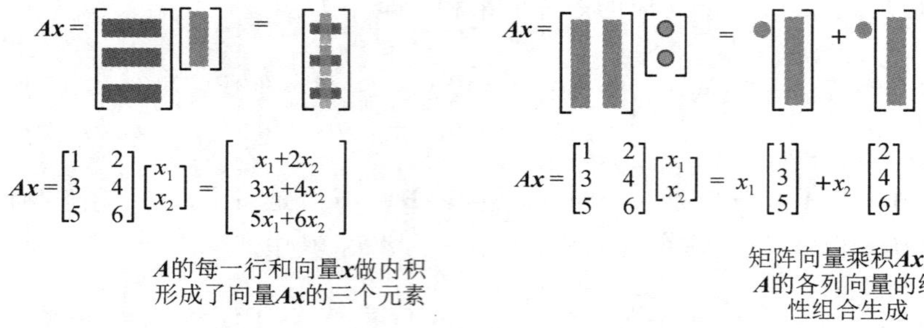

$$Ax = \begin{bmatrix} 1 & 2 \\ 3 & 4 \\ 5 & 6 \end{bmatrix} \begin{bmatrix} x_1 \\ x_2 \end{bmatrix} = \begin{bmatrix} x_1+2x_2 \\ 3x_1+4x_2 \\ 5x_1+6x_2 \end{bmatrix}$$

A的每一行和向量x做内积
形成了向量Ax的三个元素

$$Ax = \begin{bmatrix} 1 & 2 \\ 3 & 4 \\ 5 & 6 \end{bmatrix} \begin{bmatrix} x_1 \\ x_2 \end{bmatrix} = x_1 \begin{bmatrix} 1 \\ 3 \\ 5 \end{bmatrix} + x_2 \begin{bmatrix} 2 \\ 4 \\ 6 \end{bmatrix}$$

矩阵向量乘积Ax是
A的各列向量的线
性组合生成

图 2.2.3

$$yA = [y_1\ y_2\ y_3] \begin{bmatrix} 1 & 2 \\ 3 & 4 \\ 5 & 6 \end{bmatrix} = [y_1+3y_2+5y_3 \quad 2y_1+4y_2+6y_3]$$

一个行向量乘矩阵的两列得到两个内积元素的行向量

$$yA = [y_1\ y_2\ y_3] \begin{bmatrix} 1 & 2 \\ 3 & 4 \\ 5 & 6 \end{bmatrix} = y_1[1\ \ 2] + y_2[3\ \ 4] + y_3[5\ \ 6]$$

一个行向量乘矩阵的各行的线性组合生成结果

图 2.2.4

$$\begin{bmatrix} 1 & 2 \\ 3 & 4 \\ 5 & 6 \end{bmatrix} \begin{bmatrix} x_1 & y_1 \\ x_2 & y_2 \end{bmatrix} = \begin{bmatrix} x_1+2x_2 & y_1+2y_2 \\ 3x_1+4x_2 & 3y_1+4y_2 \\ 5x_1+6x_2 & 5y_1+6y_2 \end{bmatrix}$$

每一个元素由行向量和列向量做内积得到

$$\begin{bmatrix} 1 & 2 \\ 3 & 4 \\ 5 & 6 \end{bmatrix} \begin{bmatrix} x_1 & y_1 \\ x_2 & y_2 \end{bmatrix} = A[x\ \ y] = [Ax\ \ Ay]$$

Ax和Ay均是A的列向量的线性组合

$$\begin{bmatrix} 1 & 2 \\ 3 & 4 \\ 5 & 6 \end{bmatrix} \begin{bmatrix} x_1 & y_1 \\ x_2 & y_2 \end{bmatrix} = \begin{bmatrix} a_1^* \\ a_2^* \\ a_3^* \end{bmatrix} X = \begin{bmatrix} a_1^* X \\ a_2^* X \\ a_3^* X \end{bmatrix}$$

得到的行由行的线性组合生成

$$\begin{bmatrix} 1 & 2 \\ 3 & 4 \\ 5 & 6 \end{bmatrix} \begin{bmatrix} b_{11} & b_{12} \\ b_{21} & b_{22} \end{bmatrix} = [a_1\ a_2] \begin{bmatrix} b_1^* \\ b_2^* \end{bmatrix} = a_1 b_1^* + a_2 b_2^*$$

$$= \begin{bmatrix} 1 \\ 3 \\ 5 \end{bmatrix} [b_{11}\ b_{12}] + \begin{bmatrix} 2 \\ 4 \\ 6 \end{bmatrix} [b_{21}\ b_{22}] = \begin{bmatrix} b_{11} & b_{12} \\ 3b_{11} & 3b_{12} \\ 5b_{11} & 5b_{12} \end{bmatrix} + \begin{bmatrix} 2b_{21} & 2b_{22} \\ 4b_{21} & 4b_{22} \\ 6b_{21} & 6b_{22} \end{bmatrix}$$

矩阵乘积AB可分解为秩1矩阵之和

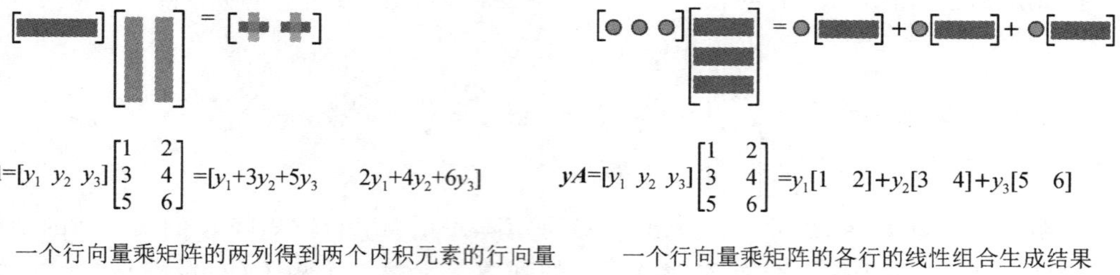

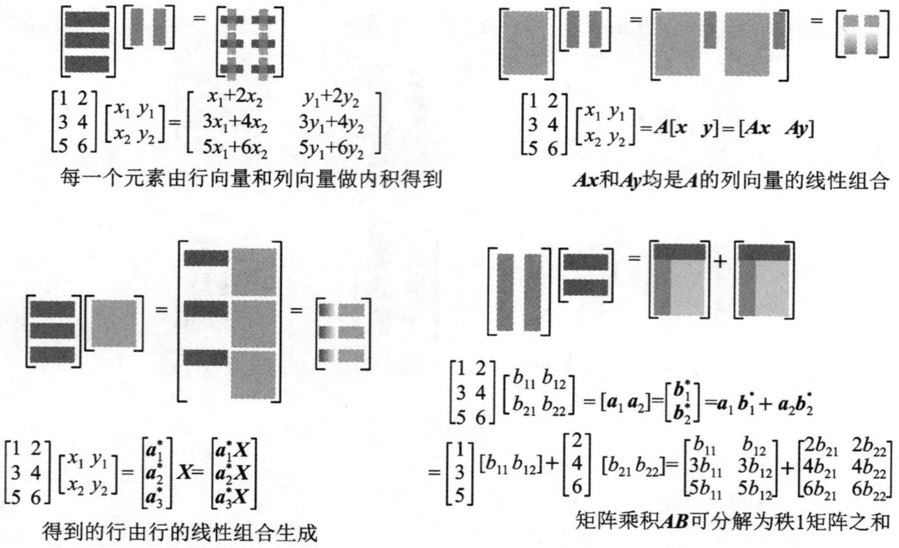

图 2.2.5

【**例 2.2.3**】 求矩阵

$$A = \begin{pmatrix} 1 & 2 & 3 \\ 0 & 3 & 1 \end{pmatrix} 与 B = \begin{pmatrix} 1 & 3 & 0 \\ 2 & 1 & 0 \\ 1 & 0 & 1 \end{pmatrix}$$

的乘积 AB.

解　因为 $\boldsymbol{A}$ 是 2×3 矩阵，$\boldsymbol{B}$ 是 3×3 矩阵，$\boldsymbol{A}$ 的列数等于 $\boldsymbol{B}$ 的行数，所以矩阵 $\boldsymbol{A}$ 与 $\boldsymbol{B}$ 可以相乘，其乘积 $\boldsymbol{AB}$ 是一个 2×3 矩阵. 由定义可得

$$\boldsymbol{C}=\boldsymbol{AB}=\begin{pmatrix}1&2&3\\0&3&1\end{pmatrix}\begin{pmatrix}1&3&0\\2&1&0\\1&0&1\end{pmatrix}$$

$$=\begin{pmatrix}1\times1+2\times2+3\times1&1\times3+2\times1+3\times0&1\times0+2\times0+3\times1\\0\times1+3\times2+1\times1&0\times3+3\times1+1\times0&0\times0+3\times0+1\times1\end{pmatrix}$$

$$=\begin{pmatrix}8&5&3\\7&3&1\end{pmatrix}.$$

【例 2.2.4】　设矩阵

$$\boldsymbol{A}=\begin{pmatrix}1&1\\-1&-1\end{pmatrix},\ \boldsymbol{B}=\begin{pmatrix}-2&1\\2&-1\end{pmatrix},\ \boldsymbol{C}=\begin{pmatrix}2&3\\1&-3\end{pmatrix},\ \boldsymbol{D}=\begin{pmatrix}1&-1\\2&1\end{pmatrix},$$

试求 $\boldsymbol{AB}$、$\boldsymbol{BA}$、$\boldsymbol{AC}$、$\boldsymbol{AD}$.

解

$$\boldsymbol{AB}=\begin{pmatrix}1&1\\-1&-1\end{pmatrix}\begin{pmatrix}-2&1\\2&-1\end{pmatrix}=\begin{pmatrix}0&0\\0&0\end{pmatrix},$$

$$\boldsymbol{BA}=\begin{pmatrix}-2&1\\2&-1\end{pmatrix}\begin{pmatrix}1&1\\-1&-1\end{pmatrix}=\begin{pmatrix}-3&-3\\3&3\end{pmatrix},$$

$$\boldsymbol{AC}=\begin{pmatrix}1&1\\-1&-1\end{pmatrix}\begin{pmatrix}2&3\\1&-3\end{pmatrix}=\begin{pmatrix}3&0\\-3&0\end{pmatrix},$$

$$\boldsymbol{AD}=\begin{pmatrix}1&1\\-1&-1\end{pmatrix}\begin{pmatrix}1&-1\\2&1\end{pmatrix}=\begin{pmatrix}3&0\\-3&0\end{pmatrix}.$$

由例 2.2.4 可知：

(1) $\boldsymbol{AB}$、$\boldsymbol{BA}$ 都有意义且同型，但 $\boldsymbol{AB}\neq\boldsymbol{BA}$，即矩阵的乘法不满足交换律.

(2) 两个非零矩阵的乘积可能为零矩阵. 也就是说，由 $\boldsymbol{AB}=\boldsymbol{O}$，推不出 $\boldsymbol{A}=\boldsymbol{O}$ 或 $\boldsymbol{B}=\boldsymbol{O}$.

(3) 当 $\boldsymbol{AC}=\boldsymbol{AD}$ 时，不一定有 $\boldsymbol{C}=\boldsymbol{D}$，即矩阵的乘法不满足消去律.

矩阵乘法虽然不满足交换律和消去律，但仍满足下列结合律和分配律(假设运算都是可行的)：

(1) $(\boldsymbol{AB})\boldsymbol{C}=\boldsymbol{A}(\boldsymbol{BC})$；

(2) $\lambda(\boldsymbol{AB})=(\lambda\boldsymbol{A})\boldsymbol{B}=\boldsymbol{A}(\lambda\boldsymbol{B})$(其中 λ 为数)；

(3) $\boldsymbol{A}(\boldsymbol{B}+\boldsymbol{C})=\boldsymbol{AB}+\boldsymbol{AC}$，$(\boldsymbol{B}+\boldsymbol{C})\boldsymbol{A}=\boldsymbol{BA}+\boldsymbol{BC}$.

定义 2.2.4　设 $\boldsymbol{A}$、$\boldsymbol{B}$ 为 n 阶方阵，如果 $\boldsymbol{AB}=\boldsymbol{BA}$，则称方阵 $\boldsymbol{A}$ 与方阵 $\boldsymbol{B}$ 可交换，简称 $\boldsymbol{A}$ 与 $\boldsymbol{B}$ 可换.

注：对于单位矩阵 $\boldsymbol{E}$，容易验证

$$\boldsymbol{E}_m\boldsymbol{A}_{m\times n}=\boldsymbol{A}_{m\times n},\ \boldsymbol{A}_{m\times n}\boldsymbol{E}_m=\boldsymbol{A}_{m\times n},$$

或者写成

$$\boldsymbol{EA}=\boldsymbol{AE}=\boldsymbol{A}.$$

可见，单位矩阵 $\boldsymbol{E}$ 在矩阵乘法中的作用类似于数 1.

由于矩阵的乘法满足结合律，所以 n 个方阵 $\boldsymbol{A}$ 相乘才有意义，因此可以定义方阵 $\boldsymbol{A}$ 的幂.

定义 2.2.5 设 $\boldsymbol{A}$ 是 n 阶方阵，k 为正整数，则称

$$\boldsymbol{A}^k=\underbrace{\boldsymbol{A}\cdot\boldsymbol{A}\cdot\cdots\cdot\boldsymbol{A}}_{k个}$$

为方阵 $\boldsymbol{A}$ 的 k 次幂.

规定 $\boldsymbol{A}^0=\boldsymbol{E}$，由于矩阵乘法适合结合律，所以矩阵的幂满足以下运算规律(其中 k，l 为正整数)：

$$\boldsymbol{A}^k\boldsymbol{A}^l=\boldsymbol{A}^{k+l},\ (\boldsymbol{A}^k)^l=\boldsymbol{A}^{kl},$$

又因矩阵乘法一般不满足交换律，所以对于两个 n 阶矩阵 $\boldsymbol{A}$ 与 $\boldsymbol{B}$，一般来说，有

$$(\boldsymbol{AB})^k\neq\boldsymbol{A}^k\boldsymbol{B}^k.$$

【例 2.2.5】 证明

$$\begin{pmatrix}\cos\varphi & -\sin\varphi\\ \sin\varphi & \cos\varphi\end{pmatrix}^n=\begin{pmatrix}\cos n\varphi & -\sin n\varphi\\ \sin n\varphi & \cos n\varphi\end{pmatrix}.$$

证明 采用数学归纳法. 当 $n=1$ 时，等式显然成立. 设 $n=k$ 时等式成立，即设

$$\begin{pmatrix}\cos\varphi & -\sin\varphi\\ \sin\varphi & \cos\varphi\end{pmatrix}^k=\begin{pmatrix}\cos k\varphi & -\sin k\varphi\\ \sin k\varphi & \cos k\varphi\end{pmatrix},$$

要证 $n=k+1$ 时等式成立，此时有

$$\begin{aligned}\begin{pmatrix}\cos\varphi & -\sin\varphi\\ \sin\varphi & \cos\varphi\end{pmatrix}^{k+1}&=\begin{pmatrix}\cos\varphi & -\sin\varphi\\ \sin\varphi & \cos\varphi\end{pmatrix}^k\begin{pmatrix}\cos\varphi & -\sin\varphi\\ \sin\varphi & \cos\varphi\end{pmatrix}\\&=\begin{pmatrix}\cos k\varphi & -\sin k\varphi\\ \sin k\varphi & \cos k\varphi\end{pmatrix}\begin{pmatrix}\cos\varphi & -\sin\varphi\\ \sin\varphi & \cos\varphi\end{pmatrix}\\&=\begin{pmatrix}\cos k\varphi\cos\varphi-\sin k\varphi\sin\varphi & -\cos k\varphi\sin\varphi-\sin k\varphi\cos\varphi\\ \sin k\varphi\cos\varphi-\cos k\varphi\sin\varphi & -\sin k\varphi\sin\varphi-\cos k\varphi\cos\varphi\end{pmatrix}\\&=\begin{pmatrix}\cos(k+1)\varphi & -\sin(k+1)\varphi\\ \sin(k+1)\varphi & \cos(k+1)\varphi\end{pmatrix},\end{aligned}$$

于是等式得证.

2.2.4 矩阵的转置

定义 2.2.6 已知 $m\times n$ 矩阵 $\boldsymbol{A}=(a_{ij})$，将矩阵 $\boldsymbol{A}$ 的行与列互换，得到一个 $n\times m$ 矩阵，称为矩阵 $\boldsymbol{A}$ 的转置矩阵，记作 $\boldsymbol{A}^{\mathrm{T}}$ 或 $\boldsymbol{A}'$，即

$$\boldsymbol{A}^{\mathrm{T}}=\begin{pmatrix}a_{11} & a_{21} & \cdots & a_{m1}\\ a_{12} & a_{22} & \cdots & a_{m2}\\ \vdots & \vdots & & \vdots\\ a_{1n} & a_{2n} & \cdots & a_{mn}\end{pmatrix}.$$

例如，矩阵 $\boldsymbol{A}=\begin{pmatrix}2 & 1 & 0\\ 3 & -1 & 1\end{pmatrix}$ 的转置矩阵为 $\boldsymbol{A}^{\mathrm{T}}=\begin{pmatrix}2 & 3\\ 1 & -1\\ 0 & 1\end{pmatrix}$.

矩阵的转置也是一种运算，它满足下述运算规律(假设运算都是可行的)：

(1) $(\boldsymbol{A}^{\mathrm{T}})^{\mathrm{T}}=\boldsymbol{A}$;

(2) $(\boldsymbol{A}+\boldsymbol{B})^{\mathrm{T}}=\boldsymbol{A}^{\mathrm{T}}+\boldsymbol{B}^{\mathrm{T}}$;

(3) $(\lambda\boldsymbol{A})^{\mathrm{T}}=\lambda\boldsymbol{A}^{\mathrm{T}}$;

(4) $(\boldsymbol{AB})^{\mathrm{T}}=\boldsymbol{B}^{\mathrm{T}}\boldsymbol{A}^{\mathrm{T}}$.

其中,(2)和(4)可推广到多个矩阵的情形.

由定义知,(1)、(2)、(3)很容易证明,这里仅证明(4).

设 $\boldsymbol{A}=(a_{ij})_{m\times s}$, $\boldsymbol{B}=(b_{ij})_{s\times n}$, 记 $\boldsymbol{AB}=\boldsymbol{C}=(c_{ij})_{m\times n}$, $\boldsymbol{B}^{\mathrm{T}}\boldsymbol{A}^{\mathrm{T}}=\boldsymbol{D}=(d_{ij})_{n\times m}$, $(\boldsymbol{AB})^{\mathrm{T}}=(c'_{ij})_{n\times m}$.

首先,容易看出$(\boldsymbol{AB})^{\mathrm{T}}$ 和 $\boldsymbol{B}^{\mathrm{T}}\boldsymbol{A}^{\mathrm{T}}$ 都是 $n\times m$ 矩阵. 其次,位于$(\boldsymbol{AB})^{\mathrm{T}}$ 的第 i 行第 j 列的元素就是位于 $\boldsymbol{AB}$ 的第 j 行第 i 列的元素,即

$$c'_{ij}=c_{ji}=\sum_{k=1}^{s}a_{jk}b_{ki},$$

而位于 $\boldsymbol{B}^{\mathrm{T}}\boldsymbol{A}^{\mathrm{T}}$ 的第 i 行第 j 列的元素等于 $\boldsymbol{B}^{\mathrm{T}}$ 的第 i 行与 $\boldsymbol{A}^{\mathrm{T}}$ 的第 j 列对应元素的乘积之和,因而等于 $\boldsymbol{B}$ 的第 i 列与 $\boldsymbol{A}$ 的第 j 行对应元素的乘积之和,即

$$d_{ij}=\sum_{k=1}^{s}b_{ki}a_{jk}.$$

显然, $c'_{ij}=d_{ij}(i=1, 2, \cdots, n; j=1, 2, \cdots, m)$, 所以

$$(\boldsymbol{AB})^{\mathrm{T}}=\boldsymbol{B}^{\mathrm{T}}\boldsymbol{A}^{\mathrm{T}}.$$

【例 2.2.6】 已知

$$\boldsymbol{A}=\begin{pmatrix}2 & 0 & -1\\ 1 & 3 & 1\end{pmatrix},\ \boldsymbol{B}=\begin{pmatrix}1 & 7 & -1\\ 4 & 2 & 3\\ 2 & 0 & 1\end{pmatrix},$$

求$(\boldsymbol{AB})^{\mathrm{T}}$.

解法 1 因为

$$\boldsymbol{AB}=\begin{pmatrix}2 & 0 & -1\\ 1 & 3 & 1\end{pmatrix}\begin{pmatrix}1 & 7 & -1\\ 4 & 2 & 3\\ 2 & 0 & 1\end{pmatrix}=\begin{pmatrix}0 & 14 & -3\\ 15 & 13 & 9\end{pmatrix},$$

所以

$$(\boldsymbol{AB})^{\mathrm{T}}=\begin{pmatrix}0 & 15\\ 14 & 13\\ -3 & 9\end{pmatrix}.$$

解法 2

$$(\boldsymbol{AB})^{\mathrm{T}}=\boldsymbol{B}^{\mathrm{T}}\boldsymbol{A}^{\mathrm{T}}=\begin{pmatrix}1 & 4 & 2\\ 7 & 2 & 0\\ -1 & 3 & 1\end{pmatrix}\begin{pmatrix}2 & 1\\ 0 & 3\\ -1 & 1\end{pmatrix}=\begin{pmatrix}0 & 15\\ 14 & 13\\ -3 & 9\end{pmatrix}.$$

设 $\boldsymbol{A}$ 为 n 阶方阵,如果满足 $\boldsymbol{A}^{\mathrm{T}}=\boldsymbol{A}$,即

$$a_{ij}=a_{ji}(i, j=1, 2, \cdots, n),$$

那么矩阵 $\boldsymbol{A}$ 称为对称矩阵,简称对称阵. 对称阵的特点是:它的元素以主对角线为对称轴对应相等.

如果满足 $\boldsymbol{A}^{\mathrm{T}}=-\boldsymbol{A}$，即

$$a_{ij}=-a_{ji}\quad(i, j=1, 2, \cdots, n),$$

那么矩阵 $\boldsymbol{A}$ 称为反对称矩阵，简称反对称阵. 反对称阵的特点是：以主对角线为对称轴的对应元素绝对值相等，符号相反，且主对角线上各元素均为 0.

【例 2.2.7】 设 $\boldsymbol{A}$ 是 n 阶反对称矩阵，$\boldsymbol{B}$ 是 n 阶对称矩阵，证明 $\boldsymbol{AB}+\boldsymbol{BA}$ 是 n 阶反对称矩阵.

证明 因为 $\boldsymbol{A}^{\mathrm{T}}=-\boldsymbol{A}$，$\boldsymbol{B}^{\mathrm{T}}=\boldsymbol{B}$，所以

$$\begin{aligned}(\boldsymbol{AB}+\boldsymbol{BA})^{\mathrm{T}} &= (\boldsymbol{AB})^{\mathrm{T}}+(\boldsymbol{BA})^{\mathrm{T}}=\boldsymbol{B}^{\mathrm{T}}\boldsymbol{A}^{\mathrm{T}}+\boldsymbol{A}^{\mathrm{T}}\boldsymbol{B}^{\mathrm{T}}\\ &=\boldsymbol{B}(-\boldsymbol{A})+(-\boldsymbol{A})\boldsymbol{B}=-(\boldsymbol{AB}+\boldsymbol{BA}).\end{aligned}$$

因此，$\boldsymbol{AB}+\boldsymbol{BA}$ 是 n 阶反对称矩阵.

【例 2.2.8】 设列矩阵 $\boldsymbol{X}=\begin{pmatrix}x_1\\x_2\\\vdots\\x_n\end{pmatrix}$ 满足 $\boldsymbol{X}^{\mathrm{T}}\boldsymbol{X}=1$，$\boldsymbol{E}$ 为 n 阶单位矩阵，设 $\boldsymbol{H}=\boldsymbol{E}-2\boldsymbol{XX}^{\mathrm{T}}$. 证明 $\boldsymbol{H}$ 是对称阵，且 $\boldsymbol{HH}^{\mathrm{T}}=\boldsymbol{E}$.

证明 因为

$$\boldsymbol{H}^{\mathrm{T}}=(\boldsymbol{E}-2\boldsymbol{XX}^{\mathrm{T}})^{\mathrm{T}}=\boldsymbol{E}^{\mathrm{T}}-2(\boldsymbol{XX}^{\mathrm{T}})^{\mathrm{T}}=\boldsymbol{E}^{\mathrm{T}}-2\boldsymbol{XX}^{\mathrm{T}}=\boldsymbol{H},$$

所以，$\boldsymbol{H}$ 是对称阵. 于是有

$$\begin{aligned}\boldsymbol{HH}^{\mathrm{T}} &=\boldsymbol{H}^2=(\boldsymbol{E}-2\boldsymbol{XX}^{\mathrm{T}})^2=\boldsymbol{E}-4\boldsymbol{XX}^{\mathrm{T}}+4(\boldsymbol{XX}^{\mathrm{T}})(\boldsymbol{XX}^{\mathrm{T}})\\ &=\boldsymbol{E}-4\boldsymbol{XX}^{\mathrm{T}}+4\boldsymbol{X}(\boldsymbol{X}^{\mathrm{T}}\boldsymbol{X})\boldsymbol{X}^{\mathrm{T}}\\ &=\boldsymbol{E}-4\boldsymbol{XX}^{\mathrm{T}}+4\boldsymbol{XX}^{\mathrm{T}}=\boldsymbol{E}.\end{aligned}$$

2.2.5 方阵的行列式

定义 2.2.7 由 n 阶方阵 $\boldsymbol{A}$ 的元素所构成的行列式(各元素的位置不变)称为方阵 $\boldsymbol{A}$ 的行列式，记作 $|\boldsymbol{A}|$ 或 $\det\boldsymbol{A}$.

注意：方阵和行列式是两个不同的概念，n 阶方阵是 n^2 个数按一定方式排成的数表，而 n 阶行列式则是这些数(也就是数表 $\boldsymbol{A}$)按一定的运算法则所确定的一个数.

由 $\boldsymbol{A}$ 确定 $|\boldsymbol{A}|$ 的这个运算满足下述运算规律(设 $\boldsymbol{A}$、$\boldsymbol{B}$ 为 n 阶方阵，k 为常数)：

$$|\boldsymbol{A}^{\mathrm{T}}|=|\boldsymbol{A}|\text{ (行列式行列互换，行列式值不变)}\tag{2.2.5}$$

$$|k\boldsymbol{A}|=k^n|\boldsymbol{A}|\text{ (n 为矩阵的阶数)}\tag{2.2.6}$$

$$|\boldsymbol{AB}|=|\boldsymbol{A}||\boldsymbol{B}|\tag{2.2.7}$$

注意：(1) 由式(2.2.7)知，对于 n 阶方阵 $\boldsymbol{A}$，$\boldsymbol{B}$，一般 $\boldsymbol{AB}\neq\boldsymbol{BA}$，但 $|\boldsymbol{AB}|=|\boldsymbol{BA}|$. 特别地，$|\boldsymbol{A}^m|=|\boldsymbol{A}|^m$($m$ 为正整数).

(2) 式(2.2.7)可以推广到 m 个 n 阶方阵相乘的情形：

$$|\boldsymbol{A}_1\boldsymbol{A}_2\cdots\boldsymbol{A}_m|=|\boldsymbol{A}_1||\boldsymbol{A}_2|\cdots|\boldsymbol{A}_m|.$$

(3) 一般地，$|\boldsymbol{A}+\boldsymbol{B}|\neq|\boldsymbol{A}|+|\boldsymbol{B}|$.

(4) 只有方阵才有对应的行列式.

【例 2.2.9】 设 $\boldsymbol{A}$ 为五阶方阵，且 $|\boldsymbol{A}|=3$，求 $|2\boldsymbol{A}|$.

解 由于 $\boldsymbol{A}$ 为五阶方阵，故

$$|2\boldsymbol{A}|=2^5|\boldsymbol{A}|=32\times 3=96.$$

【例 2.2.10】 设行列式 $|\boldsymbol{A}|$ 的各元素的代数余子式 A_{ij} 所构成的如下矩阵

$$\boldsymbol{A}^*=\begin{pmatrix} A_{11} & A_{21} & \cdots & A_{n1} \\ A_{12} & A_{22} & \cdots & A_{n2} \\ \vdots & \vdots & & \vdots \\ A_{1n} & A_{2n} & \cdots & A_{nn} \end{pmatrix}$$

称为矩阵的伴随矩阵，简称伴随阵. 试证：

$$\boldsymbol{A}\boldsymbol{A}^*=\boldsymbol{A}^*\boldsymbol{A}=|\boldsymbol{A}|\boldsymbol{E}$$

证明 设 $\boldsymbol{A}=(a_{ij})$，记 $\boldsymbol{A}\boldsymbol{A}^*=(b_{ij})$，则

$$b_{ij}=a_{i1}A_{j1}+a_{i2}A_{j2}+\cdots+a_{in}A_{jn}=|\boldsymbol{A}|\delta_{ij},$$

故

$$\boldsymbol{A}\boldsymbol{A}^*=(|\boldsymbol{A}|\delta_{ij})=|\boldsymbol{A}|(\delta_{ij})=|\boldsymbol{A}|\boldsymbol{E}.$$

类似有

$$\boldsymbol{A}^*\boldsymbol{A}=\sum_{k=1}^{n}A_{ki}a_{kj}=(|\boldsymbol{A}|\delta_{ij})=|\boldsymbol{A}|(\delta_{ij})=|\boldsymbol{A}|\boldsymbol{E},$$

得证.

注意： 此题的结论 $\boldsymbol{A}\boldsymbol{A}^*=\boldsymbol{A}^*\boldsymbol{A}=|\boldsymbol{A}|\boldsymbol{E}$ 经常要用到.

伴随矩阵的性质如下：

(1) $\boldsymbol{A}^*=|\boldsymbol{A}|\boldsymbol{A}^{-1}$，$|\boldsymbol{A}^*|=|\boldsymbol{A}|^{n-1}$.

(2) $(\boldsymbol{A}^{\mathrm{T}})^*=(\boldsymbol{A}^*)^{\mathrm{T}}$，$(k\boldsymbol{A})^*=k^{n-1}\boldsymbol{A}^*\ (k\neq 0)$.

(3) $(\boldsymbol{A}\boldsymbol{B})^*=\boldsymbol{B}^*\boldsymbol{A}^*$，$(\boldsymbol{A}^*)^*=|\boldsymbol{A}|^{n-2}\boldsymbol{A}\ (n\geqslant 3)$.

(4) $(\boldsymbol{A}^*)^{-1}=(\boldsymbol{A}^{-1})^*$，$(k\boldsymbol{A}^{-1})^*=k^{n-1}\dfrac{\boldsymbol{A}}{|\boldsymbol{A}|}$.

2.2.6 共轭矩阵

当 $\boldsymbol{A}=(a_{ij})$ 为复矩阵时，用 $\bar{a}_{ij}$ 表示 a_{ij} 的共轭复数，记

$$\bar{\boldsymbol{A}}=(\bar{a}_{ij}),$$

$\bar{\boldsymbol{A}}$ 称为 $\boldsymbol{A}$ 的共轭矩阵.

共轭矩阵满足下列运算规律(设 $\boldsymbol{A}$，$\boldsymbol{B}$ 为复矩阵，λ 为复数，且运算都是可行的)：

(1) $\overline{\boldsymbol{A}+\boldsymbol{B}}=\bar{\boldsymbol{A}}+\bar{\boldsymbol{B}}$；

(2) $\overline{\lambda\boldsymbol{A}}=\bar{\lambda}\bar{\boldsymbol{A}}$；

(3) $\overline{\boldsymbol{A}\boldsymbol{B}}=\bar{\boldsymbol{A}}\bar{\boldsymbol{B}}$.

2.3 逆矩阵

在实数运算中，对非零实数 a 都存在倒数 a^{-1}，使 $aa^{-1}=a^{-1}a=1$.

问题：在矩阵运算中，单位矩阵 $\boldsymbol{E}$ 相当于数的运算中 1 的功能. 对于矩阵 $\boldsymbol{A}$，是否存在矩阵 $\boldsymbol{B}$ 使 $\boldsymbol{AB}=\boldsymbol{BA}=\boldsymbol{E}$？矩阵 $\boldsymbol{A}$ 需要满足什么条件才能有这样的矩阵 $\boldsymbol{B}$ 存在呢？如果这样的矩阵 $\boldsymbol{B}$ 存在，又如何求呢？下面我们来讨论这些问题.

由矩阵乘法可知，要使 $\boldsymbol{AB}$ 与 $\boldsymbol{BA}$ 都可以作乘法，那么矩阵 $\boldsymbol{A}$ 和 $\boldsymbol{B}$ 必须为同型方阵.

定义 2.3.1 对于 n 阶矩阵 $\boldsymbol{A}$，如果有一个 n 阶矩阵 $\boldsymbol{B}$，使

$$\boldsymbol{AB}=\boldsymbol{BA}=\boldsymbol{E},$$

则矩阵 $\boldsymbol{A}$ 是可逆的，并把矩阵 $\boldsymbol{B}$ 称为 $\boldsymbol{A}$ 的逆矩阵(或逆阵)，记作 $\boldsymbol{B}=\boldsymbol{A}^{-1}$.

如果矩阵 $\boldsymbol{A}$ 是可逆的，那么 $\boldsymbol{A}$ 的逆阵是唯一的. 这是因为设 $\boldsymbol{B}$，$\boldsymbol{C}$ 都是 $\boldsymbol{A}$ 的逆阵，则有

$$\boldsymbol{B}=\boldsymbol{BE}=\boldsymbol{B}(\boldsymbol{AC})=(\boldsymbol{BA})\boldsymbol{C}=\boldsymbol{EC}=\boldsymbol{C},$$

所以 $\boldsymbol{A}$ 的逆阵是唯一的.

定理 2.3.1 若矩阵 $\boldsymbol{A}$ 可逆，则 $|\boldsymbol{A}|\neq 0$.

证明 若 $\boldsymbol{A}$ 可逆，即有 $\boldsymbol{A}^{-1}$，使 $\boldsymbol{AA}^{-1}=\boldsymbol{E}$. 故 $|\boldsymbol{AA}^{-1}|=|\boldsymbol{A}|\cdot|\boldsymbol{A}^{-1}|=|\boldsymbol{E}|=1$，所以 $|\boldsymbol{A}|\neq 0$.

定理 2.3.2 若 $|\boldsymbol{A}|\neq 0$，则矩阵 $\boldsymbol{A}$ 可逆，且

$$\boldsymbol{A}^{-1}=\frac{1}{|\boldsymbol{A}|}\boldsymbol{A}^{*},$$

其中，$\boldsymbol{A}^{*}$ 为矩阵 $\boldsymbol{A}$ 的伴随矩阵.

证明 由例 2.2.10 知

$$\boldsymbol{AA}^{*}=\boldsymbol{A}^{*}\boldsymbol{A}=|\boldsymbol{A}|\boldsymbol{E},$$

因 $|\boldsymbol{A}|\neq 0$，故有

$$\boldsymbol{A}\frac{1}{|\boldsymbol{A}|}\boldsymbol{A}^{*}=\frac{1}{|\boldsymbol{A}|}\boldsymbol{A}^{*}\boldsymbol{A}=\boldsymbol{E},$$

所以，按逆矩阵的定义，即知 $\boldsymbol{A}$ 可逆，且有

$$\boldsymbol{A}^{-1}=\frac{1}{|\boldsymbol{A}|}\boldsymbol{A}^{*}.$$

推论 设 $\boldsymbol{A}$、$\boldsymbol{B}$ 都是 n 阶方阵，若 $\boldsymbol{AB}=\boldsymbol{E}$(或 $\boldsymbol{BA}=\boldsymbol{E}$)，则 $\boldsymbol{A}$、$\boldsymbol{B}$ 都是可逆矩阵，且 $\boldsymbol{A}^{-1}=\boldsymbol{B}$，$\boldsymbol{B}^{-1}=\boldsymbol{A}$.

证明 因为 $\boldsymbol{AB}=\boldsymbol{E}$，故有 $|\boldsymbol{A}||\boldsymbol{B}|=|\boldsymbol{E}|=1$，从而 $|\boldsymbol{A}|\neq 0$，$|\boldsymbol{B}|\neq 0$.

根据定理 2.3.1 知，$\boldsymbol{A}$、$\boldsymbol{B}$ 均可逆，故

$$\boldsymbol{A}^{-1}=\boldsymbol{A}^{-1}\boldsymbol{E}=\boldsymbol{A}^{-1}(\boldsymbol{AB})=(\boldsymbol{A}^{-1}\boldsymbol{A})\boldsymbol{B}=\boldsymbol{EB}=\boldsymbol{B}.$$

同理，$\boldsymbol{B}^{-1}=\boldsymbol{A}$.

利用逆矩阵的定义容易验证逆矩阵满足下列运算规律：

(1) 若 $\boldsymbol{A}$ 可逆，则 $\boldsymbol{A}^{-1}$ 也可逆，且

$$(\boldsymbol{A}^{-1})^{-1}=\boldsymbol{A}. \tag{2.3.1}$$

(2) 若 $\boldsymbol{A}$ 可逆，数 $\lambda\neq 0$，则 $\lambda\boldsymbol{A}$ 也可逆，且

$$(\lambda\boldsymbol{A})^{-1}=\frac{1}{\lambda}\boldsymbol{A}^{-1}. \tag{2.3.2}$$

(3) 若 $\boldsymbol{A}$、$\boldsymbol{B}$ 均可逆，则 $\boldsymbol{AB}$ 也可逆，且

$$(\boldsymbol{AB})^{-1}=\boldsymbol{B}^{-1}\boldsymbol{A}^{-1}. \tag{2.3.3}$$

(4) 若 $\boldsymbol{A}$ 可逆，则 $\boldsymbol{A}^{\mathrm{T}}$ 也可逆，且

$$(\boldsymbol{A}^{\mathrm{T}})^{-1}=(\boldsymbol{A}^{-1})^{\mathrm{T}}.\tag{2.3.4}$$

(5) 若 $\boldsymbol{A}$ 可逆，则

$$|\boldsymbol{A}^{-1}|=|\boldsymbol{A}|^{-1}.\tag{2.3.5}$$

注意：式(2.3.3)可以推广到有限个可逆方阵相乘的情形. 即若 $\boldsymbol{A}_1$，$\boldsymbol{A}_2$，…，$\boldsymbol{A}_k$ 为同阶可逆方阵，则 $\boldsymbol{A}_1\boldsymbol{A}_2\cdots\boldsymbol{A}_k$ 也可逆，且 $(\boldsymbol{A}_1\boldsymbol{A}_2\cdots\boldsymbol{A}_k)^{-1}=\boldsymbol{A}_k^{-1}\cdots\boldsymbol{A}_2^{-1}\boldsymbol{A}_1^{-1}$.

【例 2.3.1】 试确定二阶方阵 $\boldsymbol{A}=\begin{pmatrix}a & b\\ c & d\end{pmatrix}$ 可逆的条件，并求 $\boldsymbol{A}^{-1}$.

解 当 $|\boldsymbol{A}|=ad-bc\neq 0$ 时，$\boldsymbol{A}$ 可逆.

由于

$$\boldsymbol{A}^*=\begin{pmatrix}d & -b\\ -c & a\end{pmatrix},$$

所以

$$\boldsymbol{A}^{-1}=\frac{1}{ad-bc}\begin{pmatrix}d & -b\\ -c & a\end{pmatrix}.$$

注意：例 2.3.1 的结果可以作为求二阶方阵逆的公式使用.

【例 2.3.2】 判断矩阵 $\boldsymbol{A}=\begin{pmatrix}-1 & 0 & 1\\ 2 & 1 & 0\\ 0 & -3 & 1\end{pmatrix}$ 是否可逆. 若可逆，求出其逆矩阵.

解 因为 $|\boldsymbol{A}|=-7\neq 0$，故 $\boldsymbol{A}$ 可逆. $|\boldsymbol{A}|$ 中各元素对应的代数余子式如下：

$$A_{11}=1,\ A_{21}=-3,\ A_{31}=-1,$$
$$A_{12}=-2,\ A_{22}=-1,\ A_{32}=2,$$
$$A_{13}=-6,\ A_{23}=-3,\ A_{33}=-1,$$

于是

$$\boldsymbol{A}^*=\begin{pmatrix}1 & -3 & -1\\ -2 & -1 & 2\\ -6 & -3 & -1\end{pmatrix},$$

所以

$$\boldsymbol{A}^{-1}=\frac{1}{|\boldsymbol{A}|}\boldsymbol{A}^*=-\frac{1}{7}\begin{pmatrix}1 & -3 & -1\\ -2 & -1 & 2\\ -6 & -3 & -1\end{pmatrix}.$$

【例 2.3.3】 已知 n 阶矩阵 $\boldsymbol{A}$ 满足 $\boldsymbol{A}^2-2\boldsymbol{A}+\boldsymbol{E}=\boldsymbol{O}$，试证明 $\boldsymbol{A}+\boldsymbol{E}$ 可逆，并求 $(\boldsymbol{A}+\boldsymbol{E})^{-1}$.

证明 由 $\boldsymbol{A}^2-2\boldsymbol{A}+\boldsymbol{E}=\boldsymbol{O}$，得

$$(\boldsymbol{A}+\boldsymbol{E})(\boldsymbol{A}-3\boldsymbol{E})=-4\boldsymbol{E},$$

即

$$(\boldsymbol{A}+\boldsymbol{E})\left[-\frac{1}{4}(\boldsymbol{A}-3\boldsymbol{E})\right]=\boldsymbol{E}.$$

由推论知 $\boldsymbol{A}+\boldsymbol{E}$ 可逆，且$(\boldsymbol{A}+\boldsymbol{E})^{-1}=-\frac{1}{4}(\boldsymbol{A}-3\boldsymbol{E})$.

【例 2.3.4】 设 $\boldsymbol{A}$ 是 n 阶方阵，满足 $\boldsymbol{A}\boldsymbol{A}^{\mathrm{T}}=\boldsymbol{E}$，且 $|\boldsymbol{A}|=-1$，求 $|\boldsymbol{A}+\boldsymbol{E}|$.

解 由于

$$|\boldsymbol{A}+\boldsymbol{E}|=|\boldsymbol{A}+\boldsymbol{A}\boldsymbol{A}^{\mathrm{T}}|=|\boldsymbol{A}(\boldsymbol{E}+\boldsymbol{A}^{\mathrm{T}})|=|\boldsymbol{A}|\,|\boldsymbol{E}+\boldsymbol{A}^{\mathrm{T}}|=-|(\boldsymbol{E}+\boldsymbol{A})^{\mathrm{T}}|=-|\boldsymbol{A}+\boldsymbol{E}|,$$

所以

$$2|\boldsymbol{A}+\boldsymbol{E}|=0,$$

即

$$|\boldsymbol{A}+\boldsymbol{E}|=0.$$

2.4 矩阵分块法

矩阵的分块是矩阵运算中处理阶数较高的矩阵时常用的一种方法. 该方法就是用若干条水平与竖直线把矩阵分成许多小矩阵，这样把一个大矩阵看成由一些小矩阵组成，使高阶矩阵的讨论和计算变得简单.

2.4.1 分块矩阵的概念

定义 2.4.1 设 $\boldsymbol{A}$ 是一个矩阵，我们用一组横线和纵线把 $\boldsymbol{A}$ 分成若干小块，这些小块矩阵称为分块矩阵.

在分块矩阵里，每一小块矩阵可以看成一个矩阵(称为子矩阵).

例如，将 3×4 矩阵

$$\boldsymbol{A}=\begin{pmatrix}a_{11} & a_{12} & a_{13} & a_{14}\\ a_{21} & a_{22} & a_{23} & a_{24}\\ a_{31} & a_{32} & a_{33} & a_{34}\end{pmatrix}$$

分成子块的分法有很多. 下面举出其中四种分块形式：

$$(1)\ \boldsymbol{A}=\left(\begin{array}{cc:cc}a_{11} & a_{12} & a_{13} & a_{14}\\ a_{21} & a_{22} & a_{23} & a_{24}\\ \hdashline a_{31} & a_{32} & a_{33} & a_{34}\end{array}\right);\qquad (2)\ \boldsymbol{A}=\left(\begin{array}{c:ccc}a_{11} & a_{12} & a_{13} & a_{14}\\ a_{21} & a_{22} & a_{23} & a_{24}\\ \hdashline a_{31} & a_{32} & a_{33} & a_{34}\end{array}\right);$$

$$(3)\ \boldsymbol{A}=\left(\begin{array}{c:c:c:c}a_{11} & a_{12} & a_{13} & a_{14}\\ a_{21} & a_{22} & a_{23} & a_{24}\\ a_{31} & a_{32} & a_{33} & a_{34}\end{array}\right);\qquad (4)\ \boldsymbol{A}=\left(\begin{array}{cccc}a_{11} & a_{12} & a_{13} & a_{14}\\ \hdashline a_{21} & a_{22} & a_{23} & a_{24}\\ \hdashline a_{31} & a_{32} & a_{33} & a_{34}\end{array}\right).$$

分法(1)可记为

$$\boldsymbol{A}=\begin{pmatrix}\boldsymbol{A}_{11} & \boldsymbol{A}_{12}\\ \boldsymbol{A}_{21} & \boldsymbol{A}_{22}\end{pmatrix},$$

其中：

$$\boldsymbol{A}_{11}=\begin{pmatrix}a_{11} & a_{12}\\ a_{21} & a_{22}\end{pmatrix},\ \boldsymbol{A}_{12}=\begin{pmatrix}a_{13} & a_{14}\\ a_{23} & a_{24}\end{pmatrix},\ \boldsymbol{A}_{21}=(a_{31}\quad a_{32}),\ \boldsymbol{A}_{22}=(a_{33}\quad a_{34}),$$

即 $\boldsymbol{A}_{11}$、$\boldsymbol{A}_{12}$、$\boldsymbol{A}_{21}$、$\boldsymbol{A}_{22}$ 为 $\boldsymbol{A}$ 的子块，而 $\boldsymbol{A}$ 形式上成为以这些子块为元素的分块矩阵. 分法(2)、(3)、(4)的分块矩阵很容易写出.

显然，同行上的子矩阵有相同的“行数”；同列上的子矩阵有相同的“列数”. 另外，同一矩阵，根据其特点及不同的需要，可以将其进行不同的分块.

2.4.2　分块矩阵的运算

1. 分块矩阵的加法

设矩阵 $\boldsymbol{A}$、$\boldsymbol{B}$ 是两个行数和列数相同且采用相同的分块法得到的分块矩阵

$$\boldsymbol{A}=\begin{pmatrix}\boldsymbol{A}_{11} & \cdots & \boldsymbol{A}_{1r}\\ \vdots & & \vdots\\ \boldsymbol{A}_{s1} & \cdots & \boldsymbol{A}_{sr}\end{pmatrix},\ \boldsymbol{B}=\begin{pmatrix}\boldsymbol{B}_{11} & \cdots & \boldsymbol{B}_{1r}\\ \vdots & & \vdots\\ \boldsymbol{B}_{s1} & \cdots & \boldsymbol{B}_{sr}\end{pmatrix},$$

其中，$\boldsymbol{A}_{ij}$、$\boldsymbol{B}_{ij}$ 是同型矩阵，则规定

$$\boldsymbol{A}+\boldsymbol{B}=\begin{pmatrix}\boldsymbol{A}_{11}+\boldsymbol{B}_{11} & \cdots & \boldsymbol{A}_{1r}+\boldsymbol{B}_{1r}\\ \vdots & & \vdots\\ \boldsymbol{A}_{s1}+\boldsymbol{B}_{s1} & \cdots & \boldsymbol{A}_{sr}+\boldsymbol{B}_{sr}\end{pmatrix}.$$

注意：矩阵 $\boldsymbol{A}$、$\boldsymbol{B}$ 必须同阶且分块方式相同，才能进行分块矩阵的加法运算.

2. 分块矩阵的数乘

设 λ 为一个常数，$\boldsymbol{A}$ 的分块矩阵为

$$\boldsymbol{A}=\begin{pmatrix}\boldsymbol{A}_{11} & \cdots & \boldsymbol{A}_{1r}\\ \vdots & & \vdots\\ \boldsymbol{A}_{s1} & \cdots & \boldsymbol{A}_{sr}\end{pmatrix},$$

则规定

$$\lambda\boldsymbol{A}=\begin{pmatrix}\lambda\boldsymbol{A}_{11} & \cdots & \lambda\boldsymbol{A}_{1r}\\ \vdots & & \vdots\\ \lambda\boldsymbol{A}_{s1} & \cdots & \lambda\boldsymbol{A}_{sr}\end{pmatrix}.$$

由于矩阵的加法和数乘比较简单，一般不需要分块计算，而矩阵的乘法比较烦琐，所以分块计算有较大的实际意义. 下面就来阐明分块矩阵的乘法原则.

3. 分块矩阵的乘法

设 $\boldsymbol{A}$ 为 $m\times l$ 矩阵，$\boldsymbol{B}$ 为 $l\times n$ 矩阵，分块成

$$\boldsymbol{A}=\begin{pmatrix}\boldsymbol{A}_{11} & \cdots & A_{1t}\\ \vdots & & \vdots\\ \boldsymbol{A}_{s1} & \cdots & \boldsymbol{A}_{st}\end{pmatrix},\ \boldsymbol{B}=\begin{pmatrix}\boldsymbol{B}_{11} & \cdots & \boldsymbol{B}_{1r}\\ \vdots & & \vdots\\ \boldsymbol{B}_{t1} & \cdots & \boldsymbol{B}_{tr}\end{pmatrix},$$

其中，$\boldsymbol{A}_{i1}$，$\boldsymbol{A}_{i2}$，…，$\boldsymbol{A}_{it}$ 的列数分别等于 $\boldsymbol{B}_{1j}$，$\boldsymbol{B}_{2j}$，…，$\boldsymbol{B}_{tj}$ 的行数，那么

$$\boldsymbol{AB}=\begin{pmatrix}\boldsymbol{C}_{11} & \cdots & \boldsymbol{C}_{1r}\\ \vdots & & \vdots\\ \boldsymbol{C}_{s1} & \cdots & \boldsymbol{C}_{sr}\end{pmatrix},$$

其中：

$$C_{ij}=\sum_{k=1}^{t}A_{ik}B_{kj}\quad(i=1,2,\cdots,s;\ j=1,2,\cdots,r).$$

注意：A 的列划分方式与 B 的行划分方式相同.

【例 2.4.1】 设矩阵

$$A=\begin{pmatrix}1&0&0&0\\0&1&0&0\\-1&2&1&0\\1&1&0&1\end{pmatrix},\ B=\begin{pmatrix}1&0&1&0\\-1&2&0&1\\1&0&4&1\\-1&-1&2&0\end{pmatrix},$$

求 AB.

解 把 A、B 分块成

$$A=\left(\begin{array}{cc:cc}1&0&0&0\\0&1&0&0\\\hdashline -1&2&1&0\\1&1&0&1\end{array}\right)=\begin{pmatrix}E&O\\A_{21}&E\end{pmatrix},$$

$$B=\left(\begin{array}{cc:cc}1&0&1&0\\-1&2&0&1\\\hdashline 1&0&4&1\\-1&-1&2&0\end{array}\right)=\begin{pmatrix}B_{11}&E\\B_{21}&B_{22}\end{pmatrix},$$

则

$$AB=\begin{pmatrix}E&O\\A_{21}&E\end{pmatrix}\begin{pmatrix}B_{11}&E\\B_{21}&B_{22}\end{pmatrix}=\begin{pmatrix}B_{11}&E\\A_{21}B_{11}+B_{21}&A_{21}+B_{22}\end{pmatrix},$$

而

$$A_{21}B_{11}+B_{21}=\begin{pmatrix}-1&2\\1&1\end{pmatrix}\begin{pmatrix}1&0\\-1&2\end{pmatrix}+\begin{pmatrix}1&0\\-1&-1\end{pmatrix}=\begin{pmatrix}-3&4\\0&2\end{pmatrix}+\begin{pmatrix}1&0\\-1&-1\end{pmatrix}=\begin{pmatrix}-2&4\\-1&1\end{pmatrix},$$

$$A_{21}+B_{22}=\begin{pmatrix}-1&2\\1&1\end{pmatrix}+\begin{pmatrix}4&1\\2&0\end{pmatrix}=\begin{pmatrix}3&3\\3&1\end{pmatrix},$$

于是

$$AB=\left(\begin{array}{cc:cc}1&0&1&0\\-1&2&0&1\\\hdashline -2&4&3&3\\-1&1&3&1\end{array}\right).$$

4. 分块矩阵的转置

设 A 为 $m\times n$ 矩阵，分块矩阵如下：

$$A=\begin{pmatrix}A_{11}&\cdots&A_{1r}\\\vdots&&\vdots\\A_{s1}&\cdots&A_{sr}\end{pmatrix},$$

则分块矩阵 A 的转置矩阵

$$\boldsymbol{A}^{\mathrm{T}}=\begin{pmatrix}\boldsymbol{A}_{11}^{\mathrm{T}} & \cdots & \boldsymbol{A}_{s1}^{\mathrm{T}}\\ \vdots & & \vdots\\ \boldsymbol{A}_{1r}^{\mathrm{T}} & \cdots & \boldsymbol{A}_{sr}^{\mathrm{T}}\end{pmatrix},$$

这表明分块矩阵求转置时，不但要将行列互换，而且行列互换后的各子矩阵都应转置.

5. 分块对角矩阵

定义 2.4.2　设 $\boldsymbol{A}$ 为 n 阶矩阵，若 $\boldsymbol{A}$ 的分块矩阵只有在对角线上有非零子块，其余子块都为零矩阵，且在对角线上的子块都是方阵，即

$$\boldsymbol{A}=\begin{bmatrix}\boldsymbol{A}_1 & & & \boldsymbol{O}\\ & \boldsymbol{A}_2 & & \\ & & \ddots & \\ \boldsymbol{O} & & & \boldsymbol{A}_s\end{bmatrix},$$

其中，$\boldsymbol{A}_1$，$\boldsymbol{A}_2$，…，$\boldsymbol{A}_s$ 都是方阵，那么称 $\boldsymbol{A}$ 为分块对角矩阵.

分块对角矩阵具有如下常用的性质：

(1) $|\boldsymbol{A}|=|\boldsymbol{A}_1||\boldsymbol{A}_2|\cdots|\boldsymbol{A}_s|$.

(2) 若 $\boldsymbol{A}=\begin{bmatrix}\boldsymbol{A}_1 & & & \boldsymbol{O}\\ & \boldsymbol{A}_2 & & \\ & & \ddots & \\ \boldsymbol{O} & & & \boldsymbol{A}_s\end{bmatrix}$，$\boldsymbol{B}=\begin{bmatrix}\boldsymbol{B}_1 & & & \boldsymbol{O}\\ & \boldsymbol{B}_2 & & \\ & & \ddots & \\ \boldsymbol{O} & & & \boldsymbol{B}_s\end{bmatrix}$，则

$$\boldsymbol{AB}=\begin{bmatrix}\boldsymbol{A}_1\boldsymbol{B}_1 & & & \boldsymbol{O}\\ & \boldsymbol{A}_2\boldsymbol{B}_2 & & \\ & & \ddots & \\ \boldsymbol{O} & & & \boldsymbol{A}_s\boldsymbol{B}_s\end{bmatrix}.$$

(3) 若 $|\boldsymbol{A}_i|\neq 0(i=1, 2, \cdots, s)$，则 $|\boldsymbol{A}|\neq 0$，并有

$$\boldsymbol{A}^{-1}=\begin{bmatrix}\boldsymbol{A}_1^{-1} & & & \boldsymbol{O}\\ & \boldsymbol{A}_2^{-1} & & \\ & & \ddots & \\ \boldsymbol{O} & & & \boldsymbol{A}_s^{-1}\end{bmatrix}.$$

【例 2.4.2】　设 $\boldsymbol{A}=\begin{pmatrix}5 & 0 & 0\\ 0 & 3 & 1\\ 0 & 2 & 1\end{pmatrix}$，求 $|\boldsymbol{A}^3|$ 与 $\boldsymbol{A}^{-1}$.

解　对矩阵 $\boldsymbol{A}$ 进行分块

$$\boldsymbol{A}=\left(\begin{array}{c:cc}5 & 0 & 0\\ \hdashline 0 & 3 & 1\\ 0 & 2 & 1\end{array}\right)=\begin{pmatrix}\boldsymbol{A}_1 & \boldsymbol{O}\\ \boldsymbol{O} & \boldsymbol{A}_2\end{pmatrix},$$

$$\boldsymbol{A}_1=(5),\ \boldsymbol{A}_2=\begin{pmatrix}3 & 1\\ 2 & 1\end{pmatrix},$$

则

$$|\boldsymbol{A}_1|=5,\ |\boldsymbol{A}_2|=1,$$

$$\boldsymbol{A}_1^{-1}=\left(\frac{1}{5}\right),\ \boldsymbol{A}_2^{-1}=\begin{pmatrix}1 & -1\\ -2 & 3\end{pmatrix},$$

所以

$$|\boldsymbol{A}^3|=|\boldsymbol{A}|^3=(|\boldsymbol{A}_1||\boldsymbol{A}_2|)^3=(5\times 1)^3=125,$$

$$\boldsymbol{A}_1^{-1}=\left(\begin{array}{c:cc}\frac{1}{5} & 0 & 0\\ \hdashline 0 & 1 & -1\\ 0 & -2 & 3\end{array}\right).$$

2.5 矩阵的应用实例

【例 2.5.1】 学生总评成绩的计算.

已知甲、乙、丙 3 名学生 4 门课程的期末考试成绩如表 2.5.1 所示，平时成绩如表 2.5.2 所示. 若期末成绩占总评成绩的 90%，平时成绩占 10%，则他们的总评成绩是多少？

表 2.5.1 3 名学生期末考试成绩

学生	期末考试成绩			
	高等数学	线性代数	概率论与数理统计	大学物理
甲	85	98	85	65
乙	95	95	75	70
丙	70	92	80	76

表 2.5.2 3 名学生平时成绩

学生	平时成绩			
	高等数学	线性代数	概率论与数理统计	大学物理
甲	70	92	90	80
乙	90	92	80	82
丙	75	90	85	90

【模型分析】 由于成绩都是用矩形表格的形式来呈现，因此可用矩阵来表示 3 名学生期末成绩和平时成绩，并利用矩阵的线性运算获得 3 名学生的总评成绩.

【求解过程】 用矩阵 $\boldsymbol{A}$ 和 $\boldsymbol{B}$ 分别表示期末成绩和平时成绩，有

$$\boldsymbol{A}=\begin{pmatrix}85 & 98 & 85 & 65\\ 95 & 95 & 75 & 70\\ 70 & 92 & 80 & 76\end{pmatrix},\ \boldsymbol{B}=\begin{pmatrix}70 & 92 & 90 & 80\\ 90 & 92 & 80 & 82\\ 75 & 90 & 85 & 90\end{pmatrix},$$

则 3 名学生的总评成绩矩阵

$$\boldsymbol{C}=0.9\boldsymbol{A}+0.1\boldsymbol{B}=\begin{pmatrix}83.5 & 97.4 & 85.5 & 66.5\\ 94.5 & 94.7 & 75.5 & 71.5\\ 70.5 & 91.8 & 80.5 & 77.4\end{pmatrix}.$$

学生的总评成绩如表 2.5.3 所示.

表 2.5.3　3 名学生总评成绩

学生	总评成绩			
	高等数学	线性代数	概率论与数理统计	大学物理
甲	83.5	97.4	85.5	66.5
乙	94.7	94.7	75.5	71.5
丙	70.5	91.8	80.5	77.4

【结论】 从总评成绩可以看出，乙同学高等数学成绩突出，甲同学线性代数成绩优异，但大学物理相对较差.

【**例 2.5.2**】 生产成本计算.

某厂生产 3 种产品，每件产品的成本及每季度生产的件数如表 2.5.4 和表 2.5.5 所示，请列出该厂每季度的总成本分类表.

表 2.5.4　生成单位产品的成本　　单位：元

项目	生成单位产品的成本		
	产品 A	产品 B	产品 C
原材料	0.10	0.30	0.15
劳动	0.30	0.40	0.25
企业管理费	0.10	0.20	0.15

表 2.5.5　每季度产量　　单位：件

产品	每季度产量			
	夏	秋	冬	春
A	4000	4500	4500	4000
B	2000	2800	2400	2200
C	5800	6000	6000	6000

【模型分析】 夏季的原材料成本可由表 2.5.4 中原材料行的数据与表 2.5.5 中夏季产量列中的数据乘积之和得到，同理可分析其他成本与季节产量，有类似关系. 因此，若把成本和产量都用矩阵表示，则总成本分类表就可利用矩阵乘法得到.

【求解过程】 表 2.5.4 和表 2.5.5 用矩阵可分别表示为

$$\boldsymbol{M}=\begin{pmatrix}0.10 & 0.30 & 0.15\\0.30 & 0.40 & 0.25\\0.10 & 0.20 & 0.15\end{pmatrix},\ \boldsymbol{P}=\begin{pmatrix}4000 & 4500 & 4500 & 4000\\2000 & 2800 & 2400 & 2200\\5800 & 6200 & 6000 & 6000\end{pmatrix},$$

则矩阵 $\boldsymbol{Q}=\boldsymbol{MP}$ 的各列分别表示夏、秋、冬、春季各类别的成本，可得

$$\boldsymbol{Q}=\boldsymbol{MP}=\begin{pmatrix}1870 & 2220 & 2070 & 1960\\3450 & 4020 & 3810 & 3580\\1670 & 1940 & 1830 & 1740\end{pmatrix}.$$

【结论】 矩阵中第 1 行的元素表示 4 个季度中每一个季度原材料的成本，第 2 行和第

3 行的元素分别表示 4 个季度中每一季度中劳动和管理的成本，每一类成本的年度总成本可由矩阵的每一行元素相加得到. 每一列元素相加，即可得到每一季度的总成本，如表 2.5.6 所示.

表 2.5.6 生产总成本 单位：元

项目	生产总成本				
	夏	秋	冬	春	全年
原材料	1870	2220	2070	1960	8120
劳动	3450	4020	3810	3580	14 860
企业管理费	1670	1940	1830	1740	7180
总成本	6990	8180	7710	7280	30 160

【例 2.5.3】 信息加密技术.

信息加密技术是利用数学或物理手段，对传输过程中或存储器内的电子信息进行保护，以防止信息泄漏的技术. Hill 加密是一种基于矩阵乘法的加密技术. 设 26 个英文字母分别与自然数 1～26 对应，空格与 0 对应，如表 2.5.7 所示，取加密矩阵

$$\boldsymbol{A}=\begin{pmatrix}3&1&1&7\\6&3&1&15\\2&1&0&5\\8&2&2&19\end{pmatrix},$$

利用矩阵运算对信息 linear algebra is fun and we love it 进行加密与解密.

表 2.5.7 字符与自然数对应表

字符	空格	a	b	c	d	e	f	g	h	i	j	k	l	m
自然数	0	1	2	3	4	5	6	7	8	9	10	11	12	13
字符	n	o	p	q	r	s	t	u	v	w	x	y	z	
自然数	14	15	16	17	18	19	20	21	22	23	24	25	26	

【模型分析】 把 26 个英文字母和空格共 27 个字符当作 27 进制数，对 0～26 的数直接查表即可以获得对应字符. 若该数超过此范围，则先取模 27 然后查表获得对应字符. 这样字符与数之间就建立了对应关系，从而可以利用矩阵乘法进行加密，利用逆矩阵进行解密.

【求解过程】 将信息 linear algebra is fun and we love it 对应为数，通过查表将每 4 个数排成一列，依次排列，形成信息矩阵(不够的地方补 0)

$$\boldsymbol{X}=\begin{pmatrix}12&1&12&18&19&14&4&0&5\\9&18&7&1&0&0&0&12&0\\14&0&5&0&6&1&23&15&9\\5&1&2&9&21&14&5&22&20\end{pmatrix},$$

利用信息矩阵 $\boldsymbol{X}$ 左乘加密矩阵 $\boldsymbol{A}$ 得到密文矩阵 $\boldsymbol{Y}_{密}$，即

$$Y_{密}=AX=\begin{pmatrix}3&1&1&7\\6&3&1&15\\2&1&0&5\\8&2&2&19\end{pmatrix}\begin{pmatrix}12&1&12&18&19&14&4&0&5\\9&18&7&1&0&0&0&12&0\\14&0&5&0&6&1&23&15&9\\5&1&2&9&21&14&5&22&20\end{pmatrix}$$

$$=\begin{pmatrix}94&28&62&118&210&141&70&181&164\\188&75&128&246&435&295&122&381&339\\58&25&41&82&143&98&33&122&110\\237&63&158&317&563&380&173&472&438\end{pmatrix},$$

取模 27，得密文信息矩阵

$$Y_{密}=\begin{pmatrix}13&1&8&10&21&6&16&19&2\\26&21&20&3&3&25&14&3&15\\4&25&14&1&8&17&6&14&2\\21&9&23&20&23&2&11&13&6\end{pmatrix},$$

利用表 2.5.7 将密文矩阵与字符对应，得到加密后的信息为

mzduauyihtnwjcatuchwfyqbpnfkscnmbobf.

可以看到，加密后的信息与明文信息完全不同. 因此，在未知加密矩阵的情况下，一般很难从密文直接获得原始信息.

反过来，当接收方收到密文信息“mzduauyihtnwjcatuchwfyqbpnfkscnmbobf”时，需要通过解密获得明文信息. 通过查表 2.5.7 获得密文表值，将每 4 个数字排成一列，依次排列，从而获得 4×9 的密文信息矩阵 $Y_{密}$，左乘加密矩阵的逆矩阵 A^{-1}，则可得明文矩阵 $X_{明}$，即

$$X_{明}=A^{-1}Y_{密}=\begin{pmatrix}9&-5&10&-2\\2&0&1&-1\\0&1&-3&0\\-4&2&4&1\end{pmatrix}\begin{pmatrix}13&1&8&10&21&6&16&19&2\\26&21&20&3&3&25&14&3&15\\4&25&14&1&8&17&6&14&2\\21&9&23&20&23&2&11&13&6\end{pmatrix}$$

$$=\begin{pmatrix}-15&136&66&45&208&95&112&270&-49\\9&18&7&1&27&27&27&39&0\\14&-54&-22&0&-21&-26&-4&-39&9\\5&-53&-25&-18&-87&-40&-49&-113&20\end{pmatrix},$$

取模 27，得明文信息矩阵

$$X=\begin{pmatrix}12&1&12&18&19&14&4&0&5\\9&18&7&1&0&0&0&12&0\\14&0&5&0&6&1&23&15&9\\5&1&2&9&21&14&5&22&20\end{pmatrix},$$

利用表 2.5.7 与字母对应，得到解码信息“linear algebra is fun and we love it”.

【结论】 由于加密后的信息与明文信息完全不同，在未知加密矩阵的情况下，一般很难从密文直接获得原始信息，从而提高了信息传输的安全性. 因此，加密矩阵的设计是 Hill 加密方法的关键，一般通过对单位矩阵作有限次初等变换来构造加密矩阵. 注意当加

密矩阵的行列式为 1 或者 -1 时，可使得加密或解密过程中不出现分数，从而便于取余后数字与字符间的对应.

本章小结

矩阵与行列式在本质上是不同的两个概念. 行列式是一个代数运算，运算结果是一个数值，行列式反映了元素之间的代数运算关系；而矩阵本质上是一个数表，它是线性代数中的核心工具，也是应用非常广泛的基本概念，矩阵几乎贯穿整个线性代数的知识. 本章主要掌握矩阵的定义、性质、基本计算方法，尤其是掌握矩阵的乘法、求逆、转置、方阵行列式以及矩阵的应用. 矩阵在线性代数中是应用最广泛的工具，在后续章节的学习中也经常用到. 归纳起来，矩阵共有 4 种应用：

(1) 矩阵的秩与向量组的秩；

(2) 解矩阵方程；

(3) 求解线性方程组；

(4) 矩阵的相似对角化.

本章知识点思维导图如下：

- 矩阵及其运算
  - 矩阵的概念
    - 矩阵的定义
    - 常用特殊矩阵
  - 矩阵的运算
    - 线性运算
      - 加减法与运算律
      - 数乘与运算律
    - 矩阵的乘法
    - 矩阵的幂
    - 矩阵的转置
    - 方阵的行列式
  - 逆矩阵
    - 逆矩阵、伴随矩阵的定义
    - 求逆矩阵的方法
    - 逆矩阵的性质
  - 矩阵分块法
    - 概念
    - 运算

习 题 2

一、选择题

1. 设 $\boldsymbol{A}$、$\boldsymbol{B}$ 为 n 阶矩阵，满足等式 $\boldsymbol{AB}=\boldsymbol{O}$，则必有(　　).

(A) $\boldsymbol{A}=\boldsymbol{O}$ 或 $\boldsymbol{B}=\boldsymbol{O}$　　(B) $\boldsymbol{A}+\boldsymbol{B}=\boldsymbol{O}$

(C) $|\boldsymbol{A}|=0$ 或 $|\boldsymbol{B}|=0$　　(D) $|\boldsymbol{A}|+|\boldsymbol{B}|=0$

2. 设 $\boldsymbol{A}$、$\boldsymbol{B}$ 为 n 阶矩阵，则在下列命题中正确的是(　　).

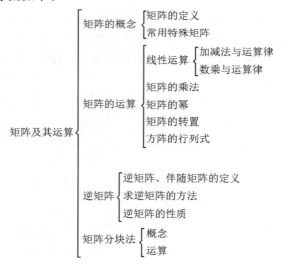

(A) $AB=O$ 的充分必要条件是 $A=O$ 且 $B=O$

(B) $|A|=0$ 的充分必要条件是 $A=O$

(C) $|AB|=0$ 的充分必要条件是 $|A|=0$ 或 $|B|=0$

(D) $A=E$ 的充分必要条件是 $|A|=1$

3. 设 A、B 均为 n 阶可逆矩阵，且 $AB=BA$，在下列等式中错误的是(　　).

(A) $A^{-1}B=BA^{-1}$　　(B) $AB^{-1}=B^{-1}A$

(C) $A^{-1}B^{-1}=B^{-1}A^{-1}$　　(D) $BA^{-1}=AB^{-1}$

4. 设 A、B 均为 n 阶可逆矩阵，下列公式正确的是(　　).

(A) $(kA)^{-1}=kA^{-1}(k\neq 0)$　　(B) $(A^2)^{-1}=(A^{-1})^2$

(C) $(A+B)^{-1}=A^{-1}+B^{-1}$　　(D) $(A^{-1}+B^{-1})^{-1}=A+B$

5. 设 $A=\begin{pmatrix} A_1 & B \\ O & A_2 \end{pmatrix}$，其中 A_1、A_2 均为 n 阶矩阵，若 A 可逆，则(　　).

(A) A_1 可逆，A_2 可逆性不定　　(B) A_2 可逆，A_1 可逆性不定

(C) A_1、A_2 都可逆　　(D) A_1、A_2 可逆性都不定

二、填空题

1. 设 A、B、C 均为 n 阶矩阵，且 $AB=BC=CA=E$，则 $A^2+B^2+C^2=$________.

2. 设 A 为三阶方阵，且 $|A|=6$，则 $|3A^{-1}-A^*|=$________.

3. 若 A、B 均为三阶方阵，且 $|A|=2$，$B=-2E$，则 $|AB|=$________.

4. 设 $A=\begin{pmatrix} 1 & 0 & 0 \\ 2 & 2 & 0 \\ 3 & 4 & 5 \end{pmatrix}$，则 $(A^*)^{-1}=$________ .

5. 若 n 阶方阵 A、B 满足 $AB=A+B$，则 $(A-E)^{-1}=$________ .

三、计算题

1. 已知 $A=\begin{pmatrix} 2 & 4 & 1 \\ -1 & -2 & 0 \\ 3 & 0 & 0 \end{pmatrix}$，$B=\begin{pmatrix} 3 & -4 & -1 \\ 1 & 0 & 2 \\ -3 & 1 & 1 \end{pmatrix}$，求 $2A-3B$.

2. 已知 $A=\begin{pmatrix} 2 & 1 \\ 1 & -1 \\ 4 & 3 \\ 0 & 3 \end{pmatrix}$，$B=\begin{pmatrix} 1 & 3 & -1 \\ 0 & 1 & -2 \\ 1 & -3 & 1 \\ 2 & 0 & 1 \end{pmatrix}$，求 A^TB.

3. 求下列矩阵的逆.

(1) $\begin{pmatrix} \cos\theta & -\sin\theta \\ \sin\theta & \cos\theta \end{pmatrix}$；　　(2) $\begin{pmatrix} 1 & 2 & 3 \\ 4 & 5 & 8 \\ 3 & 4 & 6 \end{pmatrix}$；

(3) $\begin{pmatrix} 1 & 2 & -1 \\ 3 & 4 & -2 \\ 5 & -4 & 1 \end{pmatrix}$；　　(4) $\begin{pmatrix} 3 & -2 & 0 & -1 \\ 0 & 2 & 2 & 1 \\ 1 & -2 & -3 & -2 \\ 0 & 1 & 2 & 1 \end{pmatrix}$；

(5) $\begin{pmatrix} a_1 & 0 & \cdots & 0 \\ 0 & a_2 & \cdots & 0 \\ \vdots & \vdots & & \vdots \\ 0 & 0 & \cdots & a_n \end{pmatrix}$；　　(6) $\begin{pmatrix} 5 & 2 & 0 & 0 \\ 2 & 1 & 0 & 0 \\ 0 & 0 & 4 & -2 \\ 0 & 0 & 1 & 3 \end{pmatrix}$.

4. 求下列矩阵方程.

(1) $\begin{pmatrix} 2 & 5 \\ 1 & 3 \end{pmatrix}\boldsymbol{X}=\begin{pmatrix} 4 & -6 \\ 2 & 1 \end{pmatrix}$.　　(2) $\boldsymbol{X}\begin{pmatrix} 1 & 2 & -1 \\ 3 & 4 & -2 \\ 2 & 2 & -2 \end{pmatrix}=(1 \quad 0 \quad -1)$.

(3) $\begin{pmatrix} 1 & 4 \\ -1 & 2 \end{pmatrix}\boldsymbol{X}\begin{pmatrix} 2 & 0 \\ -1 & 1 \end{pmatrix}=\begin{pmatrix} 3 & 1 \\ 0 & -1 \end{pmatrix}$.

(4) 设矩阵 $\boldsymbol{A}=\begin{pmatrix} 1 & 1 & 0 \\ 0 & 1 & 1 \\ 0 & 0 & 1 \end{pmatrix}$，求三阶矩阵 $\boldsymbol{X}$，使得 $\boldsymbol{AX}=\boldsymbol{XA}$.

(5) 设矩阵 $\boldsymbol{A}=\begin{pmatrix} 1 & 0 & 1 \\ 0 & 2 & 0 \\ 1 & 0 & 1 \end{pmatrix}$，矩阵 $\boldsymbol{A}$ 满足 $\boldsymbol{AX}+\boldsymbol{E}=\boldsymbol{A}^2+\boldsymbol{X}$，其中 $\boldsymbol{E}$ 为三阶单位矩阵，试求矩阵 $\boldsymbol{X}$.

5. 设 $\boldsymbol{A}=\begin{pmatrix} 3 & 4 & 0 & 0 \\ 4 & -3 & 0 & 0 \\ 0 & 0 & 2 & 0 \\ 0 & 0 & 2 & 2 \end{pmatrix}$，利用分块矩阵求 $|\boldsymbol{A}^8|$ 和 $\boldsymbol{A}^4$.

6. 设矩阵 $\boldsymbol{A}=\begin{pmatrix} 1 & 2 & 1 & 0 \\ 0 & 1 & 0 & 1 \\ 0 & 0 & 2 & 1 \\ 0 & 0 & 0 & 3 \end{pmatrix}$，$\boldsymbol{B}=\begin{pmatrix} 1 & 0 & 3 & 1 \\ 0 & 1 & 2 & -1 \\ 0 & 0 & -2 & 3 \\ 0 & 0 & 0 & -3 \end{pmatrix}$，利用分块矩阵乘法求 $\boldsymbol{AB}$.

7. 设 $\boldsymbol{A}$ 为 n 阶方阵，$\boldsymbol{B}$ 为 m 阶方阵，且 $\boldsymbol{A}$、$\boldsymbol{B}$ 均可逆，求 $\begin{pmatrix} \boldsymbol{O} & \boldsymbol{A} \\ \boldsymbol{B} & \boldsymbol{O} \end{pmatrix}^{-1}$.

四、证明题

1. 设 $\boldsymbol{A}$、$\boldsymbol{B}$ 均为 n 阶反对称矩阵，证明：

(1) $\boldsymbol{A}^2$ 是对称矩阵；

(2) $\boldsymbol{AB}-\boldsymbol{BA}$ 是反对称矩阵.

2. 设 $\boldsymbol{A}^k=\boldsymbol{O}$($k$ 为正整数)，证明：

$$(\boldsymbol{E}-\boldsymbol{A})^{-1}=\boldsymbol{E}+\boldsymbol{A}+\boldsymbol{A}^2+\cdots+\boldsymbol{A}^{k-1}.$$

3. 设方阵 $\boldsymbol{A}$ 满足 $\boldsymbol{A}^2-\boldsymbol{A}-2\boldsymbol{E}=\boldsymbol{O}$，证明 $\boldsymbol{A}$ 及 $\boldsymbol{A}+2\boldsymbol{E}$ 都可逆，并求 $\boldsymbol{A}^{-1}$ 及 $(\boldsymbol{A}+2\boldsymbol{E})^{-1}$.

第3章 矩阵的初等变换与线性方程组

本章先引进矩阵的初等变换和初等矩阵，建立矩阵的秩的概念，并利用初等变换讨论矩阵的秩的性质；然后利用矩阵的秩讨论线性方程组无解、有唯一解或有无限多解的充分必要条件，并介绍用初等变换解线性方程组的方法.

3.1 矩阵的初等变换

矩阵的初等变换是一种十分重要的运算，它在解线性方程组、求逆矩阵以及探讨矩阵理论中起着重要的作用. 为了引进矩阵的初等变换，下面先介绍消元法解线性方程组的具体过程.

3.1.1 矩阵初等变换的引入

消元法的基本思路是通过方程组的消元变形把方程组化成容易求解的同解方程组. 下面举例说明之.

【引例】 求解线性方程组

$$\begin{cases} x_1+2x_2+3x_3=6 & ① \\ 2x_1-3x_2+2x_3=14 & ② \\ 3x_1+x_2-x_3=-2 & ③ \end{cases}. \tag{3.1.1}$$

解 在式(3.1.1)的第②、③个方程中消去未知数 x_1，得

$$(3.1.1)\xrightarrow[③+(-3)\times①]{②+(-2)\times①}\begin{cases} x_1+2x_2+3x_3=6 & ① \\ \quad -7x_2-4x_3=2 & ② \\ \quad -5x_2-10x_3=-20 & ③ \end{cases}. \tag{3.1.2}$$

为了方便运算，对换式(3.1.2)中第②、第③个方程

$$(3.1.2)\xrightarrow{②\leftrightarrow③}\begin{cases} x_1+2x_2+3x_3=6 & ① \\ -5x_2-10x_3=-20 & ② \\ -7x_2-4x_3=2 & ③ \end{cases}. \tag{3.1.3}$$

在式(3.1.3)中，第②方程乘以$-\frac{1}{5}$，且在第③个方程中消去未知数x_2，得

$$(3.1.3)\xrightarrow[\text{[③+7×②]}\div 10]{\text{②}\times\left(-\frac{1}{5}\right)}\begin{cases}x_1+2x_2+3x_3=6 & \text{①}\\ \quad\quad x_2+2x_3=4 & \text{②}.\\ \quad\quad\quad\quad x_3=3 & \text{③}\end{cases}\qquad(3.1.4)$$

所得方程组(3.1.4)具有如下特点：自上而下看，未知数的个数依次减少，成为阶梯形状. 只要将式(3.1.4)中的第③个方程$x_3=3$代入第①、②个方程，就可得

$$(3.1.4)\xrightarrow[\text{②}-2\times\text{③}]{\text{①}-3\times\text{③}}\begin{cases}x_1+2x_2\quad=-3 & \text{①}\\ \quad\quad x_2\quad=-2 & \text{②}.\\ \quad\quad\quad x_3=3 & \text{③}\end{cases}\qquad(3.1.5)$$

同理，将式(3.1.5)中$x_2=-2$再代入第①个方程，就得到方程组的解

$$(3.1.5)\xrightarrow{\text{①}-2\times\text{②}}\begin{cases}x_1\quad\quad=1 & \text{①}\\ \quad x_2\quad=-2 & \text{②}.\\ \quad\quad x_3=3 & \text{③}\end{cases}\qquad(3.1.6)$$

由上述例子可知，消元法解线性方程组的具体做法如下：在求解过程中，始终把方程组看作一个整体，即不着眼于某一个方程的变形，而是将整个方程组变成另一个同解的方程组. 对方程组反复施行如下三种运算：

(1) 对换两个方程的次序(ⓘ↔ⓙ)；

(2) 以非零常数k乘某个方程($k\times$ⓘ)；

(3) 把某个方程的k倍加到另一个方程上(ⓙ$+k\times$ⓘ).

应该指出，对线性方程组施行的上述三种运算都是可逆的. 也就是说，经一次运算方程组(A)变成另一个新的方程组(B)，那么，新的方程组(B)必可经过一次同类型的运算变成方程组(A)，具体方法如下：

(1) 如果$(\mathrm{A})\xrightarrow{ⓘ\leftrightarrow ⓙ}(\mathrm{B})$，则$(\mathrm{B})\xrightarrow{ⓙ\leftrightarrow ⓘ}(\mathrm{A})$；

(2) 如果$(\mathrm{A})\xrightarrow{k\times ⓘ}(\mathrm{B})$，则$(\mathrm{B})\xrightarrow{\frac{1}{k}\times ⓘ}(\mathrm{A})$；

(3) 如果$(\mathrm{A})\xrightarrow{ⓙ+k\times ⓘ}(\mathrm{B})$，则$(\mathrm{B})\xrightarrow{ⓙ-k\times ⓘ}(\mathrm{A})$.

方程组(A)经有限次上述三种运算变成方程组(B)，那么，方程组(B)也可以经有限次相同类型的运算变到方程组(A). 因此，方程组(A)与方程组(B)是同解线性方程组. 显然，在上例的运算过程中所得到的六个方程组都是同解线性方程组. 其中，方程组(3.1.1)～(3.1.4)是解线性方程组的消元过程；而方程组(3.1.5)、(3.1.6)是解线性方程组的回代过程. 方程组(3.1.6)的唯一解$x_1=1$，$x_2=-2$，$x_3=3$就是原方程组(3.1.1)的唯一解，写成向量形式：

$$\boldsymbol{x}=\begin{pmatrix}1\\-2\\3\end{pmatrix}$$

就是原线性方程组(3.1.1)的解向量.

不难发现，在上例的运算过程中，实际上只是对方程组的系数和常数项进行运算，而

未知数 x_1，x_2，x_3 在整个过程中并未参与运算. 因此，在计算中，只要不打乱系数及常数项的排列顺序，完全可以把方程组的未知数隐去. 如果记线性方程组的增广矩阵

$$B=(A \mid b)=\begin{pmatrix}1 & 2 & 3 & 6\\2 & -3 & 2 & 14\\3 & 1 & -1 & -2\end{pmatrix},$$

那么，上述对线性方程组的消元运算完全可以转换为线性方程组的增广矩阵 $\boldsymbol{B}$ 的行与行之间的运算. 由上述线性方程组消元过程中的三种运算，类比可得矩阵的三种初等运算(或称初等变换).

3.1.2　矩阵的初等变换

定义 3.1.1　下面三种变换称为矩阵的初等行变换：

(1) 对调矩阵的某两行(对调矩阵的第 i、j 行，记作 $r_i \leftrightarrow r_j$).

(2) 用非零常数 k 乘矩阵的某一行的所有元素(常数 $k \neq 0$ 乘矩阵第 i 行的每一个元素，记作 $r_i \times k$ 或 kr_i).

(3) 把矩阵的某一行的 k 倍加到另一行的对应元素上(矩阵第 j 行的 k 倍加到第 i 行对应元素上去，记作 $r_i + kr_j$).

若将上述定义中的“行”换成“列”，即对矩阵的列作上述三种变换，称为矩阵的初等列变换，相应的列变换分别记作 $c_i \leftrightarrow c_j$、kc_i、$c_i + kc_j$.

矩阵的初等行变换与初等列变换统称为矩阵的初等变换.

显然，矩阵的三种初等变换都是可逆的，且其逆变换是同一类型的初等变换：变换 $r_i \leftrightarrow r_j$ 的逆变换就是其本身；变换 $r_i \times k$ 的逆变换为 $r_i \times \dfrac{1}{k}$(或记作 $r_i \div k$)；变换 $r_i + kr_j$ 的逆变换为 $r_i + (-k)r_j$(或记作 $r_i - kr_j$).

如果矩阵 $\boldsymbol{A}$ 经过有限次初等行变换变成矩阵 $\boldsymbol{B}$，就称矩阵 $\boldsymbol{A}$ 与 $\boldsymbol{B}$ 行等价，记作 $\boldsymbol{A} \overset{r}{\sim} \boldsymbol{B}$；如果矩阵 $\boldsymbol{A}$ 经过有限次初等列变换变成矩阵 $\boldsymbol{B}$，就称矩阵 $\boldsymbol{A}$ 与 $\boldsymbol{B}$ 列等价，记作 $\boldsymbol{A} \overset{c}{\sim} \boldsymbol{B}$；如果矩阵 $\boldsymbol{A}$ 经过有限次初等变换变成矩阵 $\boldsymbol{B}$，就称矩阵 $\boldsymbol{A}$ 与 $\boldsymbol{B}$ 等价，记作 $\boldsymbol{A} \sim \boldsymbol{B}$.

矩阵之间的等价具有下列性质：

(1) 反身性：$\boldsymbol{A} \sim \boldsymbol{A}$；

(2) 对称性：若 $\boldsymbol{A} \sim \boldsymbol{B}$，则 $\boldsymbol{B} \sim \boldsymbol{A}$；

(3) 传递性：若 $\boldsymbol{A} \sim \boldsymbol{B}$，$\boldsymbol{B} \sim \boldsymbol{C}$，则 $\boldsymbol{A} \sim \boldsymbol{C}$.

数学中把具有上述三条性质的关系称为等价关系，例如，线性方程组的同解就是一种等价关系.

综上所述，消元法解线性方程组的三种运算实际上相当于对线性方程组的增广矩阵施以相应的初等行变换，由初等变换的可逆性质可以知道，行等价的矩阵对应的线性方程组是等价的线性方程组. 因此，在解线性方程组的时候，我们可以先写出线性方程组的增广矩阵，然后用行变换将矩阵变形化为形式简单的矩阵，那么新的矩阵对应的线性方程组的解也就是原来的线性方程组的解.

于是，引例的求解过程可写成下面的形式：

$$B=\begin{pmatrix}1&2&3&6\\2&-3&2&14\\3&1&-1&-2\end{pmatrix}\overset{r_2-2r_1}{\underset{r_3-3r_1}{\sim}}\begin{pmatrix}1&2&3&6\\0&-7&-4&2\\0&-5&-10&-20\end{pmatrix}$$

方程组(3.1.1)　　　　方程组(3.1.2)

$$\overset{r_2\leftrightarrow r_3}{\sim}\begin{pmatrix}1&2&3&6\\0&-5&-10&-20\\0&-7&-4&2\end{pmatrix}\overset{\substack{r_2\times\left(-\frac{1}{5}\right)\\ r_3+7r_2}}{\underset{r_3\times\frac{1}{10}}{\sim}}\begin{pmatrix}1&2&3&6\\0&1&2&4\\0&0&1&3\end{pmatrix}=C.$$

方程组(3.1.3)　　　　方程组(3.1.4)

矩阵 B 经过初等行变换变成矩阵 C 的过程就是线性方程组的消元过程. 再对矩阵 C 继续施以初等行变换，过程如下：

$$C\overset{r_2-2r_3}{\underset{r_1-3r_3}{\sim}}\begin{pmatrix}1&2&0&-3\\0&1&0&-2\\0&0&1&3\end{pmatrix}\overset{r_1-2r_2}{\sim}\begin{pmatrix}1&0&0&1\\0&1&0&-2\\0&0&1&3\end{pmatrix}=R.$$

方程组(3.1.5)　　　　方程组(3.1.6)

矩阵 C 经过初等行变换变成矩阵 R 的过程就是解线性方程组的回代过程. 显然，在初等行变换的过程中写出的六个矩阵对应的线性方程组同解，而从矩阵 R 中很容易写出线性方程组的解来.

3.1.3 行阶梯形矩阵、行最简形矩阵和标准形矩阵

对于下列两个矩阵 A、B：

$$A=\begin{pmatrix}3&2&3&5\\0&0&2&0\\0&0&0&0\end{pmatrix},\quad B=\begin{pmatrix}4&2&3&5&4\\0&0&4&0&1\\0&0&0&0&1\end{pmatrix},$$

观察其具有的特征，不难发现：

(1) 可画一条阶梯线，线的下方全为 0.

(2) 每个台阶只有一行，台阶数即是非零行的行数，阶梯线的竖线(每段竖线的长度为一行)后面的第一个元素为非零元，也就是非零行的第一个非零元素.

定义 3.1.2 如果矩阵满足下列条件：

(1) 矩阵的全零行都在非零行的下方(元素全为零的行称为全零行，否则称为非零行)，

(2) 下一非零行的首元素(非零行的第一个不为零的元素称为首元素)均在上一非零行的首元素的右侧，

这样的矩阵为行阶梯形矩阵.

显然，上述矩阵 A 与 B 均为行阶梯形矩阵.

【例 3.1.1】 设矩阵

$$A=\begin{pmatrix}1&-2&-1&-2\\4&1&2&1\\2&5&4&-1\\1&1&1&1\end{pmatrix},$$

对 $\boldsymbol{A}$ 作初等行变换，化 $\boldsymbol{A}$ 为行阶梯形矩阵：

$$\boldsymbol{A}\underset{r_4-r_1}{\overset{\substack{r_2-4r_1\\ r_3-2r_1}}{\sim}}\begin{pmatrix}1&-2&-1&-2\\0&9&6&9\\0&9&6&3\\0&3&2&3\end{pmatrix}\underset{r_4-\frac{1}{3}r_2}{\overset{r_3-r_2}{\sim}}\begin{pmatrix}1&-2&-1&-2\\0&9&6&9\\0&0&0&-6\\0&0&0&0\end{pmatrix}=\boldsymbol{B}.$$

对上述所得行阶梯形矩阵 $\boldsymbol{B}$ 继续施行初等行变换，将矩阵 $\boldsymbol{B}$ 化为下列形式的矩阵：

$$\boldsymbol{B}\underset{-\frac{1}{6}r_3}{\overset{\frac{1}{9}r_2}{\sim}}\begin{pmatrix}1&-2&-1&-2\\0&1&\dfrac{2}{3}&1\\0&0&0&1\\0&0&0&0\end{pmatrix}\underset{r_2-r_3}{\overset{r_1+2r_2}{\sim}}\begin{pmatrix}1&0&\dfrac{1}{3}&0\\0&1&\dfrac{2}{3}&0\\0&0&0&1\\0&0&0&0\end{pmatrix}=\boldsymbol{R}.$$

定义 3.1.3　矩阵 $\boldsymbol{R}$ 仍为行阶梯形矩阵，且具有下面两个特点：

(1) 矩阵 $\boldsymbol{R}$ 中非零行的首元素全为 1，

(2) 首元素 1 所在的列的其他元素全为零，

这样的矩阵称为行最简形矩阵.

对所得的行最简形矩阵再施以初等列变换，则可以将矩阵 $\boldsymbol{R}$ 简化成下面的矩阵：

$$\boldsymbol{R}\underset{c_3\leftrightarrow c_4}{\overset{\substack{c_3-\frac{1}{3}c_1\\ c_3-\frac{2}{3}c_2}}{\sim}}\begin{pmatrix}1&0&0&0\\0&1&0&0\\0&0&1&0\\0&0&0&0\end{pmatrix}=\boldsymbol{F}=\begin{pmatrix}\boldsymbol{E}&\boldsymbol{O}\\\boldsymbol{O}&\boldsymbol{O}\end{pmatrix}.$$

矩阵 $\boldsymbol{F}$ 的左上角是一个单位矩阵，其他元素为零，这个矩阵称为标准形矩阵.

对于一般的矩阵，有下面的结论：

定理 3.1.1　设 $\boldsymbol{A}$ 是 $m\times n$ 矩阵，则

(1) 矩阵 $\boldsymbol{A}$ 总可以经过若干次初等行变换化成阶梯形矩阵.

(2) 矩阵 $\boldsymbol{A}$ 总可以经过若干次初等行变换化成最简形矩阵.

(3) 矩阵 $\boldsymbol{A}$ 总可以经过若干次初等变换化成标准形 $\boldsymbol{F}=\begin{pmatrix}\boldsymbol{E}_r&\boldsymbol{O}\\\boldsymbol{O}&\boldsymbol{O}\end{pmatrix}_{m\times n}$，其中 r 为行阶梯形矩阵中非零行的行数.

【例 3.1.2】　将矩阵 $\boldsymbol{A}=\begin{pmatrix}2&1&2&3\\4&1&3&5\\2&0&1&2\end{pmatrix}$ 化为标准形.

解

$$\boldsymbol{A}=\begin{pmatrix}2&1&2&3\\4&1&3&5\\2&0&1&2\end{pmatrix}\underset{r_3-r_1}{\overset{r_2-2r_1}{\sim}}\begin{pmatrix}2&1&2&3\\0&-1&-1&-1\\0&-1&-1&-1\end{pmatrix}\underset{r_1+r_2}{\overset{r_3-r_2}{\sim}}\begin{pmatrix}2&0&1&2\\0&-1&-1&-1\\0&0&0&0\end{pmatrix}$$

$$\underset{-r_2}{\overset{\frac{1}{2}r_1}{\sim}}\begin{pmatrix}1&0&\dfrac{1}{2}&1\\0&1&1&1\\0&0&0&0\end{pmatrix}\underset{c_4-c_1}{\overset{c_3-\frac{1}{2}c_1}{\sim}}\begin{pmatrix}1&0&0&0\\0&1&1&1\\0&0&0&0\end{pmatrix}\underset{c_4-c_2}{\overset{c_3-c_2}{\sim}}\begin{pmatrix}1&0&0&0\\0&1&0&0\\0&0&0&0\end{pmatrix}.$$

3.2 初等矩阵

矩阵的初等变换是矩阵运算的一种基本运算，它有着广泛的应用. 下面我们进一步介绍有关的知识.

我们先看下面矩阵相乘的例子.

设矩阵

$$A=\begin{pmatrix}a_{11} & a_{12}\\ a_{21} & a_{22}\\ a_{31} & a_{32}\end{pmatrix},$$

则

$$\begin{pmatrix}0 & 1 & 0\\ 1 & 0 & 0\\ 0 & 0 & 1\end{pmatrix}\begin{pmatrix}a_{11} & a_{12}\\ a_{21} & a_{22}\\ a_{31} & a_{32}\end{pmatrix}=\begin{pmatrix}a_{21} & a_{22}\\ a_{11} & a_{12}\\ a_{31} & a_{32}\end{pmatrix},$$

$$\begin{pmatrix}1 & 0 & 0\\ 0 & k & 0\\ 0 & 0 & 1\end{pmatrix}\begin{pmatrix}a_{11} & a_{12}\\ a_{21} & a_{22}\\ a_{31} & a_{32}\end{pmatrix}=\begin{pmatrix}a_{11} & a_{12}\\ ka_{21} & ka_{22}\\ a_{31} & a_{32}\end{pmatrix}\quad (k\neq 0),$$

$$\begin{pmatrix}1 & 0 & 0\\ 0 & 1 & 0\\ k & 0 & 1\end{pmatrix}\begin{pmatrix}a_{11} & a_{12}\\ a_{21} & a_{22}\\ a_{31} & a_{32}\end{pmatrix}=\begin{pmatrix}a_{11} & a_{12}\\ a_{21} & a_{22}\\ ka_{11}+a_{31} & ka_{12}+a_{32}\end{pmatrix}.$$

上述三个例子中，三个三阶方阵左乘 A 的结果相当于对 A 分别作了三种初等变换：对换矩阵 A 的第 1、2 行；用非零数 k 乘矩阵 A 的第 2 行；矩阵 A 的第 1 行的 k 倍加到第 3 行上. 由此可见，矩阵的初等变换与矩阵乘法有着密切的关系. 为此，先建立初等矩阵的概念.

定义 3.2.1 由单位矩阵 E 经过一次初等变换得到的矩阵称为初等矩阵.

三种初等行变换对应着三种初等矩阵.

(1) 对调 E 的第 i、j 行得到的初等矩阵，记作 $E(i,j)$，即

$$E(i,j)=\begin{pmatrix}1 &&&&&&&&\\ & \ddots &&&&&&&\\ && 1 &&&&&&\\ &&& 0 & \cdots & 1 &&&\\ &&&& 1 &&&&\\ &&& \vdots & \ddots & \vdots &&&\\ &&&&& 1 &&&\\ &&& 1 & \cdots & 0 &&&\\ &&&&&& 1 &&\\ &&&&&&& \ddots &\\ &&&&&&&& 1\end{pmatrix}\begin{matrix}\\ \\ \\ \leftarrow 第\ i\ 行\\ \\ \\ \\ \leftarrow 第\ j\ 行\\ \\ \\ \\ \end{matrix}$$

称为第一类初等矩阵.

(2) 用数 $k(k\neq 0)$乘 $\boldsymbol{E}$ 的第 i 行得到的初等矩阵，记作 $\boldsymbol{E}(i(k))$，即

$$\boldsymbol{E}(i(k))=\begin{pmatrix}1 & & & & & & \\ & \ddots & & & & & \\ & & 1 & & & & \\ & & & k & & & \\ & & & & 1 & & \\ & & & & & \ddots & \\ & & & & & & 1\end{pmatrix}\begin{matrix} \\ \\ \\ \leftarrow 第\ i\ 行 \\ \\ \\ \\ \end{matrix}$$

称为第二类初等矩阵.

(3) 用数 $k(k\neq 0)$乘 $\boldsymbol{E}$ 的第 j 行，再加到 $\boldsymbol{E}$ 的第 i 行上去，所得到的初等矩阵记作 $\boldsymbol{E}(i, j(k))$，即

$$\boldsymbol{E}(i, j(k))=\begin{pmatrix}1 & & & & & & \\ & \ddots & & & & & \\ & & 1 & \cdots & k & & \\ & & & \ddots & \vdots & & \\ & & & & 1 & & \\ & & & & & \ddots & \\ & & & & & & 1\end{pmatrix}\begin{matrix} \\ \\ \leftarrow 第\ i\ 行 \\ \\ \leftarrow 第\ j\ 行 \\ \\ \\ \end{matrix}$$

称为第三类初等矩阵.

利用初等矩阵，可以把矩阵的初等变换通过矩阵乘法表示出来.

定理 3.2.1　设 $\boldsymbol{A}$ 是一个 $m\times n$ 矩阵，则

(1) 对 $\boldsymbol{A}$ 施行一次初等行变换，相当于在 $\boldsymbol{A}$ 的左边乘以相应的 m 阶初等矩阵.

(2) 对 $\boldsymbol{A}$ 施行一次初等列变换，相当于在 $\boldsymbol{A}$ 的右边乘以相应的 n 阶初等矩阵.

初等变换对应初等矩阵. 由初等变换可逆可知，初等矩阵可逆，且它们的逆阵仍为初等矩阵，即由变换 $r_i\leftrightarrow r_j$ 的逆变换就是其本身知，$\boldsymbol{E}(i, j)^{-1}=\boldsymbol{E}(i, j)$；由变换 $r_i\times k$ 的逆变换为 $r_i\times\dfrac{1}{k}$ 知，$\boldsymbol{E}(i(k))^{-1}=\boldsymbol{E}\left(i\left(\dfrac{1}{k}\right)\right)$；由变换 r_i+kr_j 的逆变换为 $r_i+(-k)r_j$ 知，$\boldsymbol{E}(i, j(k))^{-1}=\boldsymbol{E}(i, j(-k))$.

【例 3.2.1】　设有矩阵 $\boldsymbol{A}=\begin{pmatrix}3 & 0 & 1\\ 1 & -1 & 2\\ 0 & 1 & 1\end{pmatrix}$，而 $\boldsymbol{E}_3(1, 2)=\begin{pmatrix}0 & 1 & 0\\ 1 & 0 & 0\\ 0 & 0 & 1\end{pmatrix}$，$\boldsymbol{E}_3(3, 1(2))=\begin{pmatrix}1 & 0 & 0\\ 0 & 1 & 0\\ 2 & 0 & 1\end{pmatrix}$，则

$$\boldsymbol{E}_3(1, 2)\boldsymbol{A}=\begin{pmatrix}0 & 1 & 0\\ 1 & 0 & 0\\ 0 & 0 & 1\end{pmatrix}\begin{pmatrix}3 & 0 & 1\\ 1 & -1 & 2\\ 0 & 1 & 1\end{pmatrix}=\begin{pmatrix}1 & -1 & 2\\ 3 & 0 & 1\\ 0 & 1 & 1\end{pmatrix},$$

即用 $\boldsymbol{E}_3(1, 2)$左乘 $\boldsymbol{A}$，相当于交换矩阵 $\boldsymbol{A}$ 的第 1 行与第 2 行.

又 $$AE_3(3,\ 1(2))=\begin{pmatrix}3&0&1\\1&-1&2\\0&1&1\end{pmatrix}\begin{pmatrix}1&0&0\\0&1&0\\2&0&1\end{pmatrix}=\begin{pmatrix}5&0&1\\5&-1&2\\2&1&1\end{pmatrix},$$

即用 $E_3(3,\ 1(2))$ 右乘 A，相当于将矩阵 A 的第 3 列乘 2 加于第 1 列.

定理 3.2.2 设 A 为可逆矩阵，则存在有限个初等矩阵 P_1，P_2，…，P_l，使 $A=P_1P_2\cdots P_l$.

证明 因 $A\sim E$，故 E 经有限次初等变换可变成 A，也就存在有限个初等矩阵 P_1，P_2，…，P_l，使得

$$P_1P_2\cdots P_rEP_{r+1}\cdots P_l=A,$$

即 $$A=P_1P_2\cdots P_l.$$

由定理 3.2.1 和定理 3.2.2 很容易得到以下几个推论：

推论 1 方阵 A 可逆的充分必要条件是 $A\sim E$.

推论 2 设 A、B 都是 $m\times n$ 矩阵，A 等价于 B 的充分必要条件是：存在 m 阶(n 阶)可逆矩阵 $P(Q)$，使

$$PA=B(AQ=B).$$

推论 3 设 A、B 都是 $m\times n$ 矩阵，A 等价于 B 的充分必要条件是：存在 m 阶可逆矩阵 P 和 n 阶可逆矩阵 Q，使 $PAQ=B$.

以上推论读者可自己证明.

【例 3.2.2】 求矩阵 $A=\begin{pmatrix}1&0&0\\0&1&1\\1&1&0\end{pmatrix}$ 的标准形，并用初等矩阵表示初等矩阵.

解 $$A=\begin{pmatrix}1&0&0\\0&1&1\\1&1&0\end{pmatrix}\overset{r_3-r_1}{\sim}\begin{pmatrix}1&0&0\\0&1&1\\0&1&0\end{pmatrix}\overset{r_2\leftrightarrow r_3}{\sim}\begin{pmatrix}1&0&0\\0&1&0\\0&1&1\end{pmatrix}\overset{r_3-r_2}{\sim}\begin{pmatrix}1&0&0\\0&1&0\\0&0&1\end{pmatrix}=E,$$

记

$$P_1=\begin{pmatrix}1&0&0\\0&1&0\\-1&0&1\end{pmatrix},\ P_2=\begin{pmatrix}1&0&0\\0&0&1\\0&1&0\end{pmatrix},\ P_3=\begin{pmatrix}1&0&0\\0&1&0\\0&-1&1\end{pmatrix},$$

则有 $P_3P_2P_1A=E$.

另外，由定理 3.2.1 和定理 3.2.2，还可以得到一种求逆矩阵的方法：

当 $|A|\neq 0$ 时，由 $A=P_1P_2\cdots P_l$，有

$$P_l^{-1}P_{l-1}^{-1}\cdots P_1^{-1}A=E, \tag{3.2.1}$$

及

$$P_l^{-1}P_{l-1}^{-1}\cdots P_1^{-1}E=A^{-1}. \tag{3.2.2}$$

式(3.2.1)表明，A 经过一系列初等变换可变为 E；式(3.2.2)表明，E 经同一系列初等变换即变成 A^{-1}. 用分块矩阵形式，式(3.2.1)和式(3.2.2)可合并为

$$P_l^{-1}P_{l-1}^{-1}\cdots P_1^{-1}(A\mid E)=(E\mid A^{-1}),$$

即对 $n\times 2n$ 矩阵 $(A\mid E)$ 施行初等行变换，当 A 变成 E 时，原来的 E 就变成 A^{-1}.

【例 3.2.3】　设 $A=\begin{pmatrix}1&2&3\\2&2&1\\3&4&3\end{pmatrix}$，求 A^{-1}.

解

$$(A\mid E)=\begin{pmatrix}1&2&3&1&0&0\\2&2&1&0&1&0\\3&4&3&0&0&1\end{pmatrix}\overset{r_2-2r_1}{\underset{r_3-3r_1}{\sim}}\begin{pmatrix}1&2&3&1&0&0\\0&-2&-5&-2&1&0\\0&-2&-6&-3&0&1\end{pmatrix}$$

$$\overset{r_1+r_2}{\underset{r_3-r_2}{\sim}}\begin{pmatrix}1&0&-2&-1&1&0\\0&-2&-5&-2&1&0\\0&0&-1&-1&-1&1\end{pmatrix}$$

$$\overset{r_1-2r_3}{\underset{r_2-5r_3}{\sim}}\begin{pmatrix}1&0&0&1&3&-2\\0&-2&0&3&6&-5\\0&0&-1&-1&-1&1\end{pmatrix}$$

$$\overset{r_2\times\left(-\frac{1}{2}\right)}{\underset{r_3\times(-1)}{\sim}}\begin{pmatrix}1&0&0&1&3&-2\\0&1&0&-\dfrac{3}{2}&-3&-\dfrac{5}{2}\\0&0&1&1&1&-1\end{pmatrix},$$

$$A^{-1}=\begin{pmatrix}1&3&-2\\-\dfrac{3}{2}&-3&\dfrac{5}{2}\\1&1&-1\end{pmatrix}.$$

利用初等行变换，还可用于求矩阵 $A^{-1}B$. 由

$$A^{-1}(A\mid B)=(E\mid A^{-1}B)$$

可知，若对矩阵$(A\mid B)$施行初等行变换，则把 A 变成 E 时，B 就变成 $A^{-1}B$.

【例 3.2.4】　求矩阵 X，使 $AX=B$，其中

$$A=\begin{pmatrix}1&2&3\\2&2&1\\3&4&3\end{pmatrix},\quad B=\begin{pmatrix}2&5\\3&1\\4&3\end{pmatrix}.$$

解　若 A 可逆，则 $X=A^{-1}B$.

$$(A\mid B)=\begin{pmatrix}1&2&3&2&5\\2&2&1&3&1\\3&4&3&4&3\end{pmatrix}\overset{r_2-2r_1}{\underset{r_3-3r_1}{\sim}}\begin{pmatrix}1&2&3&2&5\\0&-2&-5&-1&-9\\0&-2&-6&-2&-12\end{pmatrix}$$

$$\overset{r_1+r_2}{\underset{r_3-r_2}{\sim}}\begin{pmatrix}1&0&-2&1&-4\\0&-2&-5&-1&-9\\0&0&-1&-1&-3\end{pmatrix}\overset{r_1-2r_3}{\underset{r_2-5r_3}{\sim}}\begin{pmatrix}1&0&0&3&2\\0&-2&0&4&6\\0&0&-1&-1&-3\end{pmatrix}$$

$$\overset{r_2\times\left(-\frac{1}{2}\right)}{\underset{r_3\times(-1)}{\sim}}\begin{pmatrix}1&0&0&3&2\\0&1&0&-2&-3\\0&0&1&1&3\end{pmatrix},$$

因此 $X=\begin{pmatrix}3 & 2\\ -2 & -3\\ 1 & 3\end{pmatrix}$.

本例用初等行变换的方法求得 $X=A^{-1}B$，如果要求 $Y=CA^{-1}$，则可对矩阵 $\begin{pmatrix}A\\ C\end{pmatrix}$ 作初等列变换，使

$$\begin{pmatrix}A\\ C\end{pmatrix}\sim\begin{pmatrix}E\\ CA^{-1}\end{pmatrix},$$

即可得 $Y=CA^{-1}$.

3.3 矩阵的秩

矩阵的秩是讨论向量组的线性相关性、深入研究线性方程组等问题的重要工具. 从3.2节可以看到，矩阵可经初等变换化为行阶梯形矩阵且行阶梯形矩阵所含非零行的行数是唯一确定的. 这个数实质上就是矩阵的秩，鉴于这个数的唯一性尚未证明，在本节中，我们首先利用行列式来定义矩阵的秩，然后给出利用初等变换求矩阵秩的方法.

3.3.1 矩阵秩的定义

定义 3.3.1 设 A 是 $m\times n$ 矩阵，在 A 中任取 k 行 k 列($1\leqslant k\leqslant\min\{m,n\}$)，位于 k 行 k 列交叉位置上的 k^2 个元素，按原来的次序组成的 k 阶方阵称为矩阵 A 的 k 阶子方阵. A 的 k 阶子方阵的行列式称为 A 的 k 阶子式.

例如，$A=\begin{pmatrix}1 & -2 & -1 & -2\\ 0 & 9 & 6 & 9\\ 0 & 0 & 0 & -6\\ 0 & 0 & 0 & 0\end{pmatrix}$，$\begin{vmatrix}1 & 0\\ -2 & 9\end{vmatrix}$、$\begin{vmatrix}1 & -1 & -2\\ 0 & 6 & 9\\ 0 & 0 & -6\end{vmatrix}$等都是它的子式，最高为4阶.

如果 A 是 n 阶方阵，那么 A 的 n 阶子式就是方阵 A 的行列式 $|A|$.

$m\times n$ 矩阵 A 的 k 阶子式共有 $C_m^k C_n^k$ 个.

定义 3.3.2 设 $m\times n$ 矩阵 A 中有一个 r 阶子式 D 不等于零，而所有的 $r+1$ 阶子式(如果存在的话)全等于零，则称 D 为矩阵 A 的最高阶非零子式，称数 r 为矩阵 A 的秩，记作 $R(A)=r$，并规定零矩阵的秩为零.

例如，上例矩阵 $A=\begin{pmatrix}1 & -2 & -1 & -2\\ 0 & 9 & 6 & 9\\ 0 & 0 & 0 & -6\\ 0 & 0 & 0 & 0\end{pmatrix}$，很容易找到它的一阶、二阶、三阶不为零的子式，但它的所有四阶子式全为零，所以矩阵 A 的秩为 3.

显然，矩阵的秩具有如下性质：

(1) 若矩阵 A 中某个 s 阶子式不为 0，则 $R(A)\geqslant s$.

(2) 若矩阵 $\boldsymbol{A}$ 中所有 s 阶子式全为 0，则 $R(\boldsymbol{A})<s$.

(3) 若 $\boldsymbol{A}$ 为 $m\times n$ 矩阵，则 $0\leqslant R(A)\leqslant \min\{m, n\}$.

(4) $R(\boldsymbol{A})=R(\boldsymbol{A}^{\mathrm{T}})$.

【例 3.3.1】 求下列矩阵的秩：

(1) $\boldsymbol{A}=\begin{pmatrix}1 & 1\\ 2 & 2\end{pmatrix}$；(2) $\boldsymbol{A}=\begin{pmatrix}1 & 2 & 4 & 1\\ 2 & 4 & 8 & 2\\ 3 & 6 & 0 & 2\end{pmatrix}$.

解 (1) 因为 $\boldsymbol{A}$ 的一阶子式全不等于零，而二阶子式只有一个，即

$$|\boldsymbol{A}|=\begin{vmatrix}1 & 1\\ 2 & 2\end{vmatrix}=0,$$

所以，$R(\boldsymbol{A})=1$.

(2) 因为 $\boldsymbol{A}$ 中二阶子式

$$\begin{vmatrix}4 & 1\\ 0 & 2\end{vmatrix}=8\neq 0,$$

而 $\boldsymbol{A}$ 中三阶子式共有四个，分别为

$$\begin{vmatrix}1 & 2 & 4\\ 2 & 4 & 8\\ 3 & 6 & 0\end{vmatrix},\quad \begin{vmatrix}1 & 2 & 1\\ 2 & 4 & 2\\ 3 & 6 & 2\end{vmatrix},\quad \begin{vmatrix}1 & 4 & 1\\ 2 & 8 & 2\\ 3 & 0 & 2\end{vmatrix},\quad \begin{vmatrix}2 & 4 & 1\\ 4 & 8 & 2\\ 6 & 0 & 2\end{vmatrix}.$$

由计算可知，这四个三阶子式全等于零，所以 $R(\boldsymbol{A})=2$.

定义 3.3.3 设 $\boldsymbol{A}$ 是 $m\times n$ 阶矩阵，如果 $R(\boldsymbol{A})=\min\{m, n\}$，则称 $\boldsymbol{A}$ 是满秩矩阵.

如果 $\boldsymbol{A}$ 是 n 阶方阵且可逆，则 $|\boldsymbol{A}|\neq 0$，得 $R(\boldsymbol{A})=n$；反之，如果 n 阶方阵 $\boldsymbol{A}$ 的秩 $R(\boldsymbol{A})=n$，则由矩阵秩的定义可知 $|\boldsymbol{A}|\neq 0$，从而 $\boldsymbol{A}$ 可逆. 因此，可逆矩阵是满秩矩阵.

3.3.2 用初等变换求矩阵的秩

从例 3.3.1(2) 可知，对于一般的矩阵，当矩阵的行数与列数较高时，按定义求秩是很麻烦的. 然而，对于行阶梯形矩阵，它的秩就等于非零行的行数，无须计算. 所以我们自然会想到用初等行变换把矩阵化为行阶梯形矩阵求秩，但两个等价的矩阵的秩是否相等呢？下面的定理对此作出了肯定的回答.

定理 3.3.1 若 $\boldsymbol{A}\sim\boldsymbol{B}$，则 $R(\boldsymbol{A})=R(\boldsymbol{B})$.

证明 (1) 证明 $\boldsymbol{A}$ 经一次初等行变换变为 $\boldsymbol{B}$，则 $R(\boldsymbol{A})\leqslant R(\boldsymbol{B})$.

设 $R(\boldsymbol{A})=r$，且 $\boldsymbol{A}$ 的某个 r 阶子式 $D_r\neq 0$.

当 $\boldsymbol{A}\overset{r_i\leftrightarrow r_j}{\sim}\boldsymbol{B}$ 或 $\boldsymbol{A}\overset{r_i\times k}{\sim}\boldsymbol{B}$ 时，在 $\boldsymbol{B}$ 中总能找到与 D_r 相对应的子式 $\overline{D_r}$，由于 $\overline{D_r}=D_r$，$\overline{D_r}=-D_r$ 或 $\overline{D_r}=kD_r$，因此 $\overline{D_r}\neq 0$，从而 $R(\boldsymbol{B})\geqslant r$.

(2) 当 $\boldsymbol{A}\overset{r_i+kr_j}{\sim}\boldsymbol{B}$ 时，分三种情形讨论：① D_r 中不含第 i 行；② D_r 中同时含第 i 行和第 j 行；③ D_r 中含第 i 行但不含第 j 行. 对①、②两种情形，显然 $\boldsymbol{B}$ 中与 D_r 对应的子式 $\overline{D_r}=D_r\neq 0$，故 $R(\boldsymbol{B})\geqslant r$；对情形③，由

$$\overline{D_r}=\begin{vmatrix}\vdots\\ r_i+kr_j\\ \vdots\end{vmatrix}=\begin{vmatrix}\vdots\\ r_i\\ \vdots\end{vmatrix}+k\begin{vmatrix}\vdots\\ r_j\\ \vdots\end{vmatrix}=D_r+k\hat{D}_r$$

可知，若 $\hat{D}_r\neq 0$，则因 $\hat{D}_r$ 中不含第 i 行知 $\boldsymbol{A}$ 中有不含第 i 行的 r 阶非零子式，从而根据情形①知 $R(\boldsymbol{B})\geqslant r$；若 $\hat{D}_r=0$，则 $\overline{D_r}=D_r\neq 0$，也有 $R(\boldsymbol{B})\geqslant r$.

以上证明了若 $\boldsymbol{A}$ 经一次初等行变换变为 $\boldsymbol{B}$，则 $R(\boldsymbol{A})\leqslant R(\boldsymbol{B})$. 由于 $\boldsymbol{B}$ 也可经过一次初等行变换变为 $\boldsymbol{A}$，故也有 $R(\boldsymbol{B})\leqslant R(\boldsymbol{A})$. 因此 $R(\boldsymbol{A})=R(\boldsymbol{B})$.

由经一次初等行变换矩阵的秩不变可知，经有限次初等行变换矩阵的秩仍不变.

设 $\boldsymbol{A}$ 经初等列变换变为 $\boldsymbol{B}$，则 $\boldsymbol{A}^{\mathrm{T}}$ 经初等行变换变为 $\boldsymbol{B}^{\mathrm{T}}$，由上段说明知 $R(\boldsymbol{A}^{\mathrm{T}})=R(\boldsymbol{B}^{\mathrm{T}})$，又 $R(\boldsymbol{A})=R(\boldsymbol{A}^{\mathrm{T}})$，$R(\boldsymbol{B})=R(\boldsymbol{B}^{\mathrm{T}})$，因此 $R(\boldsymbol{A})=R(\boldsymbol{B})$.

总之，若 $\boldsymbol{A}$ 经有限次初等变换变为 $\boldsymbol{B}$(即 $\boldsymbol{A}\sim\boldsymbol{B}$)，则 $R(\boldsymbol{A})=R(\boldsymbol{B})$.

定理 3.3.1 表明：初等变换不改变矩阵的秩，而且任何一个 $m\times n$ 矩阵 $\boldsymbol{A}$ 都等价于一个行阶梯形矩阵，且行阶梯形矩阵的秩等于它的非零行的行数. 因此，求矩阵的秩只需要将其化成行阶梯形矩阵，进一步统计非零行数即可.

【例 3.3.2】 求矩阵

$$\boldsymbol{A}=\begin{pmatrix}1&0&0&1\\1&2&0&-1\\3&-1&0&4\\1&4&5&1\end{pmatrix}$$

的秩，并求 $\boldsymbol{A}$ 的一个最高阶非零子式.

解 对 $\boldsymbol{A}$ 作初等行变换，化 $\boldsymbol{A}$ 为行阶梯形矩阵：

$$\boldsymbol{A}\overset{\substack{r_2-r_1\\r_3-3r_1\\r_4-r_1}}{\sim}\begin{pmatrix}1&0&0&1\\0&2&0&-2\\0&-1&0&1\\0&4&5&0\end{pmatrix}\overset{\substack{r_2+2r_3\\r_4+4r_3}}{\sim}\begin{pmatrix}1&0&0&1\\0&0&0&0\\0&-1&0&1\\0&0&5&4\end{pmatrix}\overset{\substack{r_2\leftrightarrow r_3\\r_3\leftrightarrow r_4}}{\sim}\begin{pmatrix}1&0&0&1\\0&-1&0&1\\0&0&5&4\\0&0&0&0\end{pmatrix},$$

所以 $R(\boldsymbol{A})=3$.

再求 $\boldsymbol{A}$ 的一个最高阶非零子式. 因 $R(\boldsymbol{A})=3$，知 $\boldsymbol{A}$ 的最高阶非零子式为 3 阶. $\boldsymbol{A}$ 的 3 阶子式共有 $C_4^3\cdot C_4^3=16$ 个，要从 16 个子式中找出一个非零子式是比较麻烦的. 考虑 $\boldsymbol{A}$ 的行阶梯形矩阵，记 $\boldsymbol{A}=(\alpha_1, \alpha_2, \alpha_3, \alpha_4)$，则矩阵 $\boldsymbol{B}=(\alpha_1, \alpha_2, \alpha_3)$的行阶梯形矩阵为

$$\begin{pmatrix}1&0&0\\0&-1&0\\0&0&5\\0&0&0\end{pmatrix},$$

知 $R(\boldsymbol{B})=3$，故 $\boldsymbol{B}$ 中必有 3 阶非零子式. $\boldsymbol{B}$ 的 3 阶子式有 4 个，在 $\boldsymbol{B}$ 的 4 个 3 阶子式中找一个非零子式比在 $\boldsymbol{A}$ 中找非零子式容易许多. 计算 $\boldsymbol{B}$ 的前三行(即 $\boldsymbol{A}$ 的第 1、3、4 行)构成的子式

$$\begin{vmatrix}1&0&0\\3&-1&0\\1&4&5\end{vmatrix}=\begin{vmatrix}-1&0\\4&5\end{vmatrix}\neq 0,$$

显然这个子式就是 $\boldsymbol{A}$ 的一个最高阶非零子式.

【例 3.3.3】 设矩阵

$$\boldsymbol{A}=\begin{pmatrix}1&-2&2&-1\\2&-4&8&0\\-2&4&-2&3\\3&-6&0&-6\end{pmatrix},\ \boldsymbol{b}=\begin{pmatrix}1\\2\\3\\4\end{pmatrix},$$

求矩阵 $\boldsymbol{A}$ 及矩阵 $\boldsymbol{B}=(\boldsymbol{A}\ \vdots\ \boldsymbol{b})$ 的秩.

解 对 $\boldsymbol{B}$ 作初等行变换变为行阶梯形矩阵，设 $\boldsymbol{B}$ 的行阶梯形矩阵为 $\widetilde{\boldsymbol{B}}=(\widetilde{\boldsymbol{A}},\widetilde{\boldsymbol{b}})$，则 $\widetilde{\boldsymbol{A}}$ 就是 $\boldsymbol{A}$ 的行阶梯形矩阵，故从 $\widetilde{\boldsymbol{B}}=(\widetilde{\boldsymbol{A}},\widetilde{\boldsymbol{b}})$ 中可以同时求出 $R(\boldsymbol{A})$ 和 $R(\boldsymbol{B})$.

$$\boldsymbol{B}=\begin{pmatrix}1&-2&2&-1&1\\2&-4&8&0&2\\-2&4&-2&3&3\\3&-6&0&-6&4\end{pmatrix}\overset{\substack{r_2-2r_1\\r_3+2r_1\\r_4-3r_1}}{\sim}\begin{pmatrix}1&-2&2&-1&1\\0&0&4&2&0\\0&0&2&1&5\\0&0&-6&-3&1\end{pmatrix}$$

$$\overset{\substack{r_2\times\frac{1}{2}\\r_3-r_2\\r_4+3r_2}}{\sim}\begin{pmatrix}1&-2&2&-1&1\\0&0&2&1&0\\0&0&0&0&5\\0&0&0&0&1\end{pmatrix}\overset{\substack{r_3\times\frac{1}{5}\\r_4-r_3}}{\sim}\begin{pmatrix}1&-2&2&-1&1\\0&0&2&1&0\\0&0&0&0&1\\0&0&0&0&0\end{pmatrix},$$

因此，$R(\boldsymbol{A})=2$，$R(\boldsymbol{B})=3$.

【例 3.3.4】 设矩阵

$$\boldsymbol{A}=\begin{pmatrix}1&-1&1&2\\3&\lambda&-1&2\\5&3&\mu&6\end{pmatrix},$$

已知 $R(\boldsymbol{A})=2$，求 λ 与 μ 的值.

解

$$\boldsymbol{A}\overset{\substack{r_2-3r_1\\r_3-5r_1}}{\sim}\begin{pmatrix}1&-1&1&2\\0&\lambda+3&-4&-4\\0&8&\mu-5&-4\end{pmatrix}\overset{r_3-r_2}{\sim}\begin{pmatrix}1&-1&1&2\\0&\lambda+3&-4&-4\\0&5-\lambda&\mu-1&0\end{pmatrix},$$

因 $R(\boldsymbol{A})=2$，故

$$\begin{cases}5-\lambda=0\\\mu-1=0\end{cases},$$

即 $\begin{cases}\lambda=5\\\mu=1\end{cases}$.

3.3.3 矩阵秩的相关结论

定理 3.3.2 若 $\boldsymbol{P}$、$\boldsymbol{Q}$ 可逆，则 $R(\boldsymbol{PAQ})=R(\boldsymbol{PA})=R(\boldsymbol{AQ})=R(\boldsymbol{A})$.

定理 3.3.3 $R(\boldsymbol{AB})\leqslant\min\{R(\boldsymbol{A}),R(\boldsymbol{B})\}$.

定理 3.3.4 设 $\boldsymbol{A}$ 为 n 阶方阵，$\boldsymbol{A}^*$ 为 $\boldsymbol{A}$ 的伴随矩阵，则

$$R(\boldsymbol{A}^*)=\begin{cases}n, & 若 R(\boldsymbol{A})=n\\ 1, & 若 R(\boldsymbol{A})=n-1.\\ 0, & 若 R(\boldsymbol{A})<n-1\end{cases}$$

3.4 线性方程组的解

3.1 节介绍了利用初等变换化线性方程组的增广矩阵为行最简形来求解线性方程组的方法. 在学习中不难发现，不同的线性方程组解的情况是不同的：解唯一、解不唯一、无解. 出现上述三种情况主要与线性方程组的系数矩阵的秩和增广矩阵的秩有关. 本节将以矩阵的秩为工具，深入地讨论线性方程组解的情况.

3.4.1 线性方程组的矩阵表示

设有 n 个未知数 m 个方程的线性方程组

$$\begin{cases}a_{11}x_1+a_{12}x_2+\cdots+a_{1n}x_n=b_1\\ a_{21}x_1+a_{22}x_2+\cdots+a_{2n}x_n=b_2\\ \qquad\qquad\qquad\vdots\\ a_{m1}x_1+a_{m2}x_2+\cdots+a_{mn}x_n=b_m\end{cases}\tag{3.4.1}$$

若令

$$\boldsymbol{A}=\begin{pmatrix}a_{11} & a_{12} & \cdots & a_{1n}\\ a_{21} & a_{22} & \cdots & a_{2n}\\ \vdots & \vdots & & \vdots\\ a_{m1} & a_{m2} & \cdots & a_{mn}\end{pmatrix},\ \boldsymbol{X}=\begin{pmatrix}x_1\\ x_2\\ \vdots\\ x_n\end{pmatrix},\ \boldsymbol{b}=\begin{pmatrix}b_1\\ b_2\\ \vdots\\ b_m\end{pmatrix},$$

其中，$\boldsymbol{A}$ 称为系数矩阵，$\boldsymbol{X}$ 称为未知向量，$\boldsymbol{b}$ 称为常数向量，则式(3.4.1)可用矩阵表示为

$$\boldsymbol{AX}=\boldsymbol{b}\tag{3.4.2}$$

矩阵 $\boldsymbol{B}=(\boldsymbol{A}\,\vdots\,\boldsymbol{b})=\begin{pmatrix}a_{11} & a_{12} & \cdots & a_{1n} & b_1\\ a_{21} & a_{22} & \cdots & a_{2n} & b_2\\ \vdots & \vdots & & \vdots & \vdots\\ a_{m1} & a_{m2} & \cdots & a_{mn} & b_m\end{pmatrix}=(a_1, a_2, \cdots, a_n, b)$ 称为增广矩阵.

式(3.4.2)中：若 $\boldsymbol{b}=\boldsymbol{0}$，则线性方程组为 $\boldsymbol{AX}=\boldsymbol{0}$，称为齐次线性方程组；若 $\boldsymbol{b}\neq\boldsymbol{0}$，则线性方程组为 $\boldsymbol{AX}=\boldsymbol{b}$，称为非齐次线性方程组.

3.4.2 线性方程组的解

定理 3.4.1 n 元线性方程组 $\boldsymbol{AX}=\boldsymbol{b}$

(1) 无解的充分必要条件是 $R(\boldsymbol{A})<R(\boldsymbol{A}\,\vdots\,\boldsymbol{b})$；

(2) 有唯一解的充分必要条件是 $R(\boldsymbol{A})=R(\boldsymbol{A}\,\vdots\,\boldsymbol{b})=n$；

(3) 有无限多解的充分必要条件是 $R(\boldsymbol{A})=R(\boldsymbol{A}\,\vdots\,\boldsymbol{b})<n$.

证明 只需证明条件的充分性，因为(1)，(2)，(3)中条件的必要性依次是(2)(3)，

(1)(3)，(1)(2)中条件的充分性的逆否命题.

设 $R(\boldsymbol{A})=r$，为叙述方便，不妨设 $\boldsymbol{B}=R(\boldsymbol{A},\boldsymbol{b})$ 的行最简形为

$$\widetilde{\boldsymbol{B}}=\begin{bmatrix}1 & 0 & \cdots & 0 & b_{11} & \cdots & b_{1,n-r} & d_1\\ 0 & 1 & \cdots & 0 & b_{21} & \cdots & b_{2,n-r} & d_2\\ \vdots & \vdots & & \vdots & \vdots & & \vdots & \vdots\\ 0 & 0 & \cdots & 1 & b_{r,1} & \cdots & b_{r,n-r} & d_r\\ 0 & 0 & \cdots & 0 & 0 & \cdots & 0 & d_{r+1}\\ 0 & 0 & \cdots & 0 & 0 & \cdots & 0 & 0\\ \vdots & \vdots & & \vdots & \vdots & & \vdots & \vdots\\ 0 & 0 & \cdots & 0 & 0 & \cdots & 0 & 0\end{bmatrix}.$$

(1) 若 $R(\boldsymbol{A})<R(\boldsymbol{B})$，则 $\widetilde{\boldsymbol{B}}$ 中的 $d_{r+1}=1$，于是 $\widetilde{\boldsymbol{B}}$ 的第 $r+1$ 行对应矛盾方程 $0=1$，故式(3.4.1)无解.

(2) 若 $R(\boldsymbol{A})=R(\boldsymbol{B})=r=n$，则 $\widetilde{\boldsymbol{B}}$ 中的 $d_{r+1}=0$(或 d_{r+1} 不出现)，且 b_{ij} 都不出现，于是 $\widetilde{\boldsymbol{B}}$ 可表示为

$$\begin{pmatrix}1 & & & & d_1\\ & 1 & & & d_2\\ & & \ddots & & \\ & & & 1 & d_n\end{pmatrix},$$

其对应的方程组是

$$\begin{cases}x_1=d_1\\ x_2=d_2\\ \quad\vdots\\ x_n=d_n\end{cases},$$

故式(3.4.1)有唯一解.

(3) 若 $R(\boldsymbol{A})=R(\boldsymbol{B})=r<n$，则 $\widetilde{\boldsymbol{B}}$ 中的 $d_{r+1}=0$(或 d_{r+1} 不出现)，且 b_{ij} 都不出现，于是 $\widetilde{\boldsymbol{B}}$ 对应的方程组是

$$\begin{cases}x_1=-b_{11}x_{r+1}-\cdots-b_{1n-r}x_n+d_1\\ x_2=-b_{21}x_{r+1}-\cdots-b_{2n-r}x_n+d_2\\ \quad\vdots\\ x_r=-b_{r1}x_{r+1}-\cdots-b_{rn-r}x_n+d_{2r}\end{cases}. \tag{3.4.3}$$

令自由未知数 $x_{r+1}=c_1$，…，$x_n=c_{n-r}$，则解得方程组含 $n-r$ 个参数的解：

$$\begin{pmatrix}x_1\\ \vdots\\ x_r\\ x_{r+1}\\ \vdots\\ x_n\end{pmatrix}=\begin{pmatrix}-b_{11}c_1-\cdots-b_{1n-r}c_{n-r}+d_1\\ \vdots\\ -b_{r1}c_1-\cdots-b_{rn-r}c_{n-r}+d_r\\ c_1\\ \vdots\\ c_{n-r}\end{pmatrix},$$

即

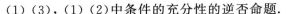

$$\begin{pmatrix} x_1 \\ \vdots \\ x_r \\ x_{r+1} \\ \vdots \\ x_n \end{pmatrix} = c_1 \begin{pmatrix} -b_{11} \\ \vdots \\ -b_{r1} \\ 1 \\ \vdots \\ 1 \end{pmatrix} + \cdots + c_{n-r} \begin{pmatrix} -b_{1n-r} \\ \vdots \\ -b_{rn-r} \\ 0 \\ \vdots \\ 1 \end{pmatrix} + \begin{pmatrix} d_1 \\ \vdots \\ d_r \\ 0 \\ \vdots \\ 0 \end{pmatrix}. \tag{3.4.4}$$

由于参数 c_1，…，c_{n-r} 可任意取值，故方程组有无穷多个解.

当 $R(\boldsymbol{A})=R(\boldsymbol{B})=r<n$ 时，由于含 $n-r$ 个参数的解，式(3.4.4)可表示式(3.4.3)的任一解，从而也可表示式(3.4.1)的任一解，因此式(3.4.4)称为线性方程组(3.4.1)的通解.

求解线性方程组的步骤如下：

(1) 对于非齐次线性方程组，把它的增广矩阵 $\boldsymbol{B}$ 化成行阶梯形，从 $\boldsymbol{B}$ 的行阶梯形可同时看出 $R(\boldsymbol{A})$ 和 $R(\boldsymbol{B})$，若 $R(\boldsymbol{A})<R(\boldsymbol{B})$，则方程组无解.

(2) 若 $R(\boldsymbol{A})=R(\boldsymbol{B})$，则进一步把 $\boldsymbol{B}$ 化成行最简形，对于齐次线性方程组，则把系数矩阵 $\boldsymbol{A}$ 化成行最简形.

(3) 设 $R(\boldsymbol{A})=R(\boldsymbol{B})=r$，把行最简形中 r 个非零行的非零首元所对应的未知数取作自由未知数，其余 $n-r$ 个未知数取作自由未知数，并令自由未知数分别等于 c_1，…，c_{n-r}，由 $\boldsymbol{B}$(或 $\boldsymbol{A}$)的行最简形即可写出含 $n-r$ 个参数的线性方程组的通解.

【例 3.4.1】 求解齐次线性方程组

$$\begin{cases} 2x_1-4x_2+5x_3+3x_4=0 \\ 3x_1-6x_2+4x_3+2x_4=0 \\ 4x_1-8x_2+17x_3+11x_4=0 \end{cases}.$$

解 对系数矩阵 $\boldsymbol{A}$ 施以初等行变换变为行最简形矩阵，得

$$\boldsymbol{A}=\begin{pmatrix} 2 & -4 & 5 & 3 \\ 3 & -6 & 4 & 2 \\ 4 & -8 & 17 & 11 \end{pmatrix} \underset{r_3-2r_1}{\overset{2r_2-3r_1}{\sim}} \begin{pmatrix} 2 & -4 & 5 & 3 \\ 0 & 0 & -7 & -5 \\ 0 & 0 & 7 & 5 \end{pmatrix}$$

$$\underset{r_3+r_2}{\overset{7r_1+5r_2}{\sim}} \begin{pmatrix} 14 & -28 & 0 & -4 \\ 0 & 0 & -7 & -5 \\ 0 & 0 & 0 & 0 \end{pmatrix} \underset{(-\frac{1}{7})r_2}{\overset{\frac{1}{14}r_1}{\sim}} \begin{bmatrix} 1 & -2 & 0 & -\dfrac{2}{7} \\ 0 & 0 & 1 & \dfrac{5}{7} \\ 0 & 0 & 0 & 0 \end{bmatrix}.$$

因 $R(\boldsymbol{A})=2<4$(方程组中未知数的个数)，所以齐次线性方程组有无穷多个解. 而它的同解线性方程组为

$$\begin{cases} x_1-2x_2 \quad -\dfrac{2}{7}x_4=0 \\ x_3+\dfrac{5}{7}x_4=0 \end{cases},$$

选取 x_2，x_4 为自由未知量，令 $x_2=c_1$，$x_4=7c_2$，得

$$\begin{cases} x_1 = 2c_1 + 2c_2 \\ x_2 = c_1 \\ x_3 = \quad -5c_2 \\ x_4 = \quad 7c_2 \end{cases},$$

从而得

$$\begin{pmatrix} x_1 \\ x_2 \\ x_3 \\ x_4 \end{pmatrix} = c_1 \begin{pmatrix} 2 \\ 1 \\ 0 \\ 0 \end{pmatrix} + c_2 \begin{pmatrix} 2 \\ 0 \\ -5 \\ 7 \end{pmatrix} \quad (c_1, c_2 \in \mathbf{R}).$$

【例 3.4.2】 求解非齐次线性方程组

$$\begin{cases} x_1 - 2x_2 + 3x_3 - x_4 = 1 \\ 3x_1 - x_2 + 5x_3 - 3x_4 = 2. \\ 2x_1 + x_2 + 2x_3 - 2x_4 = 3 \end{cases}$$

解 对增广矩阵 $\boldsymbol{B}$ 施行初等行变换：

$$\boldsymbol{B} = \begin{pmatrix} 1 & -2 & 3 & -1 & 1 \\ 3 & -1 & 5 & -3 & 2 \\ 2 & 1 & 2 & -2 & 3 \end{pmatrix} \overset{r_2-3r_1}{\underset{r_3-2r_1}{\sim}} \begin{pmatrix} 1 & -2 & 3 & -1 & 1 \\ 0 & 5 & -4 & 0 & -1 \\ 0 & 5 & -4 & 0 & 1 \end{pmatrix}$$

$$\overset{r_3-r_2}{\sim} \begin{pmatrix} 1 & -2 & 3 & -1 & 1 \\ 0 & 5 & -4 & 0 & -1 \\ 0 & 0 & 0 & 0 & 2 \end{pmatrix}.$$

可见 $R(\boldsymbol{A})=2$，$R(\boldsymbol{B})=3$，故方程组无解.

【例 3.4.3】 求解非齐次线性方程组

$$\begin{cases} x_1 + x_2 - 3x_3 + x_4 = 1 \\ x_1 + 5x_2 - 9x_3 - x_4 = 0. \\ 3x_1 - x_2 - 3x_3 = 4 \end{cases}$$

解 对线性方程组的增广矩阵 $\boldsymbol{B}$ 施行初等变换：

$$\boldsymbol{B} = \begin{pmatrix} 1 & 1 & -3 & 1 & 1 \\ 1 & 5 & -9 & -1 & 0 \\ 3 & -1 & -3 & 0 & 4 \end{pmatrix} \overset{r_2-r_1}{\underset{r_3-3r_1}{\sim}} \begin{pmatrix} 1 & 1 & -3 & 1 & 1 \\ 0 & 4 & -6 & -2 & -1 \\ 0 & -4 & 6 & -3 & 1 \end{pmatrix}$$

$$\overset{4r_1-r_2}{\underset{r_3+r_2}{\sim}} \begin{pmatrix} 4 & 0 & -6 & 6 & 5 \\ 0 & 4 & -6 & -2 & -1 \\ 0 & 0 & 0 & -5 & 0 \end{pmatrix} \overset{r_1\times\frac{1}{4}}{\underset{\substack{r_2\times\frac{1}{4} \\ r_3\times\left(-\frac{1}{5}\right)}}{\sim}} \begin{pmatrix} 1 & 0 & -\dfrac{3}{2} & \dfrac{3}{2} & \dfrac{5}{4} \\ 0 & 1 & -\dfrac{3}{2} & -\dfrac{1}{2} & -\dfrac{1}{4} \\ 0 & 0 & 0 & 1 & 0 \end{pmatrix}$$

$$\overset{r_1-\frac{3}{2}r_3}{\underset{r_2+\frac{1}{2}r_3}{\sim}} \begin{pmatrix} 1 & 0 & -\dfrac{3}{2} & 0 & \dfrac{5}{4} \\ 0 & 1 & -\dfrac{3}{2} & 0 & -\dfrac{1}{4} \\ 0 & 0 & 0 & 1 & 0 \end{pmatrix} = \boldsymbol{R}.$$

矩阵 $\boldsymbol{R}$ 对应的线性方程组为

$$\begin{cases} x_1 \quad -\dfrac{3}{2}x_3 \quad =\dfrac{5}{4} \\ \quad x_2-\dfrac{3}{2}x_3 \quad =-\dfrac{1}{4}, \\ \qquad\qquad x_4=0 \end{cases}$$

将 x_3 看成自由未知数，取 $x_3=2k$，k 为任意实数，得

$$\begin{cases} x_1=3k+\dfrac{5}{4} \\ x_2=3k-\dfrac{1}{4}. \\ x_3=2k \\ x_4=0 \end{cases}$$

可将上式写成下列的解向量形式：

$$\begin{pmatrix} x_1 \\ x_2 \\ x_3 \\ x_4 \end{pmatrix}=\begin{pmatrix} 3k+\dfrac{5}{4} \\ 3k-\dfrac{1}{4} \\ 2k \\ 0 \end{pmatrix}=\begin{pmatrix} 3k \\ 3k \\ 2k \\ 0 \end{pmatrix}+\begin{pmatrix} \dfrac{5}{4} \\ -\dfrac{1}{4} \\ 0 \\ 0 \end{pmatrix},$$

即得

$$\begin{pmatrix} x_1 \\ x_2 \\ x_3 \\ x_4 \end{pmatrix}=k\begin{pmatrix} 3 \\ 3 \\ 2 \\ 0 \end{pmatrix}+\begin{pmatrix} \dfrac{5}{4} \\ -\dfrac{1}{4} \\ 0 \\ 0 \end{pmatrix} \quad (k\in\mathbf{R}).$$

【例 3.4.4】 设有线性方程组

$$\begin{cases} (1+\lambda)x_1+x_2+x_3=0 \\ x_1+(1+\lambda)x_2+x_3=3, \\ x_1+x_2+(1+\lambda)x_3=\lambda \end{cases}$$

λ 为何值时，此方程组①有唯一解；②无解；③有无穷多解？在有无穷多解时求通解.

解 对增广矩阵 $\boldsymbol{B}=(\boldsymbol{A}\mid\boldsymbol{b})$作初等行变换，把它变为行阶梯形矩阵，有

$$\boldsymbol{B}=\begin{pmatrix} 1+\lambda & 1 & 1 & 0 \\ 1 & 1+\lambda & 1 & 3 \\ 1 & 1 & 1+\lambda & \lambda \end{pmatrix}\overset{r_1\leftrightarrow r_3}{\sim}\begin{pmatrix} 1 & 1 & 1+\lambda & \lambda \\ 1 & 1+\lambda & 1 & 3 \\ 1+\lambda & 1 & 1 & 0 \end{pmatrix}$$

$$\underset{r_3-(1+\lambda)r_1}{\overset{r_2-r_1}{\sim}}\begin{pmatrix} 1 & 1 & 1+\lambda & \lambda \\ 0 & \lambda & -\lambda & 3-\lambda \\ 0 & -\lambda & -\lambda(2+\lambda) & -\lambda(1+\lambda) \end{pmatrix}$$

$$\overset{r_3+r_2}{\sim}\begin{pmatrix} 1 & 1 & 1+\lambda & \lambda \\ 0 & \lambda & -\lambda & 3-\lambda \\ 0 & 0 & -\lambda(3+\lambda) & (1-\lambda)(3+\lambda) \end{pmatrix}.$$

(1) 当 $\lambda\neq 0$ 且 $\lambda\neq -3$ 时，$R(\boldsymbol{A})=R(\boldsymbol{B})=3$，方程组有唯一解.

(2) 当 $\lambda=0$ 时，$R(\boldsymbol{A})=1$，$R(\boldsymbol{B})=2$，方程组无解.

(3) 当 $\lambda=-3$ 时，$R(\boldsymbol{A})=R(\boldsymbol{B})=2$，方程组有无穷多个解.

当 $\lambda=-3$ 时，有

$$\boldsymbol{B}\sim\begin{pmatrix}1 & 1 & -2 & -3\\0 & -3 & 3 & 6\\0 & 0 & 0 & 0\end{pmatrix}\sim\begin{pmatrix}1 & 0 & -1 & -1\\0 & 1 & -1 & -2\\0 & 0 & 0 & 0\end{pmatrix},$$

由此便得通解

$$\begin{cases}x_1=x_3-1\\x_2=x_3-2\end{cases}\quad(x_3\text{ 可任意取值}),$$

即

$$\begin{pmatrix}x_1\\x_2\\x_3\end{pmatrix}=k\begin{pmatrix}1\\1\\1\end{pmatrix}+\begin{pmatrix}-1\\-2\\0\end{pmatrix}\quad(k\in\mathbf{R}).$$

本例中矩阵 $\boldsymbol{B}$ 是一个含参数的矩阵，由于 $\lambda+1$，$\lambda+3$ 等因式可以等于 0，故不宜作诸如 $r_2-\dfrac{1}{\lambda+1}r_1$，$r_2(\lambda+1)$，$r_3\div(\lambda+3)$ 这样的变换. 如需变换，则要对 $\lambda+1=0$(或 $\lambda+3=0$)的情形另作讨论. 因此，对含参数的矩阵作初等变换较不方便.

由定理 3.4.1 容易得出线性方程组理论中三个最基本的定理.

定理 3.4.2　n 元非齐次线性方程组 $\boldsymbol{AX}=\boldsymbol{b}$ 有解的充分必要条件 $R(\boldsymbol{A})=R(\boldsymbol{A}\,\vdots\,\boldsymbol{b})$.

定理 3.4.3　n 元齐次线性方程组 $\boldsymbol{AX}=\boldsymbol{0}$ 仅有零解的充分必要条件是 $R(\boldsymbol{A})=n$.

定理 3.4.4　n 元齐次线性方程组 $\boldsymbol{AX}=\boldsymbol{0}$ 有非零解的充分必要条件是 $R(\boldsymbol{A})<n$.

3.5　矩阵初等变换的应用实例

本节通过一些实例向读者展示矩阵的初等变换及其相关内容的应用情况.

【例 3.5.1】　求解矩阵方程 $\boldsymbol{AX}=\boldsymbol{A}+\boldsymbol{X}$，其中 $\boldsymbol{A}=\begin{pmatrix}2 & 2 & 0\\2 & 1 & 3\\0 & 1 & 0\end{pmatrix}$.

【分析】　求 $\boldsymbol{A}^{-1}\boldsymbol{B}$ 也可以直接用初等行变换.

解　将所给方程变形为

$$(\boldsymbol{A}-\boldsymbol{E})\boldsymbol{X}=\boldsymbol{A}.$$

由于

$$\boldsymbol{A}-\boldsymbol{E}=\begin{pmatrix}1 & 2 & 0\\2 & 0 & 3\\0 & 1 & -1\end{pmatrix},$$

$$|\boldsymbol{A}-\boldsymbol{E}|=\begin{vmatrix}1 & 2 & 0\\2 & 0 & 3\\0 & 1 & -1\end{vmatrix}=1\neq 0,$$

故 $\boldsymbol{A}-\boldsymbol{E}$ 可逆，所以

$$\boldsymbol{X}=(\boldsymbol{A}-\boldsymbol{E})^{-1}\boldsymbol{A},$$

$$(\boldsymbol{A}-\boldsymbol{E}\mid\boldsymbol{A})=\left(\begin{array}{ccc|ccc}1&2&0&2&2&0\\2&0&3&2&1&3\\0&1&-1&0&1&0\end{array}\right)\overset{r_2-2r_1}{\sim}\left(\begin{array}{ccc|ccc}1&2&0&2&2&0\\0&-4&3&-2&-3&3\\0&1&-1&0&1&0\end{array}\right)$$

$$\overset{r_2\leftrightarrow r_3}{\sim}\left(\begin{array}{ccc|ccc}1&2&0&2&2&0\\0&1&-1&0&1&0\\0&-4&3&-2&-3&3\end{array}\right)\overset{r_3+4r_2}{\sim}\left(\begin{array}{ccc|ccc}1&2&0&2&2&0\\0&1&-1&0&1&0\\0&0&-1&-2&1&3\end{array}\right)$$

$$\overset{-r_3}{\sim}\left(\begin{array}{ccc|ccc}1&2&0&2&2&0\\0&1&-1&0&1&0\\0&0&1&2&-1&-3\end{array}\right)\overset{r_2+r_3}{\sim}\left(\begin{array}{ccc|ccc}1&2&0&2&2&0\\0&1&0&2&0&-3\\0&0&1&2&-1&-3\end{array}\right)$$

$$\overset{r_1-2r_2}{\sim}\left(\begin{array}{ccc|ccc}1&0&0&-2&2&6\\0&1&0&2&0&-3\\0&0&1&2&-1&-3\end{array}\right)$$

$$=(\boldsymbol{E}\mid(\boldsymbol{A}-\boldsymbol{E})^{-1}\boldsymbol{A}),$$

故

$$\boldsymbol{X}=(\boldsymbol{A}-\boldsymbol{E})^{-1}\boldsymbol{A}=\begin{pmatrix}-2&2&6\\2&0&-3\\2&-1&-3\end{pmatrix}.$$

【例 3.5.2】 判断直线 $l:\begin{cases}x+z=0\\y=0\end{cases}$ 与平面 $\pi: x-y+z+1=0$ 的位置关系.

【分析】 直线与平面若无交点，则直线与平面平行；若有唯一交点，则相交；若有无穷多交点，则直线属于平面.

设平面与空间直线的一般方程为

$$\boldsymbol{A}_1x+\boldsymbol{B}_1y+\boldsymbol{C}_1z=\boldsymbol{D}_1,\quad\begin{cases}\boldsymbol{A}_2x+\boldsymbol{B}_2y+\boldsymbol{C}_2z=\boldsymbol{D}_2\\\boldsymbol{A}_3x+\boldsymbol{B}_3y+\boldsymbol{C}_3z=\boldsymbol{D}_3\end{cases},$$

直线与平面是否相交，相当于方程组

$$\begin{cases}\boldsymbol{A}_1x+\boldsymbol{B}_1y+\boldsymbol{C}_1z=\boldsymbol{D}_1\\\boldsymbol{A}_2x+\boldsymbol{B}_2y+\boldsymbol{C}_2z=\boldsymbol{D}_2\\\boldsymbol{A}_3x+\boldsymbol{B}_3y+\boldsymbol{C}_3z=\boldsymbol{D}_3\end{cases}$$

是否有解.

设系数矩阵与增广矩阵分别为

$$\boldsymbol{A}=\begin{pmatrix}\boldsymbol{A}_1&\boldsymbol{B}_1&\boldsymbol{C}_1\\\boldsymbol{A}_2&\boldsymbol{B}_2&\boldsymbol{C}_2\\\boldsymbol{A}_3&\boldsymbol{B}_3&\boldsymbol{C}_3\end{pmatrix},\ \boldsymbol{B}=(\boldsymbol{A}\mid\boldsymbol{b})=\left(\begin{array}{ccc|c}\boldsymbol{A}_1&\boldsymbol{B}_1&\boldsymbol{C}_1&\boldsymbol{D}_1\\A_2&B_2&C_2&\boldsymbol{D}_2\\A_3&B_3&C_3&\boldsymbol{D}_3\end{array}\right),$$

则

(1) 直线与平面相交的充要条件为 $R(\boldsymbol{A})=R(\boldsymbol{B})=3$.

(2) 直线与平面平行的充要条件为 $R(\boldsymbol{A})=2$, $R(\boldsymbol{B})=3$.

(3) 直线属于平面的充要条件为 $R(\boldsymbol{A})=R(\boldsymbol{B})=2$.

【模型建立与求解】 由已知可得系数矩阵与增广矩阵分别为

$$A=\begin{pmatrix}1&0&1\\0&1&0\\1&-1&1\end{pmatrix},\ B=(A\mid b)=\left(\begin{array}{ccc:c}1&0&1&0\\0&1&0&0\\1&-1&1&-1\end{array}\right),$$

对增广矩阵进行初等变换得

$$B=(A\mid b)=\left(\begin{array}{ccc:c}1&0&1&0\\0&1&0&0\\1&-1&1&-1\end{array}\right)\sim\left(\begin{array}{ccc:c}1&0&1&0\\0&1&0&0\\0&0&0&1\end{array}\right).$$

由于 $R(A)=2$，$R(B)=3$，故直线 l 与平面 π 平行.

【结论】 用矩阵的秩判定线面间的位置关系，直观形象且易于理解.

本章小结

本章的主要内容包括矩阵的初等变换、初等矩阵、矩阵的秩及其性质、线性方程组有解的充分必要条件，以及用初等变换求方阵的逆矩阵、矩阵的秩、线性方程组的解等方法.

1. 矩阵的初等变换

(1) 定义：矩阵的初等行变换与初等列变换统称为矩阵的初等变换. 初等行(列)变换是指：

① 对调矩阵的某两行(列).

② 用非零常数 k 乘矩阵的某一行(列)的所有元素.

③ 把矩阵的某一行(列)的 k 倍加到另一行(列)的对应元素上.

(2) 应用：

① 用 $(A\mid E)\xrightarrow{\text{初等行变换}}(E\mid A^{-1})$ 初等行变换的方法求逆矩阵.

② 用 $(A\mid B)\xrightarrow{\text{初等行变换}}(E\mid A^{-1}B)$ 初等行变换的方法求解矩阵方程.

2. 初等矩阵

(1) 定义：把一个单位矩阵 E 经过一次初等变换所得到的矩阵称为初等矩阵.

(2) 初等矩阵共有三类，且分别记为 $E(i,j)$，$E(i(k))$，$E(i,j(k))$.

(3) 性质：

① 对矩阵 A 进行一次初等行(列)变换的结果等于对矩阵 A 左(右)乘一个相应的初等矩阵.

② 初等矩阵的逆矩阵仍是初等矩阵.

3. 矩阵的秩

(1) 定义：矩阵 A 的最高阶非零子式的阶数 r 为矩阵 A 的秩，记作 $R(A)=r$.

(2) 性质：初等变换不改变矩阵的秩.

(3) 秩的求解方法：对矩阵 A 实施初等行变换化成阶梯形矩阵，阶梯形矩阵的非零行的行数就是矩阵 A 的秩.

4. n 元非齐次线性方程组 $\boldsymbol{AX}=\boldsymbol{b}$

(1) $\boldsymbol{AX}=\boldsymbol{b}$ 无解的充分必要条件是 $R(\boldsymbol{A})<R(\boldsymbol{A}\,\vdots\,\boldsymbol{b})$.

(2) $\boldsymbol{AX}=\boldsymbol{b}$ 有唯一解的充分必要条件是 $R(\boldsymbol{A})=R(\boldsymbol{A}\,\vdots\,\boldsymbol{b})=n$.

(3) $\boldsymbol{AX}=\boldsymbol{b}$ 有无限多解的充分必要条件是 $R(\boldsymbol{A})=R(\boldsymbol{A}\,\vdots\,\boldsymbol{b})<n$.

5. n 元齐次线性方程组 $\boldsymbol{AX}=\boldsymbol{0}$

(1) $\boldsymbol{AX}=\boldsymbol{0}$ 仅有零解的充分必要条件是 $R(\boldsymbol{A})=n$.

(2) $\boldsymbol{AX}=\boldsymbol{0}$ 有非零解的充分必要条件是 $R(\boldsymbol{A})<n$.

本章思维导图如下.

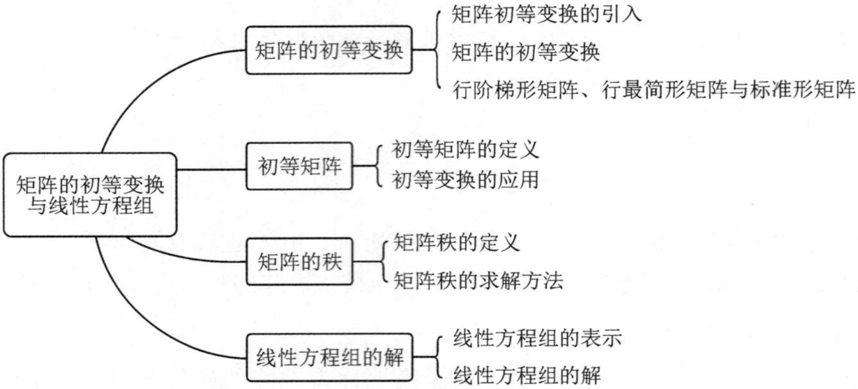

习 题 3

1. 用初等行变换将下列矩阵化成行阶梯形.

(1) $\boldsymbol{A}=\begin{pmatrix}2&-1&2&2&1\\3&1&2&3&0\\1&-1&3&-1&2\end{pmatrix}$;　　(2) $\boldsymbol{A}=\begin{pmatrix}1&2&-2\\2&1&2\\1&1&0\end{pmatrix}$;

(3) $\boldsymbol{A}=\begin{bmatrix}1&-1&3&-4&3\\3&-3&5&-4&1\\2&-2&3&-2&0\\3&-3&4&-2&-1\end{bmatrix}$;　　(4) $\boldsymbol{A}=\begin{bmatrix}2&3&1&-3&-7\\1&2&0&-2&-4\\3&-2&8&3&0\\2&-3&7&4&3\end{bmatrix}$.

2. 利用初等变换求下列矩阵的逆矩阵.

(1) $\begin{pmatrix}3&1\\5&2\end{pmatrix}$;　　(2) $\begin{pmatrix}1&0&0\\2&2&5\\0&1&3\end{pmatrix}$;

(3) $\begin{pmatrix}2&2&3\\1&-1&0\\-1&2&1\end{pmatrix}$;　　(4) $\begin{bmatrix}1&1&1&1\\1&1&-1&-1\\1&-1&1&-1\\1&-1&-1&1\end{bmatrix}$.

3．用初等变换求解下列矩阵方程.

(1) $\begin{pmatrix}2 & 5\\1 & 3\end{pmatrix}\boldsymbol{X}=\begin{pmatrix}4 & -6\\2 & 1\end{pmatrix}$；　(2) $\begin{pmatrix}1 & 1 & -1\\0 & 2 & 2\\1 & -1 & 0\end{pmatrix}\boldsymbol{X}=\begin{pmatrix}1\\1\\2\end{pmatrix}$；

(3) $\begin{pmatrix}1 & 2 & -3\\3 & 2 & -4\\2 & -1 & 0\end{pmatrix}\boldsymbol{X}=\begin{pmatrix}-3 & 0\\2 & 7\\7 & 8\end{pmatrix}$；

(4) $\begin{pmatrix}0 & 1 & 0\\1 & 0 & 0\\0 & 0 & 1\end{pmatrix}\boldsymbol{X}\begin{pmatrix}1 & 0 & 0\\0 & 0 & 1\\0 & 1 & 0\end{pmatrix}=\begin{pmatrix}2 & -4 & 3\\2 & 0 & -1\\1 & -2 & 0\end{pmatrix}$.

4．用初等变换求下列矩阵的秩.

(1) $\boldsymbol{A}=\begin{pmatrix}2 & 0 & 3 & 1 & 4\\3 & -5 & 4 & 2 & 7\\1 & 5 & 2 & 0 & 1\end{pmatrix}$；

(2) $\boldsymbol{A}=\begin{pmatrix}1 & 1 & -1\\3 & 1 & 0\\4 & 4 & 1\\1 & -2 & 1\end{pmatrix}$；

(3) $\boldsymbol{A}=\begin{pmatrix}1 & -1 & 0 & -2 & -1\\-3 & 2 & 1 & 3 & -3\\2 & 3 & -5 & 0 & 6\\0 & 1 & -1 & 2 & 4\end{pmatrix}$；

(4) $\boldsymbol{A}=\begin{pmatrix}2 & 1 & 8 & 3 & 7\\2 & -3 & 0 & 7 & -5\\3 & -2 & 5 & 8 & 0\\1 & 0 & 3 & 2 & 0\end{pmatrix}$.

5．设矩阵

$$\boldsymbol{A}=\begin{pmatrix}1 & -2 & -1 & 3\\3 & -6 & -3 & 9\\-2 & 4 & 2 & k\end{pmatrix},$$

问 k 为何值时可使

(1) $R(\boldsymbol{A})=1$；　(2) $R(\boldsymbol{A})=2$；　(3) $R(\boldsymbol{A})=3$.

6．判别下列线性方程组是否有解．若有解，则分别说明方程组解的情况，并求出通解.

(1) $\begin{cases}4x_1+2x_2-x_3=2\\3x_1-x_2+2x_3=10\\11x_1+3x_2\quad=8\end{cases}$；　(2) $\begin{cases}x_1-2x_2+x_3=-5\\x_1+5x_2-7x_3=2\\3x_1+x_2-5x_3=-8\end{cases}$；

(3) $\begin{cases}x_1+2x_2-3x_3=0\\2x_1+5x_2+2x_3=0\\3x_1-x_2-4x_3=0\\7x_1+8x_2-8x_3=0\end{cases}$.

7. k 取何值时，方程组有解？在有解时，求出它的解.

$$\begin{cases}2x_1-3x_2+6x_3-5x_4=3\\ \qquad x_2-4x_3+x_4=k\\ 4x_1-5x_2+8x_3-9x_4=15\end{cases}.$$

8. λ 取何值时，线性方程组

$$\begin{cases}(\lambda+3)x_1+x_2+2x_3=\lambda\\ \lambda x_1+(\lambda-1)x_2+4x_3=\lambda\\ 3(\lambda+1)x_1+\lambda x_2+(\lambda+3)x_3=3\end{cases}$$

有唯一解、无穷多个解、无解？

9. 一城市局部交通流如图所示.（单位：辆/小时）

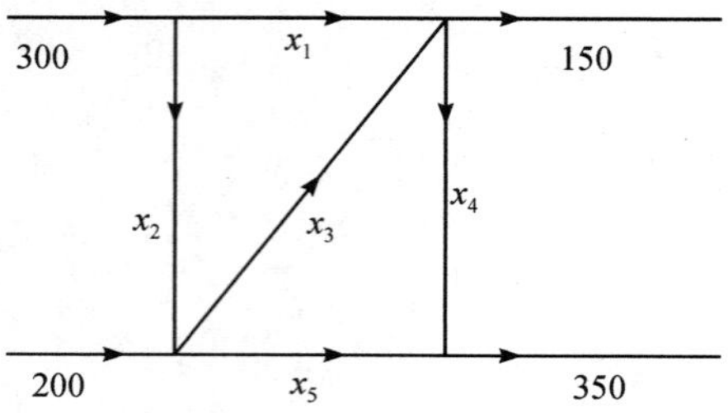

(1) 建立数学模型.

(2) 要控制 x_2 至多 200 辆/小时，并且 x_3 至多 50 辆/小时是可行的吗？

第 4 章

向量组的线性相关性

本章首先讨论 n 维向量、向量的线性相关性、向量组的最大无关组与向量组的秩等基本概念和理论，并用矩阵的初等变换讨论向量组的等价；然后在此基础上建立了向量空间的概念，讨论向量空间的一些基本性质；最后进一步讨论线性方程组解的结构.

4.1 n 维向量及其运算

4.1.1 n 维向量

定义 4.1.1 n 个有序的数 a_1，a_2，…，a_n 所组成的数组称为 n 维向量. 这 n 个数称为该向量的 n 个分量. 第 i 个数 a_i 称为该向量的第 i 个分量(或坐标).

n 维向量可以写成一列，也可以写成一行，分别称为列向量和行向量. 按第 2 章中的规定，也就是行矩阵和列矩阵. 因此，n 维列向量

$$\boldsymbol{\alpha}=\begin{pmatrix}a_1\\a_2\\\vdots\\a_n\end{pmatrix}$$

与 n 维行向量

$$\boldsymbol{\alpha}^{\mathrm{T}}=(a_1,\ a_2,\ \cdots,\ a_n)$$

总看作不同的向量(按定义 4.1.1，$\boldsymbol{\alpha}$ 与 $\boldsymbol{\alpha}^{\mathrm{T}}$ 应是同一向量).

分量全为 0 的向量称为零向量，记为 $\mathbf{0}$，即

$$\mathbf{0}=(0,\ 0,\ \cdots,\ 0)^{\mathrm{T}}$$

向量 $(-\alpha_1,\ -\alpha_2,\ \cdots,\ -\alpha_n)^{\mathrm{T}}$ 称为向量 $\boldsymbol{\alpha}=(\alpha_1,\ \alpha_2,\ \cdots,\ \alpha_n)^{\mathrm{T}}$ 的负向量，记为 $-\boldsymbol{\alpha}$.

如果 $\boldsymbol{\alpha}=(a_1,\ a_2,\ \cdots,\ a_n)^{\mathrm{T}}$，$\boldsymbol{\beta}=(b_1,\ b_2,\ \cdots,\ b_n)^{\mathrm{T}}$，当且仅当 $a_i=b_i(i=1,\ 2,\ \cdots,\ n)$ 时称这两个向量相等，记作 $\boldsymbol{\alpha}=\boldsymbol{\beta}$.

分量全部为实数的向量称为实向量，分量中有复数的向量称为复向量. 本书中除特殊说明外，只讨论实向量.

本书中，列向量常用小写字母 $\boldsymbol{\alpha}$，$\boldsymbol{\beta}$，$\boldsymbol{a}$，$\boldsymbol{b}$ 等表示，行向量用 $\boldsymbol{\alpha}^T$，$\boldsymbol{\beta}^T$，$\boldsymbol{a}^T$，$\boldsymbol{b}^T$ 等表示. 一个向量如没有指明是列向量还是行向量，就把它当作列向量.

我们比较熟悉的二维平面上的点 $(x, y)^T$ 和三维立体空间中的点 $(x, y, z)^T$ 可以分别看作二维向量和三维向量. n 维向量是我们熟悉的二维、三维向量概念的扩展.

4.1.2 向量的运算

定义 4.1.2 设向量 $\boldsymbol{a}=(a_1, a_2, \cdots, a_n)^T$，$\boldsymbol{b}=(b_1, b_2, \cdots, b_n)^T$，$k$ 为一常数.

(1) 称向量 $(a_1+b_1, a_2+b_2, \cdots, a_n+b_n)^T$ 为向量 $\boldsymbol{a}$ 与 $\boldsymbol{b}$ 的和，记为 $\boldsymbol{a}+\boldsymbol{b}$，即

$$\boldsymbol{a}+\boldsymbol{b}=(a_1+b_1, a_2+b_2, \cdots, a_n+b_n)^T$$

(2) 称向量 $(ka_1, ka_2, \cdots, ka_n)$ 为常数 k 与向量 $\boldsymbol{a}$ 的乘积，记为 $k\boldsymbol{a}$，即

$$k\boldsymbol{a}=(ka_1, ka_2, \cdots, ka_n)^T$$

从矩阵的角度看，n 维列向量是 $n\times 1$ 矩阵(列矩阵)，n 维行向量是 $1\times n$ 矩阵(行矩阵)，向量既然是矩阵，那么，有关矩阵的运算方法都可以应用到向量的运算中.

【例 4.1.1】 设 $\boldsymbol{a}=\begin{pmatrix}2\\0\\3\\1\end{pmatrix}$，$\boldsymbol{b}=\begin{pmatrix}1\\-2\\4\\1\end{pmatrix}$，$\boldsymbol{c}=\begin{pmatrix}2\\-1\\0\\2\end{pmatrix}$，求(1) $2\boldsymbol{a}-\boldsymbol{b}+3\boldsymbol{c}$；(2) 若 $\boldsymbol{x}$ 满足 $\boldsymbol{a}+2\boldsymbol{b}-4\boldsymbol{c}+\boldsymbol{x}=\boldsymbol{0}$，求 $\boldsymbol{x}$.

解 (1) $2\boldsymbol{a}-\boldsymbol{b}+3\boldsymbol{c}=2\begin{pmatrix}2\\0\\3\\1\end{pmatrix}-\begin{pmatrix}1\\-2\\4\\1\end{pmatrix}+3\begin{pmatrix}2\\-1\\0\\2\end{pmatrix}=\begin{pmatrix}9\\-1\\2\\7\end{pmatrix}$.

(2) 由 $\boldsymbol{a}+2\boldsymbol{b}-4\boldsymbol{c}+\boldsymbol{x}=\boldsymbol{0}$，得

$$\boldsymbol{x}=-\boldsymbol{a}-2\boldsymbol{b}+4\boldsymbol{c}=-\begin{pmatrix}2\\0\\3\\1\end{pmatrix}-2\begin{pmatrix}1\\-2\\4\\1\end{pmatrix}+4\begin{pmatrix}2\\-1\\0\\2\end{pmatrix}=\begin{pmatrix}4\\0\\-11\\5\end{pmatrix}.$$

注意：向量加法以及向量的数乘两种运算统称为向量的线性运算.

向量的线性运算满足以下运算规则(设 $\boldsymbol{\alpha}$，$\boldsymbol{\beta}$，$\boldsymbol{\gamma}$ 是 n 维向量，λ，μ 都是实数)：

(1) $\boldsymbol{\alpha}+\boldsymbol{\beta}=\boldsymbol{\beta}+\boldsymbol{\alpha}$；

(2) $(\boldsymbol{\alpha}+\boldsymbol{\beta})+\boldsymbol{\gamma}=\boldsymbol{\alpha}+(\boldsymbol{\beta}+\boldsymbol{\gamma})$；

(3) $\boldsymbol{\alpha}+\boldsymbol{0}=\boldsymbol{\alpha}$；

(4) $\boldsymbol{\alpha}+(-\boldsymbol{\alpha})=\boldsymbol{0}$；

(5) $1\boldsymbol{\alpha}=\boldsymbol{\alpha}$；

(6) $\lambda(\mu\boldsymbol{\alpha})=(\lambda\mu)\boldsymbol{\alpha}$；

(7) $\lambda(\boldsymbol{\alpha}+\boldsymbol{\beta})=\lambda\boldsymbol{\alpha}+\mu\boldsymbol{\beta}$；

(8) $(\lambda+\mu)\boldsymbol{\alpha}=\lambda\boldsymbol{\alpha}+\mu\boldsymbol{\alpha}$.

4.2　向量组的线性相关性

若干个同维数的列向量(或同维数的行向量)所组成的集合称为向量组.

例如，一个 $m\times n$ 矩阵 $\boldsymbol{A}=(a_{ij})=\begin{pmatrix} a_{11} & a_{12} & \cdots & a_{1n} \\ a_{21} & a_{22} & \cdots & a_{2n} \\ \vdots & \vdots & & \vdots \\ a_{m1} & a_{m2} & \cdots & a_{mn} \end{pmatrix}$ 的每一列都可以看作一个 m 维列向量，则矩阵 $\boldsymbol{A}$ 可以看作由 n 个 m 维列向量

$$\boldsymbol{\alpha}_j=\begin{pmatrix} a_{1j} \\ a_{2j} \\ \vdots \\ a_{mj} \end{pmatrix} \quad (j=1, 2, \cdots, n)$$

构成的向量组. 矩阵 $\boldsymbol{A}$ 的全部列向量组成的向量组 $\boldsymbol{\alpha}_1$，$\boldsymbol{\alpha}_2$，…，$\boldsymbol{\alpha}_n$ 称为矩阵 $\boldsymbol{A}$ 的列向量组.

同样，$m\times n$ 矩阵 $\boldsymbol{A}$ 的每一行也可以看作一个 n 维行向量，则矩阵 $\boldsymbol{A}$ 又可以看作由 m 个 n 维行向量

$$\boldsymbol{\alpha}_i^{\mathrm{T}}=(a_{i1}, a_{i2}, \cdots, a_{in}) \quad (i=1, 2, \cdots, m)$$

构成的向量组，矩阵 $\boldsymbol{A}$ 的全部行向量组成的向量组 $\boldsymbol{\alpha}_1^{\mathrm{T}}$，$\boldsymbol{\alpha}_2^{\mathrm{T}}$，…，$\boldsymbol{\alpha}_m^{\mathrm{T}}$ 称为矩阵 $\boldsymbol{A}$ 的行向量组.

反之，由有限个向量所组成的向量组也可以构成一个矩阵. 例如：

由 m 个 n 维列向量所组成的向量组 $\boldsymbol{\alpha}_1$，$\boldsymbol{\alpha}_2$，…，$\boldsymbol{\alpha}_m$ 构成一个 $n\times m$ 矩阵

$$\boldsymbol{A}=(\boldsymbol{\alpha}_1, \boldsymbol{\alpha}_2, \cdots, \boldsymbol{\alpha}_m);$$

由 m 个 n 维行向量所组成的向量组 $\boldsymbol{\beta}_1^{\mathrm{T}}$，$\boldsymbol{\beta}_2^{\mathrm{T}}$，…，$\boldsymbol{\beta}_m^{\mathrm{T}}$ 构成一个 $m\times n$ 矩阵

$$\boldsymbol{B}=\begin{pmatrix} \boldsymbol{\beta}_1^{\mathrm{T}} \\ \boldsymbol{\beta}_2^{\mathrm{T}} \\ \vdots \\ \boldsymbol{\beta}_m^{\mathrm{T}} \end{pmatrix}.$$

4.2.1　向量组的线性组合

设向量组

$$\boldsymbol{\alpha}_1=\begin{pmatrix} 1 \\ 2 \\ -1 \end{pmatrix}, \quad \boldsymbol{\alpha}_2=\begin{pmatrix} 2 \\ -3 \\ 1 \end{pmatrix}, \quad \boldsymbol{\alpha}_3=\begin{pmatrix} 4 \\ 1 \\ -1 \end{pmatrix},$$

由向量的线性运算可知 $\boldsymbol{\alpha}_3=2\boldsymbol{\alpha}_1+\boldsymbol{\alpha}_2$. 这时，我们称 $\boldsymbol{\alpha}_3$ 是 $\boldsymbol{\alpha}_1$，$\boldsymbol{\alpha}_2$ 的线性组合. 一般地，有如下定义.

定义 4.2.1　设有向量组 $\boldsymbol{A}$：$\boldsymbol{\alpha}_1$，$\boldsymbol{\alpha}_2$，…，$\boldsymbol{\alpha}_m$，对于任意一组数 k_1，k_2，…，k_m，向量

$$k_1\boldsymbol{\alpha}_1+k_2\boldsymbol{\alpha}_2+\cdots+k_m\boldsymbol{\alpha}_m$$

称为向量组 $\boldsymbol{A}$ 的一个线性组合，k_1，k_2，…，k_m 这组数称为这个线性组合的系数.

设有向量组 $\boldsymbol{A}$：$\boldsymbol{\alpha}_1$，$\boldsymbol{\alpha}_2$，…，$\boldsymbol{\alpha}_m$ 以及向量 $\boldsymbol{\beta}$，如果存在一组数 λ_1，λ_2，…，λ_m，使

$$\boldsymbol{\beta}=\lambda_1\boldsymbol{\alpha}_1+\lambda_2\boldsymbol{\alpha}_2+\cdots+\lambda_m\boldsymbol{\alpha}_m$$

则称 $\boldsymbol{\beta}$ 是向量组 $\boldsymbol{A}$ 的线性组合，这时也称向量 $\boldsymbol{\beta}$ 能由向量组 $\boldsymbol{A}$ 线性表示(表出).

非齐次线性方程组

$$\begin{cases}a_{11}x_1+a_{12}x_2+\cdots+a_{1n}x_n=b_1\\a_{21}x_1+a_{22}x_2+\cdots+a_{2n}x_n=b_2\\\qquad\qquad\vdots\\a_{m1}x_1+a_{m2}x_2+\cdots+a_{mn}x_n=b_m\end{cases},$$

若令向量 $\boldsymbol{\alpha}_j=\begin{pmatrix}a_{1j}\\a_{2j}\\\vdots\\a_{mj}\end{pmatrix}(j=1, 2, \cdots, n)$，$\boldsymbol{b}=\begin{pmatrix}b_1\\b_2\\\vdots\\b_m\end{pmatrix}$，则非齐次线性方程组可写为向量方程形式：

$$x_1\boldsymbol{a}_1+x_2\boldsymbol{a}_2+\cdots+x_n\boldsymbol{a}_n=\boldsymbol{b}. \tag{4.2.1}$$

当向量 $\boldsymbol{b}=\boldsymbol{0}$ 时，则齐次线性方程组的向量方程形式为

$$x_1\boldsymbol{a}_1+x_2\boldsymbol{a}_2+\cdots+x_n\boldsymbol{a}_n=\boldsymbol{0}.$$

显然，向量 $\boldsymbol{b}$ 能由系数构成的向量组 $\boldsymbol{\alpha}_1$，$\boldsymbol{\alpha}_2$，…，$\boldsymbol{\alpha}_m$ 线性表示，也就是式(4.2.1)有解. 反之，若式(4.2.1)有解，即能够找到一组数 λ_1，λ_2，…，λ_m，使得

$$\boldsymbol{b}=\lambda_1\boldsymbol{\alpha}_1+\lambda_2\boldsymbol{\alpha}_2+\cdots+\lambda_m\boldsymbol{\alpha}_m$$

成立，也就是说向量 $\boldsymbol{b}$ 能由向量组 $\boldsymbol{A}$ 线性表示. 综前所述可知，向量 $\boldsymbol{b}$ 能否由向量组 $\boldsymbol{\alpha}_1$，$\boldsymbol{\alpha}_2$，…，$\boldsymbol{\alpha}_m$ 线性表示，可以归结为式(4.2.1)是否有解的问题.

注意：(1) 零向量是任意向量组 $\boldsymbol{A}$：$\boldsymbol{\alpha}_1$，$\boldsymbol{\alpha}_2$，…，$\boldsymbol{\alpha}_m$ 的线性组合，因为

$$\boldsymbol{0}=0\cdot\boldsymbol{\alpha}_1+0\cdot\boldsymbol{\alpha}_2+\cdots+0\cdot\boldsymbol{\alpha}_m.$$

(2) 向量组 $\boldsymbol{A}$：$\boldsymbol{\alpha}_1$，$\boldsymbol{\alpha}_2$，…，$\boldsymbol{\alpha}_m$ 中的任一向量 $\boldsymbol{\alpha}_i(i=1, 2, \cdots, m)$都可以由此向量组线性表出，因为有

$$\boldsymbol{\alpha}_i=0\cdot\boldsymbol{\alpha}_1+0\cdot\boldsymbol{\alpha}_2+\cdots+0\cdot\boldsymbol{\alpha}_{i-1}+1\cdot\boldsymbol{\alpha}_i+0\cdot\boldsymbol{\alpha}_{i+1}+\cdots+0\cdot\boldsymbol{\alpha}_m.$$

【例 4.2.1】 设有向量组

$$\boldsymbol{\alpha}_1=\begin{pmatrix}1\\0\\2\end{pmatrix},\ \boldsymbol{\alpha}_2=\begin{pmatrix}1\\2\\0\end{pmatrix},\ \boldsymbol{\alpha}_3=\begin{pmatrix}2\\1\\3\end{pmatrix},\ \boldsymbol{\alpha}_4=\begin{pmatrix}2\\5\\-1\end{pmatrix},$$

试用 $\boldsymbol{\alpha}_1$，$\boldsymbol{\alpha}_2$，$\boldsymbol{\alpha}_3$ 线性表示 $\boldsymbol{\alpha}_4$.

解 设有数 x_1，x_2，x_3 使

$$x_1\boldsymbol{\alpha}_1+x_2\boldsymbol{\alpha}_2+x_3\boldsymbol{\alpha}_3=\boldsymbol{\alpha}_4,$$

即

$$(\boldsymbol{\alpha}_1, \boldsymbol{\alpha}_2, \boldsymbol{\alpha}_3)\begin{pmatrix}x_1\\x_2\\x_3\end{pmatrix}=\boldsymbol{\alpha}_4,$$

也就是

$$\begin{pmatrix}1&1&2\\0&2&1\\2&0&3\end{pmatrix}\begin{pmatrix}x_1\\x_2\\x_3\end{pmatrix}=\begin{pmatrix}2\\5\\-1\end{pmatrix}.$$

这样，问题就归结为解线性方程组. 对线性方程组的增广矩阵 $\bar{\boldsymbol{A}}$ 作初等行变换，可得

$$\bar{\boldsymbol{A}}=\begin{pmatrix}1&1&2&2\\0&2&1&5\\2&0&3&-1\end{pmatrix}\overset{r_3-2r_1}{\underset{r_3+r_2}{\sim}}\begin{pmatrix}1&1&2&2\\0&2&1&5\\0&0&0&0\end{pmatrix}\overset{r_2\times\frac{1}{2}}{\underset{r_1-r_2}{\sim}}\begin{pmatrix}1&0&\frac{3}{2}&-\frac{1}{2}\\0&1&\frac{1}{2}&\frac{5}{2}\\0&0&0&0\end{pmatrix}=\boldsymbol{R}$$

由此 $R(\bar{\boldsymbol{A}})=R(\boldsymbol{A})=2<3$(方程组中未知数的个数)，所以，此线性方程组有无穷多解. 行最简形矩阵 $\boldsymbol{R}$ 对应的线性方程组为

$$\begin{cases}x_1+\dfrac{3}{2}x_3=-\dfrac{1}{2}\\x_2+\dfrac{1}{2}x_3=\dfrac{5}{2}\end{cases}.$$

若取 $x_3=-1$，则 $x_1=1$，$x_2=3$，得 $\boldsymbol{\alpha}_4$ 由 $\boldsymbol{\alpha}_1$，$\boldsymbol{\alpha}_2$，$\boldsymbol{\alpha}_3$ 的线性表示式为

$$\boldsymbol{\alpha}_4=\boldsymbol{\alpha}_1+3\boldsymbol{\alpha}_2-\boldsymbol{\alpha}_3.$$

若取 $x_3=0$，则 $x_1=-\dfrac{1}{2}$，$x_2=\dfrac{5}{2}$，得 $\boldsymbol{\alpha}_4$ 由 $\boldsymbol{\alpha}_1$，$\boldsymbol{\alpha}_2$，$\boldsymbol{\alpha}_3$ 的另一线性表示式为

$$\boldsymbol{\alpha}_4=-\frac{1}{2}\boldsymbol{\alpha}_1+\frac{5}{2}\boldsymbol{\alpha}_2.$$

即 $\boldsymbol{\alpha}_4$ 可以由 $\boldsymbol{\alpha}_1$，$\boldsymbol{\alpha}_2$，$\boldsymbol{\alpha}_3$ 线性表出，但表示方法不唯一.

4.2.2 向量组的线性相关性

在例 4.2.1 中，$\boldsymbol{\alpha}_4$ 可由向量组中另外三个向量 $\boldsymbol{\alpha}_1$，$\boldsymbol{\alpha}_2$，$\boldsymbol{\alpha}_3$ 线性表示，这表明向量组 $\boldsymbol{\alpha}_1$，$\boldsymbol{\alpha}_2$，$\boldsymbol{\alpha}_3$，$\boldsymbol{\alpha}_4$ 中有一个向量能由其余向量线性表示；而向量组

$$\boldsymbol{\varepsilon}_1=\begin{pmatrix}1\\0\\0\end{pmatrix},\ \boldsymbol{\varepsilon}_2=\begin{pmatrix}0\\1\\0\end{pmatrix},\ \boldsymbol{\varepsilon}_3=\begin{pmatrix}0\\0\\1\end{pmatrix}$$

中任一向量都不能被其他两个向量线性表示. 一个向量组中有没有某个向量能由其余向量线性表示，这是向量组的一种重要属性，称为向量组的线性相关性. 下面引入向量组线性相关性的定义.

定义 4.2.2 设 $\boldsymbol{A}$：$\boldsymbol{\alpha}_1$，$\boldsymbol{\alpha}_2$，…，$\boldsymbol{\alpha}_m$ 是 m 个 n 维向量构成的向量组，如果存在一组不全为零的数 k_1，k_2，…，k_m，使

$$k_1\boldsymbol{\alpha}_1+k_2\boldsymbol{\alpha}_2+\cdots+k_m\boldsymbol{\alpha}_m=\boldsymbol{0},\tag{4.2.2}$$

则称向量组 $\boldsymbol{A}$：$\boldsymbol{\alpha}_1$，$\boldsymbol{\alpha}_2$，…，$\boldsymbol{\alpha}_m$ 是线性相关的，否则称它是线性无关的.

注意：(1) 由定义 4.2.2 可知，含零向量的向量组 $\boldsymbol{0}$，$\boldsymbol{\alpha}_1$，$\boldsymbol{\alpha}_2$，…，$\boldsymbol{\alpha}_m$ 一定线性相关. 这是因为，对该向量组下面等式一定成立：

$$1 \cdot \mathbf{0} + 0 \cdot \boldsymbol{\alpha}_1 + \cdots + 0 \cdot \boldsymbol{\alpha}_m = 0$$

其中，1，0，…，0 是一组不全为零的数.

(2) 显然，式(4.2.2)中如果 k_1，k_2，…，k_m 全为零，则式(4.2.2)一定成立. 而向量组 $\mathbf{A}$：$\boldsymbol{\alpha}_1$，$\boldsymbol{\alpha}_2$，…，$\boldsymbol{\alpha}_m$ 线性相关，指的是除了 k_1，k_2，…，k_m 全为零这种情况之外，还存在一组不全为零的数 k_1，k_2，…，k_m，同样使得式(4.2.2)成立. 对于向量组 $\mathbf{A}$：$\boldsymbol{\alpha}_1$，$\boldsymbol{\alpha}_2$，…，$\boldsymbol{\alpha}_m$，如果除了 k_1，k_2，…，k_m 全为零这种情况之外，没有别的情况使得式(4.2.2)成立，则说明向量组 $\mathbf{A}$：$\boldsymbol{\alpha}_1$，$\boldsymbol{\alpha}_2$，…，$\boldsymbol{\alpha}_m$ 是线性无关的.

向量组 $\mathbf{A}$：$\boldsymbol{\alpha}_1$，$\boldsymbol{\alpha}_2$，…，$\boldsymbol{\alpha}_m$ 构成矩阵 $\mathbf{A}=(\boldsymbol{\alpha}_1, \boldsymbol{\alpha}_2, \cdots, \boldsymbol{\alpha}_m)$，如果向量组 $\mathbf{A}$ 线性相关，就是齐次线性方程组

$$x_1\boldsymbol{\alpha}_1 + x_2\boldsymbol{\alpha}_2 + \cdots + x_m\boldsymbol{\alpha}_m = \mathbf{0},$$

即 $\mathbf{A}\boldsymbol{x}=\mathbf{0}$ 有非零解.

在几何空间中，向量组的线性相关性有明确的几何意义. 设 $\boldsymbol{a}$，$\boldsymbol{b}$，$\boldsymbol{c}$ 是三个三维向量，$\boldsymbol{a}$，$\boldsymbol{b}$，$\boldsymbol{c}$ 线性相关，即存在不全为零的数 k_1，k_2，k_3，使得 $k_1\boldsymbol{a}+k_2\boldsymbol{b}+k_3\boldsymbol{c}=\mathbf{0}$. 不妨设 $k_1 \neq 0$，有 $\boldsymbol{a}=-\dfrac{k_2}{k_1}\boldsymbol{b}-\dfrac{k_3}{k_1}\boldsymbol{c}$，这表明向量 $\boldsymbol{a}$ 是向量 $\boldsymbol{b}$，$\boldsymbol{c}$ 的线性组合，即向量 $\boldsymbol{a}$，$\boldsymbol{b}$，$\boldsymbol{c}$ 在同一平面内. 由于单位坐标向量

$$\boldsymbol{i}=\begin{pmatrix}1\\0\\0\end{pmatrix}, \ \boldsymbol{j}=\begin{pmatrix}0\\1\\0\end{pmatrix}, \ \boldsymbol{k}=\begin{pmatrix}0\\0\\1\end{pmatrix}$$

不在同一平面内，因此只有当 $k_1=k_2=k_3=0$ 时，$k_1\boldsymbol{i}+k_2\boldsymbol{j}+k_3\boldsymbol{k}=\mathbf{0}$ 才成立，所以单位坐标向量 $\boldsymbol{i}$，$\boldsymbol{j}$，$\boldsymbol{k}$ 线性无关. 总之，三个向量线性相关的几何意义就是这三个向量共面(两个向量线性相关就是这两个向量共线).

在物理上，设 $\boldsymbol{\alpha}_1$，$\boldsymbol{\alpha}_2$，…，$\boldsymbol{\alpha}_m$ 是作用于同一点的力系，若有不全为零的数 k_1，k_2，…，k_m 使得

$$k_1\boldsymbol{\alpha}_1 + k_2\boldsymbol{\alpha}_2 + \cdots + k_m\boldsymbol{\alpha}_m = \mathbf{0}$$

成立，则表明 $\boldsymbol{\alpha}_1$，$\boldsymbol{\alpha}_2$，…，$\boldsymbol{\alpha}_m$ 是可平衡力系，所以线性相关的力系是可平衡力系. 对应的线性无关的力系是不可平衡的. 一个力系若失去平衡，那么相应的结构就会变得不稳定.

【例 4.2.2】 证明 n 维向量组

$$\boldsymbol{\varepsilon}_1=\begin{pmatrix}1\\0\\\vdots\\0\end{pmatrix}, \ \boldsymbol{\varepsilon}_2=\begin{pmatrix}0\\1\\\vdots\\0\end{pmatrix}, \ \cdots, \ \boldsymbol{\varepsilon}_n=\begin{pmatrix}0\\0\\\vdots\\1\end{pmatrix}$$

线性无关.

证明 设有一组数 k_1，k_2，…，k_n，使

$$k_1\boldsymbol{\varepsilon}_1 + k_2\boldsymbol{\varepsilon}_2 + \cdots + k_n\boldsymbol{\varepsilon}_n = \mathbf{0},$$

即

$$\begin{pmatrix}k_1\\k_2\\\vdots\\k_n\end{pmatrix}=\begin{pmatrix}0\\0\\\vdots\\0\end{pmatrix},$$

从而得 $k_1=k_2=\cdots=k_n=0$，即证得 $\boldsymbol{\varepsilon}_1$，$\boldsymbol{\varepsilon}_2$，…，$\boldsymbol{\varepsilon}_n$ 线性无关.

【例 4.2.3】 设向量组 $\boldsymbol{\alpha}_1$，$\boldsymbol{\alpha}_2$，$\boldsymbol{\alpha}_3$ 线性无关，$\boldsymbol{\beta}_1=\boldsymbol{\alpha}_1+\boldsymbol{\alpha}_2$，$\boldsymbol{\beta}_2=\boldsymbol{\alpha}_2+\boldsymbol{\alpha}_3$，$\boldsymbol{\beta}_3=\boldsymbol{\alpha}_3+\boldsymbol{\alpha}_1$，证明：向量组 $\boldsymbol{\beta}_1$，$\boldsymbol{\beta}_2$，$\boldsymbol{\beta}_3$ 也线性无关.

证明　设有一组数 k_1，k_2，k_3，使

$$k_1\boldsymbol{\beta}_1+k_2\boldsymbol{\beta}_2+k_3\boldsymbol{\beta}_3=\mathbf{0},$$

即有

$$k_1(\boldsymbol{\alpha}_1+\boldsymbol{\alpha}_2)+k_2(\boldsymbol{\alpha}_2+\boldsymbol{\alpha}_3)+k_3(\boldsymbol{\alpha}_3+\boldsymbol{\alpha}_1)=\mathbf{0},$$

从而得

$$(k_1+k_3)\boldsymbol{\alpha}_1+(k_1+k_2)\boldsymbol{\alpha}_2+(k_2+k_3)\boldsymbol{\alpha}_3=\mathbf{0}.$$

因为 $\boldsymbol{\alpha}_1$，$\boldsymbol{\alpha}_2$，$\boldsymbol{\alpha}_3$ 线性无关，所以

$$\begin{cases}k_1+k_3=0\\ k_1+k_2=0\\ k_2+k_3=0\end{cases}$$

由于此齐次线性方程组的系数矩阵行列式

$$\begin{vmatrix}1 & 0 & 1\\ 1 & 1 & 0\\ 0 & 1 & 1\end{vmatrix}=2\neq 0.$$

故由克拉默法则知，方程组只有零解 $k_1=k_2=k_3=0$. 所以，向量组 $\boldsymbol{\beta}_1$，$\boldsymbol{\beta}_2$，$\boldsymbol{\beta}_3$ 线性无关.

定理 4.2.1　向量组 $\boldsymbol{\alpha}_1$，$\boldsymbol{\alpha}_2$，…，$\boldsymbol{\alpha}_m$$(m\geqslant 2)$线性相关的充分必要条件是其中至少有一个向量可以由其余 $m-1$ 个向量线性表示.

证明　先证必要性.

设 $\boldsymbol{\alpha}_1$，$\boldsymbol{\alpha}_2$，…，$\boldsymbol{\alpha}_m$ 线性相关，即存在一组不全为零的数 k_1，k_2，…，k_m，使

$$k_1\boldsymbol{\alpha}_1+k_2\boldsymbol{\alpha}_2+\cdots+k_m\boldsymbol{\alpha}_m=\mathbf{0}.$$

因为 k_1，k_2，…，k_m 中至少有一个不为零，不妨令 $k_1\neq 0$，则有

$$\boldsymbol{\alpha}_1=-\frac{k_2}{k_1}\boldsymbol{\alpha}_2-\cdots-\frac{k_m}{k_1}\boldsymbol{\alpha}_m,$$

即 $\boldsymbol{\alpha}_1$ 可由其余 $m-1$ 个向量线性表示.

再证充分性.

在 $\boldsymbol{\alpha}_1$，$\boldsymbol{\alpha}_2$，…，$\boldsymbol{\alpha}_m$ 中至少有一个向量(不妨设 $\boldsymbol{\alpha}_1$)能由其余 $m-1$ 个向量线性表示，即有

$$\boldsymbol{\alpha}_1=\lambda_2\boldsymbol{\alpha}_2+\lambda_3\boldsymbol{\alpha}_3+\cdots+\lambda_m\boldsymbol{\alpha}_m,$$

也就是

$$(-1)\boldsymbol{\alpha}_1+\lambda_2\boldsymbol{\alpha}_2+\lambda_3\boldsymbol{\alpha}_3+\cdots+\lambda_m\boldsymbol{\alpha}_m=\mathbf{0}.$$

因 -1，λ_2，…，λ_m 这 m 个数不全为零(至少 $-1\neq 0$)，所以，$\boldsymbol{\alpha}_1$，$\boldsymbol{\alpha}_2$，…，$\boldsymbol{\alpha}_m$ 线性相关.

向量组的线性相关与线性无关的概念也可用于线性方程组. 当方程组中某个方程是其余方程的线性组合时，这个方程就是多余的，这时称方程组(各个方程)是线性相关的；当方程组中没有多余方程，就称方程组(各个方程)是线性无关的(或线性独立的).

定理 4.2.2　设向量组 $\boldsymbol{\alpha}_1$，$\boldsymbol{\alpha}_2$，…，$\boldsymbol{\alpha}_m$ 线性无关，向量组 $\boldsymbol{\alpha}_1$，$\boldsymbol{\alpha}_2$，…，$\boldsymbol{\alpha}_m$，$\boldsymbol{\beta}$ 线性相关，则 $\boldsymbol{\beta}$ 可以由 $\boldsymbol{\alpha}_1$，$\boldsymbol{\alpha}_2$，…，$\boldsymbol{\alpha}_m$ 线性表示，且表示式唯一.

证明 因为向量组 $\boldsymbol{\alpha}_1$，$\boldsymbol{\alpha}_2$，…，$\boldsymbol{\alpha}_m$，$\boldsymbol{\beta}$ 线性相关，即存在不全为零的一组数 k_1，k_2，…，k_m，l 使得等式

$$k_1\boldsymbol{\alpha}_1+k_2\boldsymbol{\alpha}_2+\cdots+k_m\boldsymbol{\alpha}_m+l\boldsymbol{\beta}=\mathbf{0} \tag{4.2.3}$$

成立. 这里 $l\neq 0$. 否则，若 $l=0$，则式(4.2.3)可写为 $k_1\boldsymbol{\alpha}_1+k_2\boldsymbol{\alpha}_2+\cdots+k_m\boldsymbol{\alpha}_m+0\boldsymbol{\beta}=\mathbf{0}$，即

$$k_1\boldsymbol{\alpha}_1+k_2\boldsymbol{\alpha}_2+\cdots+k_m\boldsymbol{\alpha}_m=\mathbf{0}, \tag{4.2.4}$$

又由于 k_1，k_2，…，k_m，l 不全为零，所以 k_1，k_2，…，k_m 不全为零，即存在不全为零的 k_1，k_2，…，k_m 使得式(4.2.4)成立，从而向量组 $\boldsymbol{\alpha}_1$，$\boldsymbol{\alpha}_2$，…，$\boldsymbol{\alpha}_m$ 线性相关，这与已知矛盾. 所以式 (4.2.3)可化为

$$k_1\boldsymbol{\alpha}_1+k_2\boldsymbol{\alpha}_2+\cdots+k_m\boldsymbol{\alpha}_m=-l\boldsymbol{\beta}. \tag{4.2.5}$$

因为 $l\neq 0$，式(4.2.5)两边同时除以 $-l$，可得

$$\boldsymbol{\beta}=-\frac{k_1}{l}\boldsymbol{\alpha}_1-\frac{k_2}{l}\boldsymbol{\alpha}_2-\cdots-\frac{k_m}{l}\boldsymbol{\alpha}_m,$$

即 $\boldsymbol{\beta}$ 可以由 $\boldsymbol{\alpha}_1$，$\boldsymbol{\alpha}_2$，…，$\boldsymbol{\alpha}_m$ 线性表示.

下面用反证法来证表示式的唯一性.

假设 $\boldsymbol{\beta}$ 可以由 $\boldsymbol{\alpha}_1$，$\boldsymbol{\alpha}_2$，…，$\boldsymbol{\alpha}_m$ 线性表示，但表示方法不唯一，即 $\boldsymbol{\beta}$ 至少同时可表示为

$$\boldsymbol{\beta}=l_1\boldsymbol{\alpha}_1+l_2\boldsymbol{\alpha}_2+\cdots+l_m\boldsymbol{\alpha}_m, \tag{4.2.6}$$

与

$$\boldsymbol{\beta}=s_1\boldsymbol{\alpha}_1+s_2\boldsymbol{\alpha}_2+\cdots+s_m\boldsymbol{\alpha}_m. \tag{4.2.7}$$

这里 l_1，l_2，…，l_m 与 s_1，s_2，…，s_m 不完全相等. 则式(4.2.6)和式(4.2.7)两边对应相减得到

$$(l_1-s_1)\boldsymbol{\alpha}_1+(l_2-s_2)\boldsymbol{\alpha}_2+\cdots+(l_m-s_m)\boldsymbol{\alpha}_m=\mathbf{0}. \tag{4.2.8}$$

因为 l_1，l_2，…，l_m 与 s_1，s_2，…，s_m 不完全相等，所以式(4.2.8)中的系数至少有某一个 l_i-s_i 不为 0. 即存在不全为零的一组数使得式(4.2.8)成立，从而向量组 $\boldsymbol{\alpha}_1$，$\boldsymbol{\alpha}_2$，…，$\boldsymbol{\alpha}_m$ 线性相关，这与已知矛盾. 因此假设错误，即表示式唯一.

定理 4.2.3 设 r 维向量组 $\boldsymbol{A}$：

$$\boldsymbol{\alpha}_j=\begin{pmatrix} a_{1j} \\ a_{2j} \\ \vdots \\ a_{rj} \end{pmatrix} \quad (j=1,\ 2,\ \cdots,\ m),$$

每个向量添上 1 个分量，成为 $r+1$ 维向量组 $\boldsymbol{B}$：

$$\boldsymbol{\beta}_j=\begin{pmatrix} a_{1j} \\ a_{2j} \\ \vdots \\ a_{rj} \\ a_{r+1,\ j} \end{pmatrix} \quad (j=1,\ 2,\ \cdots,\ m).$$

如果向量组 $\boldsymbol{A}$ 线性无关，则向量组 $\boldsymbol{B}$ 也线性无关；反之，若向量组 $\boldsymbol{B}$ 线性相关，则向量组 $\boldsymbol{A}$ 也线性相关.

证明 如果向量组 $\boldsymbol{A}$ 线性无关，即不存在全为零的一组数 x_1，x_2，…，x_m，使得等式

$$x_1\boldsymbol{\alpha}_1+x_2\boldsymbol{\alpha}_2+\cdots+x_m\boldsymbol{\alpha}_m=\mathbf{0} \tag{4.2.9}$$

成立，即如果想要式(4.2.9)成立，当且仅当 x_1，x_2，…，x_m 全为零才可以，即方程组

$$\begin{cases} a_{11}x_1 + a_{21}x_2 + \cdots + a_{1m}x_m = 0 \\ a_{21}x_1 + a_{22}x_2 + \cdots + a_{2m}x_m = 0 \\ \qquad\qquad\qquad\qquad \vdots \\ a_{r1}x_1 + a_{r2}x_2 + \cdots + a_{rm}x_m = 0 \end{cases} \tag{4.2.10}$$

只有零解. 而等式 $x_1\boldsymbol{\beta}_1 + x_2\boldsymbol{\beta}_2 + \cdots + x_m\boldsymbol{\beta}_m = \mathbf{0}$ 对应的方程组为

$$\begin{cases} a_{11}x_1 + a_{21}x_2 + \cdots + a_{1m}x_m = 0 \\ a_{21}x_1 + a_{22}x_2 + \cdots + a_{2m}x_m = 0 \\ \qquad\qquad\qquad\qquad \vdots \\ a_{r1}x_1 + a_{r2}x_2 + \cdots + a_{rm}x_m = 0 \\ a_{r+1,1}x_1 + a_{r+1,2}x_2 + \cdots + a_{r+1,m}x_m = 0 \end{cases} \tag{4.2.11}$$

式(4.2.11)与式(4.2.10)相比只是多了一个约束方程，因此式(4.2.11)的解必然满足式(4.2.10)的每一个约束方程，自然式(4.2.11)的解满足它的前边 r 个方程，即式(4.2.11)的解都是式(4.2.10)的解和解的子集. 而式(4.2.10)只有零解，而零解也是式(4.2.11)的解，所以式(4.2.11)也只有零解. 即当且仅当 x_1，x_2，…，x_m 全为零时，$x_1\boldsymbol{\beta}_1 + x_2\boldsymbol{\beta}_2 + \cdots + x_m\boldsymbol{\beta}_m = \mathbf{0}$ 才成立，即向量组 $\boldsymbol{B}$ 线性无关.

例如，$\boldsymbol{e}_1 = \begin{pmatrix} 1 \\ 0 \end{pmatrix}$，$\boldsymbol{e}_2 = \begin{pmatrix} 0 \\ 1 \end{pmatrix}$线性无关，则 $\boldsymbol{a}_1 = \begin{pmatrix} 2 \\ 3 \\ 1 \\ 0 \end{pmatrix}$，$\boldsymbol{a}_2 = \begin{pmatrix} 1 \\ 2 \\ 0 \\ 1 \end{pmatrix}$ 也线性无关.

若向量组 $\boldsymbol{B}$ 线性相关，则向量组 $\boldsymbol{A}$ 也线性相关，用同样的方法可证.

4.3 向量组的秩

4.3.1 等价向量组

下面讨论两个向量组之间的关系.

设有两个 n 维向量组：

$$\boldsymbol{A}: \boldsymbol{\alpha}_1, \boldsymbol{\alpha}_2, \cdots, \boldsymbol{\alpha}_r;$$
$$\boldsymbol{B}: \boldsymbol{\beta}_1, \boldsymbol{\beta}_2, \cdots, \boldsymbol{\beta}_s.$$

定义 4.3.1　如果向量组 $\boldsymbol{A}$ 中的每一个向量都能由向量组 $\boldsymbol{B}$ 线性表示，则称向量组 $\boldsymbol{A}$ 可以由向量组 $\boldsymbol{B}$ 线性表示；如果向量组 $\boldsymbol{A}$ 可以由向量组 $\boldsymbol{B}$ 线性表示，同时向量组 $\boldsymbol{B}$ 也可以由向量组 $\boldsymbol{A}$ 线性表示，则称向量组 $\boldsymbol{A}$ 与向量组 $\boldsymbol{B}$ 等价.

向量组 $\boldsymbol{A}$ 可以由向量组 $\boldsymbol{B}$ 线性表示，也就是存在一组数 k_{ij}($i=1, 2, \cdots, s$；$j=1, 2, \cdots, r$)使

$$\boldsymbol{\alpha}_j = k_{1j}\boldsymbol{\beta}_1 + k_{2j}\boldsymbol{\beta}_2 + \cdots + k_{sj}\boldsymbol{\beta}_s \quad (j=1, 2, \cdots, r),$$

记向量组 $\boldsymbol{A}$ 与 $\boldsymbol{B}$ 构成的矩阵分别为

$$\boldsymbol{A}=(\alpha_1, \alpha_2, \cdots, \alpha_r), \boldsymbol{B}=(\beta_1, \beta_2, \cdots, \beta_s),$$

且记

$$\boldsymbol{K}=\begin{pmatrix} k_{11} & k_{12} & \cdots & k_{1r} \\ k_{21} & k_{22} & \cdots & k_{2r} \\ \vdots & \vdots & & \vdots \\ k_{s1} & k_{s2} & \cdots & k_{sr} \end{pmatrix}_{s\times r}.$$

因此可得
$$(\boldsymbol{\alpha}_1, \boldsymbol{\alpha}_2, \cdots, \boldsymbol{\alpha}_r)=(\boldsymbol{\beta}_1, \boldsymbol{\beta}_2, \cdots, \boldsymbol{\beta}_s)\boldsymbol{K},$$
即
$$\boldsymbol{A}=\boldsymbol{BK}.$$

向量组的等价具有以下性质：

(1) 反身性：向量组 $\boldsymbol{A}$ 与向量组 $\boldsymbol{B}$ 等价.

(2) 对称性：如果向量组 $\boldsymbol{A}$ 与向量组 $\boldsymbol{B}$ 等价，则向量组 $\boldsymbol{B}$ 与向量组 $\boldsymbol{A}$ 等价.

(3) 传递性：如果向量组 $\boldsymbol{A}$ 与向量组 $\boldsymbol{B}$ 等价，向量组 $\boldsymbol{B}$ 与向量组 $\boldsymbol{C}$ 等价，则向量组 $\boldsymbol{A}$ 与向量组 $\boldsymbol{C}$ 等价.

4.3.2 向量组的秩

定义 4.3.2 设 $\boldsymbol{A}$ 是由 m 个 n 维向量构成的向量组，即 $\boldsymbol{A}$：$\boldsymbol{\alpha}_1, \boldsymbol{\alpha}_2, \cdots, \boldsymbol{\alpha}_m$，如果

(1) 在 $\boldsymbol{A}$ 中存在 r 个向量 $\boldsymbol{\alpha}_1, \boldsymbol{\alpha}_2, \cdots, \boldsymbol{\alpha}_r$ 线性无关，

(2) 在 $\boldsymbol{A}$ 中任意 $r+1$ 个向量(如果存在的话)线性相关，

则称 $\boldsymbol{\alpha}_1, \boldsymbol{\alpha}_2, \cdots, \boldsymbol{\alpha}_r$ 是向量组 $\boldsymbol{A}$ 的一个最大线性无关组，简称最大无关组；数 r 称为向量组 $\boldsymbol{A}$ 的秩.

只含零向量的向量组没有最大无关组，规定只含零向量的向量组的秩为 0.

由定义 4.3.2 可得到如下结论：

(1) 线性无关向量组 $\boldsymbol{\alpha}_1, \boldsymbol{\alpha}_2, \cdots, \boldsymbol{\alpha}_m$ 的最大无关组就是它本身. 因此，线性无关向量组的秩等于它所含的向量个数.

(2) 设向量组 $\boldsymbol{\alpha}_1, \boldsymbol{\alpha}_2, \cdots, \boldsymbol{\alpha}_r$ 是向量组 $\boldsymbol{A}$ 的一个最大无关组，则对任意 $\boldsymbol{\alpha}\in\boldsymbol{A}$，向量组 $\boldsymbol{\alpha}_1, \boldsymbol{\alpha}_2, \cdots, \boldsymbol{\alpha}_r, \boldsymbol{\alpha}$，这 $r+1$ 个向量必线性相关. 由定理 4.2.2 可知，$\boldsymbol{\alpha}$ 可由 $\boldsymbol{\alpha}_1, \boldsymbol{\alpha}_2, \cdots, \boldsymbol{\alpha}_r$ 线性表示，即向量组 $\boldsymbol{A}$ 可由 $\boldsymbol{\alpha}_1, \boldsymbol{\alpha}_2, \cdots, \boldsymbol{\alpha}_r$ 线性表示；反之，向量组 $\boldsymbol{\alpha}_1, \boldsymbol{\alpha}_2, \cdots, \boldsymbol{\alpha}_r$ 是向量组 $\boldsymbol{A}$ 的一部分，从而 $\boldsymbol{\alpha}_1, \boldsymbol{\alpha}_2, \cdots, \boldsymbol{\alpha}_r$ 也可以由向量组 $\boldsymbol{A}$ 线性表示，因此，向量组的最大无关组与向量组本身等价.

【例 4.3.1】 设有向量组

$$\boldsymbol{\alpha}_1=\begin{pmatrix}1\\1\\1\end{pmatrix}, \quad \boldsymbol{\alpha}_2=\begin{pmatrix}1\\3\\0\end{pmatrix}, \quad \boldsymbol{\alpha}_3=\begin{pmatrix}2\\4\\1\end{pmatrix},$$

试求向量组的一个最大无关组.

解 因为向量 $\boldsymbol{\alpha}_1, \boldsymbol{\alpha}_2$ 对应分量不成比例，所以向量组 $\boldsymbol{\alpha}_1, \boldsymbol{\alpha}_2$ 线性无关. 又因为 $\boldsymbol{\alpha}_3=\boldsymbol{\alpha}_1+\boldsymbol{\alpha}_2$，即向量组 $\boldsymbol{\alpha}_1, \boldsymbol{\alpha}_2, \boldsymbol{\alpha}_3$ 线性相关，所以 $\boldsymbol{\alpha}_1, \boldsymbol{\alpha}_2$ 是向量组 $\boldsymbol{\alpha}_1, \boldsymbol{\alpha}_2, \boldsymbol{\alpha}_3$ 的一个最大无关组.

显然，向量组 $\boldsymbol{\alpha}_1, \boldsymbol{\alpha}_2, \boldsymbol{\alpha}_3$ 任意两个向量对应分量都不成比例，所以 $\boldsymbol{\alpha}_1, \boldsymbol{\alpha}_2, \boldsymbol{\alpha}_3$ 中任意

两个向量都是它的最大无关组. 由此可见，一个向量组的最大无关组不唯一.

定理 4.3.1　$m\times n$ 矩阵 $\boldsymbol{A}$ 的秩等于矩阵 $\boldsymbol{A}$ 的列向量组的秩，也等于矩阵 $\boldsymbol{A}$ 的行向量组的秩.

证明　设 $\boldsymbol{A}=(\boldsymbol{a}_1, \boldsymbol{a}_2, \cdots, \boldsymbol{a}_m)$，$\boldsymbol{a}_1, \boldsymbol{a}_2, \cdots, \boldsymbol{a}_m$ 是 $\boldsymbol{A}$ 的列向量，$R(\boldsymbol{A})=r$. 由矩阵秩的定义知，$\boldsymbol{A}$ 中必有一个非零的 r 阶子式 D_r，D_r 所在的 r 个列向量一定线性无关；又由 $\boldsymbol{A}$ 中任意 $r+1$ 个阶子式均为零，所以 $\boldsymbol{A}$ 中任意 $r+1$ 个列向量都线性相关. 于是知 D_r 所在的 r 列是向量组 $\boldsymbol{a}_1, \boldsymbol{a}_2, \cdots, \boldsymbol{a}_m$ 的一个极大无关组，所以 $\boldsymbol{A}$ 的列向量组的秩等于 r.

可类似证明矩阵 $\boldsymbol{A}$ 的行向量组的秩也等于 r.

向量组 $\boldsymbol{a}_1, \boldsymbol{a}_2, \cdots, \boldsymbol{a}_m$ 的秩也记作 $R(\boldsymbol{a}_1, \boldsymbol{a}_2, \cdots, \boldsymbol{a}_m)$.

【例 4.3.2】　求矩阵

$$\boldsymbol{A}=\begin{pmatrix} 2 & -3 & 8 & 2 \\ 2 & 12 & -2 & 12 \\ 1 & 3 & 1 & 4 \end{pmatrix}$$

的列向量组的秩和它的一个最大无关组.

解　$\boldsymbol{A}$ 的二阶子式为

$$D=\begin{vmatrix} 2 & -3 \\ 2 & 12 \end{vmatrix}=30\neq 0.$$

$\boldsymbol{A}$ 的三阶子式共有 4 个，且都等于零，可见二阶子式 D 是 $\boldsymbol{A}$ 的最高阶非零子式，$R(\boldsymbol{A})=2$. 由定理 4.3.1 知，$\boldsymbol{A}$ 的列向量组的秩为 2，它的一个最大无关组是

$$\boldsymbol{\alpha}_1=\begin{pmatrix} 2 \\ 2 \\ 1 \end{pmatrix}, \quad \boldsymbol{\alpha}_2=\begin{pmatrix} -3 \\ 12 \\ 3 \end{pmatrix}.$$

定理 4.3.2　向量组 $\boldsymbol{\alpha}_1, \boldsymbol{\alpha}_2, \cdots, \boldsymbol{\alpha}_m$ 线性相关的充分必要条件是它构成的矩阵 $\boldsymbol{A}=(\boldsymbol{\alpha}_1, \boldsymbol{\alpha}_2, \cdots, \boldsymbol{\alpha}_n)$的秩小于向量个数 m；向量组线性无关的充分必要条件是 $R(\boldsymbol{A})=m$.

由定理 4.3.2，还可得到如下两个重要推论.

推论 1　如果向量组 $\boldsymbol{A}$：$\boldsymbol{\alpha}_1, \boldsymbol{\alpha}_2, \cdots, \boldsymbol{\alpha}_m$ 线性相关，则向量组 $\boldsymbol{B}$：$\boldsymbol{\alpha}_1, \boldsymbol{\alpha}_2, \cdots, \boldsymbol{\alpha}_m, \boldsymbol{\alpha}_{m+1}$ 也线性相关. 反之，若向量组 $\boldsymbol{B}$：$\boldsymbol{\alpha}_1, \boldsymbol{\alpha}_2, \cdots, \boldsymbol{\alpha}_m, \boldsymbol{\alpha}_{m+1}$ 线性无关，则向量组 $\boldsymbol{A}$：$\boldsymbol{\alpha}_1, \boldsymbol{\alpha}_2, \cdots, \boldsymbol{\alpha}_m$ 线性无关.

证明　向量组 $\boldsymbol{A}$：$\boldsymbol{\alpha}_1, \boldsymbol{\alpha}_2, \cdots, \boldsymbol{\alpha}_m$ 构成矩阵 $\boldsymbol{A}=(\boldsymbol{\alpha}_1, \boldsymbol{\alpha}_2, \cdots, \boldsymbol{\alpha}_m)$，向量组 $\boldsymbol{B}$：$\boldsymbol{\alpha}_1, \boldsymbol{\alpha}_2, \cdots, \boldsymbol{\alpha}_m, \boldsymbol{\alpha}_{m+1}$ 构成矩阵 $\boldsymbol{B}=(\boldsymbol{\alpha}_1, \boldsymbol{\alpha}_2, \cdots, \boldsymbol{\alpha}_m, \boldsymbol{\alpha}_{m+1})$. 由于向量组 $\boldsymbol{A}$ 线性相关，故 $R(\boldsymbol{A})<m$；又 $R(\boldsymbol{B})\leqslant R(\boldsymbol{A})+1<m+1$，所以，向量组 $\boldsymbol{B}$ 也线性相关.

推论 2　当向量组中所含向量的个数大于向量的维数时，此向量组必线性相关.

【例 4.3.3】　$\boldsymbol{\alpha}_1=\begin{pmatrix} 1 \\ 0 \\ 0 \end{pmatrix}$，$\boldsymbol{\alpha}_2=\begin{pmatrix} 0 \\ 1 \\ 0 \end{pmatrix}$，$\boldsymbol{\alpha}_3=\begin{pmatrix} 0 \\ 0 \\ 1 \end{pmatrix}$，$\boldsymbol{\alpha}_4=\begin{pmatrix} 1 \\ 2 \\ 3 \end{pmatrix}$一定线性相关，其中 $\boldsymbol{\alpha}_4=\boldsymbol{\alpha}_1+2\boldsymbol{\alpha}_2+3\boldsymbol{\alpha}_3$.

定理 4.3.3　设有两个 n 维向量组

$$\boldsymbol{A}: \boldsymbol{\alpha}_1, \boldsymbol{\alpha}_2, \cdots, \boldsymbol{\alpha}_r;$$
$$\boldsymbol{B}: \boldsymbol{\beta}_1, \boldsymbol{\beta}_2, \cdots, \boldsymbol{\beta}_s.$$

如果向量组 $\boldsymbol{A}$ 能由向量组 $\boldsymbol{B}$ 线性表示，且向量组 $\boldsymbol{A}$ 线性无关，那么向量组 $\boldsymbol{A}$ 所包含的向量个数 r 不大于向量组 $\boldsymbol{B}$ 所包含的向量个数 s，即 $r\leqslant s$.

证明 设向量组 $\boldsymbol{A}$ 与 $\boldsymbol{B}$ 分别构成 $n\times r$ 矩阵与 $n\times s$ 矩阵：

$$\boldsymbol{A}=(\boldsymbol{\alpha}_1, \boldsymbol{\alpha}_2, \cdots, \boldsymbol{\alpha}_r), \boldsymbol{B}=(\boldsymbol{\beta}_1, \boldsymbol{\beta}_2, \cdots, \boldsymbol{\beta}_s).$$

因向量组 $\boldsymbol{A}$ 线性无关，由定义 4.3.2 知 $R(\boldsymbol{A})=r$；又因为向量组 $\boldsymbol{A}$ 可以由向量组 $\boldsymbol{B}$ 线性表示，即存在系数矩阵 $\boldsymbol{K}_{sr}=(k_{ij})$ 使

$$\boldsymbol{A}=\boldsymbol{BK}.$$

由矩阵乘积的秩不大于做乘积矩阵中秩最小的矩阵的秩，有

$$r=R(\boldsymbol{A})=R(\boldsymbol{BK})\leqslant\min\{R(\boldsymbol{B}), R(\boldsymbol{K})\}\leqslant s,$$

即向量组 $\boldsymbol{A}$ 所包含的向量个数 r 不大于向量组 $\boldsymbol{B}$ 所包含的向量个数 s.

推论 1 设向量组 $\boldsymbol{B}$ 能由向量组 $\boldsymbol{A}$ 线性表示，则向量组 $\boldsymbol{B}$ 的秩不大于向量组 $\boldsymbol{A}$ 的秩.

证明 设向量组 $\boldsymbol{B}$ 的一个最大无关组为 $\boldsymbol{B}_0$：$\boldsymbol{\beta}_1, \boldsymbol{\beta}_2, \cdots, \boldsymbol{\beta}_r$，向量组 $\boldsymbol{A}$ 的一个最大无关组为 $\boldsymbol{A}_0$：$\boldsymbol{\alpha}_1, \boldsymbol{\alpha}_2, \cdots, \boldsymbol{\alpha}_s$. 因 $\boldsymbol{B}_0$ 组能由 $\boldsymbol{B}$ 组线性表示，$\boldsymbol{B}$ 组能由 $\boldsymbol{A}$ 组线性表示，$\boldsymbol{A}$ 组能由 $\boldsymbol{A}_0$ 组线性表示，故 $\boldsymbol{B}_0$ 组能由 $\boldsymbol{A}_0$ 组线性表示. 又 $\boldsymbol{B}_0$ 组线性无关，由定理 4.3.2 知 $r\leqslant s$，即向量组 $\boldsymbol{B}$ 的秩不大于向量组 $\boldsymbol{A}$ 的秩.

推论 2 等价的向量组有相同的秩.

证明 设向量组 $\boldsymbol{A}$ 与向量组 $\boldsymbol{B}$ 等价，且 $\boldsymbol{A}$ 组与 $\boldsymbol{B}$ 组的秩分别为 r 和 s，根据推论 1 应有 $r\leqslant s$ 且 $s\leqslant r$，所以，$r=s$.

推论 3(最大无关组的等价定义) 设向量组 $\boldsymbol{A}_0$：$\boldsymbol{\alpha}_1, \boldsymbol{\alpha}_2, \cdots, \boldsymbol{\alpha}_r$ 是向量组 $\boldsymbol{A}$ 的一个部分组，且满足：

(1) 向量组 $\boldsymbol{A}_0$ 线性无关，

(2) 向量组 $\boldsymbol{A}$ 的任一向量都能由向量组 $\boldsymbol{A}_0$ 线性表示，

那么向量组 $\boldsymbol{A}_0$ 便是 $\boldsymbol{A}$ 的一个最大无关组.

证明 只要证 $\boldsymbol{A}$ 中任意 $r+1$ 个向量线性相关.

设 $\boldsymbol{b}_1, \boldsymbol{b}_2, \cdots, \boldsymbol{b}_{r+1}$ 是 $\boldsymbol{A}$ 中任一 $r+1$ 个向量，由条件(2)知这 $r+1$ 个向量能由向量组 $\boldsymbol{A}_0$ 线性表示，由推论 1 知 $R(\boldsymbol{b}_1, \boldsymbol{b}_2, \cdots, \boldsymbol{b}_{r+1})\leqslant R(\boldsymbol{a}_1, \boldsymbol{a}_2, \cdots, \boldsymbol{a}_{r+1})=r$，再由定理 4.3.2 知 $r+1$ 个向量 $\boldsymbol{b}_1, \boldsymbol{b}_2, \cdots, \boldsymbol{b}_{r+1}$ 线性相关. 因此，向量组 $\boldsymbol{A}_0$ 满足定义 4.3.2 所规定的最大无关组的条件.

4.3.3 向量的最大无关组以及秩的求法

向量组的秩、向量组的最大无关组以及向量之间的线性关系是向量理论非常重要的一部分内容，下面定理介绍了利用初等变换求解向量组的秩以及向量组的最大无关组的方法.

对 $\boldsymbol{A}$ 施以有限次初等行变换，将 $\boldsymbol{A}$ 化为 $\boldsymbol{B}$，则 $\boldsymbol{B}$ 中的行向量组都是 $\boldsymbol{A}$ 的行向量组的线性组合，即 $\boldsymbol{B}$ 的行向量组可以由矩阵 $\boldsymbol{A}$ 的行向量组线性表出. 由于初等变换可逆，故矩阵 $\boldsymbol{B}$ 亦可经初等行变换化为矩阵 $\boldsymbol{A}$，从而矩阵 $\boldsymbol{A}$ 的行向量组也都是矩阵 $\boldsymbol{B}$ 的行向量组的线性组合，即 $\boldsymbol{A}$ 的行向量组可以由矩阵 $\boldsymbol{B}$ 的行向量组线性表出，从而矩阵 $\boldsymbol{A}$ 的行向量组与矩阵 $\boldsymbol{B}$ 的行向量组等价，故有相同的线性相关性.

定理 4.3.4 如果矩阵 $\boldsymbol{A}$ 经有限次初等列(行)变换变为矩阵 $\boldsymbol{B}$，则 $\boldsymbol{A}$ 的任意 r 个列

(行)向量与 $\boldsymbol{B}$ 的对应的 r 个列(行)向量有相同的线性相关性.

设 $m\times n$ 矩阵 $\boldsymbol{A}$ 中有一个 r 阶子式 D 不等于零，则 D 所在的 r 个列(行)向量线性无关；若 $\boldsymbol{A}$ 中所有 r 阶子式全等于零，则 $\boldsymbol{A}$ 中任意 $r+1$ 个列(行)向量线性相关. 从而，$\boldsymbol{A}$ 中最高阶非零子式所在的列(行)向量组是 $\boldsymbol{A}$ 的列(行)向量组的一个最大无关组. 如果无法直接找出矩阵 $\boldsymbol{A}$ 的不为零的最高阶子式，则可以根据定理 4.3.4 对矩阵 $\boldsymbol{A}$ 进行初等行变换，把矩阵 $\boldsymbol{A}$ 化为阶梯形矩阵 $\boldsymbol{B}$，由于阶梯形矩阵 $\boldsymbol{B}$ 的不为零的最高阶子式很容易就能看出，因此利用矩阵 $\boldsymbol{A}$ 与矩阵 $\boldsymbol{B}$ 的等价关系，可以知道矩阵 $\boldsymbol{A}$ 的秩(矩阵 $\boldsymbol{A}$ 的列向量组的秩或行向量组的秩)，以及矩阵 $\boldsymbol{A}$ 的对应的列向量组(行向量组)的最大无关组.

【例 4.3.4】 求向量组

$$\boldsymbol{\alpha}_1=\begin{pmatrix}1\\2\\3\end{pmatrix},\ \boldsymbol{\alpha}_2=\begin{pmatrix}1\\0\\-1\end{pmatrix},\ \boldsymbol{\alpha}_3=\begin{pmatrix}2\\2\\1\end{pmatrix},\ \boldsymbol{\alpha}_4=\begin{pmatrix}2\\2\\4\end{pmatrix}$$

的一个最大无关组.

解 设 $\boldsymbol{\alpha}_1,\boldsymbol{\alpha}_2,\boldsymbol{\alpha}_3,\boldsymbol{\alpha}_4$ 构成的矩阵 $\boldsymbol{A}=(\boldsymbol{\alpha}_1,\boldsymbol{\alpha}_2,\boldsymbol{\alpha}_3,\boldsymbol{\alpha}_4)$，对 $\boldsymbol{A}$ 施以初等行变换，可得

$$\boldsymbol{A}=\begin{pmatrix}1&1&2&2\\2&0&2&2\\3&-1&1&4\end{pmatrix}\underset{r_3-3r_1}{\overset{r_2-2r_1}{\sim}}\begin{pmatrix}1&1&2&2\\0&-2&-2&-2\\0&-4&-5&-2\end{pmatrix}\underset{(-\frac{1}{2})\times r_2}{\overset{r_3-2r_2}{\sim}}\begin{pmatrix}1&1&2&2\\0&1&1&1\\0&0&-1&2\end{pmatrix}=\widetilde{\boldsymbol{A}}.$$

由此可知 $R(\boldsymbol{A})=3$，所以向量组 $\boldsymbol{\alpha}_1,\boldsymbol{\alpha}_2,\boldsymbol{\alpha}_3,\boldsymbol{\alpha}_4$ 的秩为 3，$\widetilde{\boldsymbol{A}}$ 的三阶子式

$$D=\begin{vmatrix}1&1&2\\0&1&1\\0&0&-1\end{vmatrix}=-1\neq 0,$$

由此可知，$\boldsymbol{\alpha}_1,\boldsymbol{\alpha}_2,\boldsymbol{\alpha}_3$ 是向量组 $\boldsymbol{\alpha}_1,\boldsymbol{\alpha}_2,\boldsymbol{\alpha}_3,\boldsymbol{\alpha}_4$ 的一个最大无关组.

【例 4.3.5】 已知

$$\boldsymbol{\alpha}_1=\begin{pmatrix}1\\1\\1\end{pmatrix},\quad \boldsymbol{\alpha}_2=\begin{pmatrix}0\\2\\5\end{pmatrix},\quad \boldsymbol{\alpha}_3=\begin{pmatrix}2\\4\\7\end{pmatrix},$$

试讨论向量组 $\boldsymbol{\alpha}_1,\boldsymbol{\alpha}_2,\boldsymbol{\alpha}_3$ 及向量组 $\boldsymbol{\alpha}_1,\boldsymbol{\alpha}_2$ 的线性相关性.

解 对矩阵$(\boldsymbol{\alpha}_1,\boldsymbol{\alpha}_2,\boldsymbol{\alpha}_3)$施行初等行变换变成行阶梯形矩阵即可看出矩阵$(\boldsymbol{\alpha}_1,\boldsymbol{\alpha}_2,\boldsymbol{\alpha}_3)$及$(\boldsymbol{\alpha}_1,\boldsymbol{\alpha}_2)$的秩，利用定理 4.3.4 即可得到结论.

$$(\boldsymbol{\alpha}_1,\boldsymbol{\alpha}_2,\boldsymbol{\alpha}_3)=\begin{pmatrix}1&0&2\\1&2&4\\1&5&7\end{pmatrix}\underset{r_3-r_1}{\overset{r_2-r_1}{\sim}}\begin{pmatrix}1&0&2\\0&2&2\\0&5&5\end{pmatrix}\overset{r_3-\frac{5}{3}r_2}{\sim}\begin{pmatrix}1&0&2\\0&2&2\\0&0&0\end{pmatrix},$$

可见 $R(\boldsymbol{\alpha}_1,\boldsymbol{\alpha}_2,\boldsymbol{\alpha}_3)=2$，向量组 $\boldsymbol{\alpha}_1,\boldsymbol{\alpha}_2,\boldsymbol{\alpha}_3$ 线性相关；$R(\boldsymbol{\alpha}_1,\boldsymbol{\alpha}_2)=2$，向量组 $\boldsymbol{\alpha}_1,\boldsymbol{\alpha}_2$ 线性无关.

【例 4.3.6】 求列向量组

$$\boldsymbol{\alpha}_1=\begin{pmatrix}2\\2\\1\end{pmatrix},\quad \boldsymbol{\alpha}_2=\begin{pmatrix}-3\\12\\3\end{pmatrix},\quad \boldsymbol{\alpha}_3=\begin{pmatrix}8\\-2\\1\end{pmatrix},\quad \boldsymbol{\alpha}_4=\begin{pmatrix}2\\12\\4\end{pmatrix}$$

的最大无关组，并用此最大无关组表示其他列向量.

解 设 $\boldsymbol{\alpha}_1$，$\boldsymbol{\alpha}_2$，$\boldsymbol{\alpha}_3$，$\boldsymbol{\alpha}_4$ 构成的矩阵 $\boldsymbol{A}=(\boldsymbol{\alpha}_1,\boldsymbol{\alpha}_2,\boldsymbol{\alpha}_3,\boldsymbol{\alpha}_4)$，对 $\boldsymbol{A}$ 施以初等行变换，可得

$$\boldsymbol{A}=\begin{pmatrix}2 & -3 & 8 & 2\\ 2 & 12 & -2 & 12\\ 1 & 3 & 1 & 4\end{pmatrix}$$
$$\quad\ \ \boldsymbol{\alpha}_1\quad \boldsymbol{\alpha}_2\quad \boldsymbol{\alpha}_3\quad \boldsymbol{\alpha}_4$$

$$\overset{r_1\leftrightarrow r_3}{\underset{\substack{r_2-2r_1\\ r_3-2r_1}}{\sim}}\begin{pmatrix}1 & 3 & 1 & 4\\ 0 & 6 & -4 & 4\\ 0 & -9 & 6 & -6\end{pmatrix}$$

$$\overset{r_3+\frac{3}{2}r_2}{\sim}\begin{pmatrix}1 & 3 & 1 & 4\\ 0 & 6 & -4 & 4\\ 0 & 0 & 0 & 0\end{pmatrix}=\boldsymbol{B}.$$
$$\boldsymbol{\alpha}_1'\quad \boldsymbol{\alpha}_2'\quad \boldsymbol{\alpha}_3'\quad \boldsymbol{\alpha}_4'$$

由此可知，$R(\boldsymbol{A})=2$，所以，向量组 $\boldsymbol{\alpha}_1$，$\boldsymbol{\alpha}_2$，$\boldsymbol{\alpha}_3$，$\boldsymbol{\alpha}_4$ 的秩为 2. $\boldsymbol{B}$ 的二阶子式

$$D=\begin{vmatrix}1 & 3\\ 0 & 6\end{vmatrix}=6\neq 0,$$

因此 $\boldsymbol{\alpha}_1'$，$\boldsymbol{\alpha}_2'$ 是 $\boldsymbol{B}$ 的列向量组的一个最大无关组，从而 $\boldsymbol{\alpha}_1$，$\boldsymbol{\alpha}_2$ 是 $\boldsymbol{A}$ 的列向量组的一个最大无关组.

继续施以初等行变换，化为行最简形矩阵

$$\boldsymbol{B}\overset{r_2\times\frac{1}{6}}{\underset{r_1-3r_2}{\sim}}\begin{pmatrix}1 & 0 & 3 & 2\\ 0 & 1 & -\frac{2}{3} & \frac{2}{3}\\ 0 & 0 & 0 & 0\end{pmatrix}=\boldsymbol{R}.$$
$$\boldsymbol{\beta}_1\quad \boldsymbol{\beta}_2\quad \boldsymbol{\beta}_3\quad \boldsymbol{\beta}_4$$

在 $\boldsymbol{R}$ 中，$\boldsymbol{\beta}_1$，$\boldsymbol{\beta}_2$ 是列向量组的最大无关组，且

$$\boldsymbol{\beta}_3=3\boldsymbol{\beta}_1-\frac{2}{3}\boldsymbol{\beta}_2,$$

$$\boldsymbol{\beta}_4=2\boldsymbol{\beta}_1+\frac{2}{3}\boldsymbol{\beta}_2,$$

所以，$\boldsymbol{A}$ 的列向量也有线性关系

$$\boldsymbol{\alpha}_3=3\boldsymbol{\alpha}_1-\frac{2}{3}\boldsymbol{\alpha}_2,$$

$$\boldsymbol{\alpha}_4=2\boldsymbol{\alpha}_1+\frac{2}{3}\boldsymbol{\alpha}_2.$$

4.4 向量空间

在 4.1 节中把 n 维向量的全体所构成的集合 $\mathbf{R}^n$ 称为 n 维向量空间. 下面介绍向量空

间的有关知识.

定义 4.4.1　设 V 为 n 维向量的集合，如果集合 V 非空，且集合 V 对于加法及数乘两种运算封闭，即若 $\boldsymbol{\alpha}\in V$，$\boldsymbol{\beta}\in V$，则 $\boldsymbol{\alpha}+\boldsymbol{\beta}\in V$；若 $\boldsymbol{\alpha}\in V$，$\lambda\in\mathbf{R}$，则 $\lambda\boldsymbol{\alpha}\in V$，那么称集合 V 为向量空间.

例如，$\mathbf{R}^3=\{(x, y, z)\mid x, y, z\in\mathbf{R}\}$是向量空间. 因为任意两个三维向量之和仍是三维向量，所以数 λ 乘三维向量仍是三维向量，它们都属于 $\mathbf{R}^3$.

$V_1=\{(x, y, 0)\mid x, y\in\mathbf{R}\}$是坐标平面 xoy，它也构成一个向量空间；

$V_2=\{(x, y, 1)\mid x, y\in\mathbf{R}\}$是过点 $P(0, 0, 1)$且平行于 xoy 平面的平面，它不构成一个向量空间，因为 $\boldsymbol{\alpha}=(0, 0, 1)\in V_2$，而 $2\boldsymbol{\alpha}=(0, 0, 2)\notin V_2$.

全体 n 维实向量的集合 $\mathbf{R}^n=\{(x_1, x_2, \cdots, x_n)\mid x_i\in\mathbf{R}, i=1, 2, \cdots, n\}$是一个向量空间.

单独一个零向量构成的集合$\{0\}$是一个向量空间.

【例 4.4.1】　集合

$$V=\{\boldsymbol{x}=(0, x_2, \cdots, x_n)^{\mathrm{T}}\mid x_2, \cdots, x_n\in\mathbf{R}\}$$

是一个向量空间. 因为若 $\boldsymbol{\alpha}=(0, \boldsymbol{a}_2, \cdots, \boldsymbol{a}_n)^{\mathrm{T}}\in V$，$\boldsymbol{\beta}=(0, b_2, \cdots, b_n)^{\mathrm{T}}\in V$，则 $\boldsymbol{\alpha}+\boldsymbol{\beta}=(0, \boldsymbol{a}_2+\boldsymbol{b}_2, \cdots, \boldsymbol{a}_n+\boldsymbol{b}_n)^{\mathrm{T}}\in V$，$\lambda\boldsymbol{\alpha}=(0, \lambda\boldsymbol{a}_2, \cdots, \lambda\boldsymbol{a}_n)^{\mathrm{T}}\in V$.

【例 4.4.2】　集合

$$V=\{\boldsymbol{x}=(1, x_2, \cdots, x_n)^{\mathrm{T}}\mid x_2, \cdots, x_n\in\mathbf{R}\}$$

不是向量空间. 因为若 $\boldsymbol{\alpha}=(1, \boldsymbol{a}_2, \cdots, \boldsymbol{a}_n)^{\mathrm{T}}\in V$，则

$$3\boldsymbol{\alpha}=(3, a_2, \cdots, a_n)^{\mathrm{T}}\notin V.$$

【例 4.4.3】　设 $\boldsymbol{\alpha}$，$\boldsymbol{\beta}$ 为两个已知的 n 维向量，集合

$$V=\{\boldsymbol{x}=\lambda\boldsymbol{\alpha}+\mu\boldsymbol{\beta}\mid\lambda, \mu\in\mathbf{R}\}$$

是一个向量空间. 因为若 $\boldsymbol{x}_1=\lambda_1\boldsymbol{\alpha}+\mu_1\boldsymbol{\beta}$，$\boldsymbol{x}_2=\lambda_2\boldsymbol{\alpha}+\mu_2\boldsymbol{\beta}$，则有

$$\boldsymbol{x}_1+\boldsymbol{x}_2=(\lambda_1+\lambda_2)\boldsymbol{\alpha}+(\mu_1+\mu_2)\boldsymbol{\beta}\in V,$$

$$k\boldsymbol{x}_1=(k\lambda_1)\boldsymbol{\alpha}+(k\mu_1)\boldsymbol{\beta}\in V.$$

这个向量空间称为由向量 $\boldsymbol{\alpha}$，$\boldsymbol{\beta}$ 所生成的向量空间.

一般地，由向量组 $\boldsymbol{\alpha}_1$，$\boldsymbol{\alpha}_2$，$\cdots$，$\boldsymbol{\alpha}_m$ 所生成的向量空间为

$$V=\{\boldsymbol{x}=\lambda_1\boldsymbol{\alpha}_1+\lambda_2\boldsymbol{\alpha}_2+\cdots+\lambda_m\boldsymbol{\alpha}_m\mid\lambda_1, \lambda_2, \cdots, \lambda_m\in\mathbf{R}\}.$$

【例 4.4.4】　设向量组 $\boldsymbol{\alpha}_1$，$\boldsymbol{\alpha}_2$，$\cdots$，$\boldsymbol{\alpha}_m$ 与向量组 $\boldsymbol{\beta}_1$，$\boldsymbol{\beta}_2$，$\cdots$，$\boldsymbol{\beta}_s$ 等价，记

$$V_1=\{\boldsymbol{x}=\lambda_1\boldsymbol{\alpha}_1+\lambda_2\boldsymbol{\alpha}_2+\cdots+\lambda_m\boldsymbol{\alpha}_m\mid\lambda_1, \lambda_2, \cdots, \lambda_m\in\mathbf{R}\},$$

$$V_2=\{\boldsymbol{x}=\mu_1\boldsymbol{\beta}_1+\mu_2\boldsymbol{\beta}_2+\cdots+\mu_s\boldsymbol{\beta}_s\mid\mu_1, \mu_2, \cdots, \mu_s\in\mathbf{R}\},$$

试证 $V_1=V_2$.

证明　设 $\boldsymbol{x}\in V_1$，则 $\boldsymbol{x}$ 可由 $\boldsymbol{\alpha}_1$，$\boldsymbol{\alpha}_2$，$\cdots$，$\boldsymbol{\alpha}_m$ 线性表示. 又因为 $\boldsymbol{\alpha}_1$，$\boldsymbol{\alpha}_2$，$\cdots$，$\boldsymbol{\alpha}_m$ 可由 $\boldsymbol{\beta}_1$，$\boldsymbol{\beta}_2$，$\cdots$，$\boldsymbol{\beta}_s$ 线性表示，故 $\boldsymbol{x}$ 可由 $\boldsymbol{\beta}_1$，$\boldsymbol{\beta}_2$，$\cdots$，$\boldsymbol{\beta}_s$ 线性表示，所以 $\boldsymbol{x}\in V_2$，即若 $\boldsymbol{x}\in V_1$，则 $\boldsymbol{x}\in V_2$，因此 $V_1\subset V_2$.

类似地可证：若 $\boldsymbol{x}\in V_2$，则 $\boldsymbol{x}\in V_1$，即 $V_2\subset V_1$.

因为 $V_1\subset V_2$，$V_2\subset V_1$，所以 $V_1=V_2$.

定义 4.4.2　设有向量空间 V_1 及 V_2，若 $V_1\subset V_2$ 就称 V_1 是 V_2 的子空间.

例如，任何由 n 维向量所组成的向量空间 V，总有 $V\subset\mathbf{R}^n$，所以这样的向量空间总是 $\mathbf{R}^n$ 的子空间.

定义 4.4.3 设 V 为向量空间，如果 r 个向量 $\boldsymbol{\alpha}_1, \boldsymbol{\alpha}_2, \cdots, \boldsymbol{\alpha}_r\in V$，且满足

(1) $\boldsymbol{\alpha}_1, \boldsymbol{\alpha}_2, \cdots, \boldsymbol{\alpha}_r$ 线性无关，

(2) V 中任一向量都可由 $\boldsymbol{\alpha}_1, \boldsymbol{\alpha}_2, \cdots, \boldsymbol{\alpha}_r$ 线性表示，

那么，向量组 $\boldsymbol{\alpha}_1, \boldsymbol{\alpha}_2, \cdots, \boldsymbol{\alpha}_r$ 就称为向量空间 V 的一个基，r 称为向量空间 V 的维数，并称 V 为 r 维向量空间.

如果向量空间 V 没有基，那么 V 的维数为 0. 0 维向量空间只含有一个向量 $\mathbf{0}$.

若把向量空间 V 看作向量组，按定理 4.3.3 的推论 3 可知，V 的基就是向量组的最大线性无关组，V 的维数就是向量组的秩.

例如，对于向量空间

$$V=\{\boldsymbol{x}=(0, x_2, \cdots, x_n)^{\mathrm{T}}\mid x_2, \cdots, x_n\in\mathbf{R}\},$$

它的一个基可取为 $\boldsymbol{e}_2=(0, 1, 0, \cdots, 0)^{\mathrm{T}}, \cdots, \boldsymbol{e}_n=(0, 0, 0, \cdots, 1)^{\mathrm{T}}$，并由此可知它是 $n-1$ 维向量空间.

由向量组 $\boldsymbol{\alpha}_1, \boldsymbol{\alpha}_2, \cdots, \boldsymbol{\alpha}_m$ 所生成的向量空间

$$V=\{\boldsymbol{x}=\lambda_1\boldsymbol{\alpha}_1+\lambda_2\boldsymbol{\alpha}_2+\cdots+\lambda_m\boldsymbol{\alpha}_m\mid\lambda_1, \lambda_2, \cdots, \lambda_m\in\mathbf{R}\},$$

显然向量空间 V 与向量组 $\boldsymbol{\alpha}_1, \boldsymbol{\alpha}_2, \cdots, \boldsymbol{\alpha}_m$ 等价，所以向量组 $\boldsymbol{\alpha}_1, \boldsymbol{\alpha}_2, \cdots, \boldsymbol{\alpha}_m$ 的最大无关组就是 V 的一个基，向量组 $\boldsymbol{\alpha}_1, \boldsymbol{\alpha}_2, \cdots, \boldsymbol{\alpha}_m$ 的秩就是 V 的维数.

若向量空间 $V\subset\mathbf{R}^n$，则 V 的维数不会超过 n，并且当 V 的维数为 n 时，$V=\mathbf{R}^n$.

若向量组 $\boldsymbol{\alpha}_1, \boldsymbol{\alpha}_2, \cdots, \boldsymbol{\alpha}_r$ 是向量空间 V 的一个基，则 V 可表示为

$$V=\{\boldsymbol{x}=\lambda_1\boldsymbol{\alpha}_1+\lambda_2\boldsymbol{\alpha}_2+\cdots+\lambda_r\boldsymbol{\alpha}_r\mid\lambda_1, \lambda_2, \cdots, \lambda_r\in\mathbf{R}\},$$

可以清楚地显示出向量空间 V 的构造.

【例 4.4.5】 设

$$\boldsymbol{A}=(\boldsymbol{\alpha}_1, \boldsymbol{\alpha}_2, \boldsymbol{\alpha}_3)=\begin{pmatrix}2 & 2 & -1\\ 2 & -1 & 2\\ -1 & 2 & 2\end{pmatrix},$$

$$\boldsymbol{B}=(\boldsymbol{\beta}_1, \boldsymbol{\beta}_2)=\begin{pmatrix}1 & 4\\ 0 & 3\\ -4 & 2\end{pmatrix},$$

验证 $\boldsymbol{\alpha}_1, \boldsymbol{\alpha}_2, \boldsymbol{\alpha}_3$ 是 $\mathbf{R}^3$ 的一个基，并把 $\boldsymbol{\beta}_1, \boldsymbol{\beta}_2$ 用这个基线性表示.

解 要证 $\boldsymbol{\alpha}_1, \boldsymbol{\alpha}_2, \boldsymbol{\alpha}_3$ 是 $\mathbf{R}^3$ 的一个基，只要证 $\boldsymbol{\alpha}_1, \boldsymbol{\alpha}_2, \boldsymbol{\alpha}_3$ 线性无关，即要证 $\boldsymbol{A}\sim\boldsymbol{E}$.

因为 $|\boldsymbol{A}|=\begin{vmatrix}2 & 2 & -1\\ 2 & -1 & 2\\ -1 & 2 & 2\end{vmatrix}=-27\neq 0$，所以 $R(\boldsymbol{A})=3$，即 $\boldsymbol{A}$ 的列向量线性无关，其构成了 $\mathbf{R}^3$ 的一个基.

设 $(\boldsymbol{\beta}_1, \boldsymbol{\beta}_2)=(\boldsymbol{\alpha}_1, \boldsymbol{\alpha}_2, \boldsymbol{\alpha}_3)\begin{pmatrix}x_{11} & x_{12}\\ x_{21} & x_{22}\\ x_{31} & x_{32}\end{pmatrix}$，记作 $\boldsymbol{B}=\boldsymbol{A}\boldsymbol{X}$，而方阵 $\boldsymbol{A}$ 可逆，故 $\boldsymbol{X}=\boldsymbol{A}^{-1}\boldsymbol{B}$.

对分块矩阵$(\boldsymbol{A} \mid \boldsymbol{B})$施行初等行变换，当 $\boldsymbol{A}$ 变为单位矩阵 $\boldsymbol{E}$ 时，$\boldsymbol{B}$ 变为 $\boldsymbol{X}=\boldsymbol{A}^{-1}\boldsymbol{B}$.

$$(\boldsymbol{A} \mid \boldsymbol{B})=\begin{pmatrix} 2 & 2 & -1 & 1 & 4 \\ 2 & -1 & 2 & 0 & 3 \\ -1 & 2 & 2 & -4 & 2 \end{pmatrix} \underset{\substack{r_2-2r_1 \\ r_3+r_1}}{\overset{\frac{1}{3}(r_1+r_2+r_3)}{\sim}} \begin{pmatrix} 1 & 1 & 1 & -1 & 3 \\ 0 & -3 & 0 & 2 & -3 \\ 0 & 3 & 3 & -5 & 5 \end{pmatrix}$$

$$\underset{r_3 \div 3}{\overset{r_2 \div (-3)}{\sim}} \begin{pmatrix} 1 & 1 & 1 & -1 & 3 \\ 0 & 1 & 0 & -\dfrac{2}{3} & 1 \\ 0 & 1 & 1 & -\dfrac{5}{3} & \dfrac{5}{3} \end{pmatrix} \underset{r_3-r_2}{\overset{r_1-r_3}{\sim}} \begin{pmatrix} 1 & 0 & 0 & \dfrac{2}{3} & \dfrac{4}{3} \\ 0 & 1 & 0 & -\dfrac{2}{3} & 1 \\ 0 & 0 & 1 & -1 & \dfrac{2}{3} \end{pmatrix}.$$

即
$$(\boldsymbol{\beta}_1, \boldsymbol{\beta}_2)=(\boldsymbol{\alpha}_1, \boldsymbol{\alpha}_2, \boldsymbol{\alpha}_3)\begin{pmatrix} \dfrac{2}{3} & \dfrac{4}{3} \\ -\dfrac{2}{3} & 1 \\ -1 & \dfrac{2}{3} \end{pmatrix}.$$

4.5　线性方程组解的结构

第 3 章使用矩阵的初等行变换讨论了线性方程组的求解方法，同时给出了线性方程组无解、唯一解和无穷解的条件. 本节由向量相关性的理论讨论线性方程组解的性质与结构.

4.5.1　齐次线性方程组的基础解系

设 n 元齐次线性方程组：

$$\begin{cases} a_{11}x_1+a_{12}x_2+\cdots+a_{1n}x_n=0 \\ a_{21}x_1+a_{22}x_2+\cdots+a_{2n}x_n=0 \\ \qquad\qquad \vdots \\ a_{m1}x_1+a_{m2}x_2+\cdots+a_{mn}x_n=0 \end{cases} \tag{4.5.1}$$

记

$$\boldsymbol{A}=\begin{pmatrix} a_{11} & a_{12} & \cdots & a_{1n} \\ a_{21} & a_{22} & \cdots & a_{2n} \\ \vdots & \vdots & & \vdots \\ a_{m1} & a_{m2} & \cdots & a_{mn} \end{pmatrix}, \quad \boldsymbol{x}=\begin{pmatrix} x_1 \\ x_2 \\ \vdots \\ x_n \end{pmatrix}.$$

则式(4.5.1)可写成向量方程：

$$\boldsymbol{Ax}=\boldsymbol{0} \tag{4.5.2}$$

若 $x_1=\xi_{11}$，$x_2=\xi_{21}$，…，$x_n=\xi_{n1}$ 是式(4.5.1)的解，那么

$$x=\xi_1=\begin{pmatrix}\xi_{11}\\ \xi_{21}\\ \vdots\\ \xi_{n1}\end{pmatrix}$$

称为式(4.5.1)的解向量，也是式(4.5.2)的解.

根据式(4.5.2)，我们来讨论解向量的性质.

性质 4.5.1 若 $\boldsymbol{\xi}_1$，$\boldsymbol{\xi}_2$ 为式(4.5.2)的解，则 $\boldsymbol{x}=\boldsymbol{\xi}_1+\boldsymbol{\xi}_2$ 也是式(4.5.2)的解.

证明 只要验证 $\boldsymbol{x}=\boldsymbol{\xi}_1+\boldsymbol{\xi}_2$ 满足式(4.5.2)即可.

$$\boldsymbol{A}(\boldsymbol{\xi}_1+\boldsymbol{\xi}_2)=\boldsymbol{A}\boldsymbol{\xi}_1+\boldsymbol{A}\boldsymbol{\xi}_2=\boldsymbol{0}+\boldsymbol{0}=\boldsymbol{0}.$$

性质 4.5.2 若 $\boldsymbol{\xi}_1$ 为式(4.5.2)的解，k 为实数，则 $\boldsymbol{x}=k\boldsymbol{\xi}_1$ 也是式(4.5.2)的解.

证明 $\boldsymbol{A}(k\boldsymbol{\xi}_1)=k(\boldsymbol{A}\boldsymbol{\xi}_1)=k\boldsymbol{0}=\boldsymbol{0}.$

齐次线性方程组(4.5.2)解的两个性质表明：如果 $\boldsymbol{\xi}_1$，$\boldsymbol{\xi}_2$，…，$\boldsymbol{\xi}_t$ 是齐次线性方程组(4.5.2)的解，则它们的线性组合

$$k_1\boldsymbol{\xi}_1+k_2\boldsymbol{\xi}_2+\cdots+k_t\boldsymbol{\xi}_t$$

仍是齐次线性方程组(4.5.2)的解. 其中 k_1，k_2，…，$k_t\in\mathbf{R}$.

定义 4.5.1 设 $\boldsymbol{\xi}_1$，$\boldsymbol{\xi}_2$，…，$\boldsymbol{\xi}_t$ 是齐次线性方程组(4.5.1)的 t 个解，如果

(1) $\boldsymbol{\xi}_1$，$\boldsymbol{\xi}_2$，…，$\boldsymbol{\xi}_t$ 线性无关，

(2) 齐次线性方程组的任一个解都可由 $\boldsymbol{\xi}_1$，$\boldsymbol{\xi}_2$，…，$\boldsymbol{\xi}_t$ 线性表示，

则称 $\boldsymbol{\xi}_1$，$\boldsymbol{\xi}_2$，…，$\boldsymbol{\xi}_t$ 为齐次线性方程组(4.5.1)的一个基础解系. 表达式

$$\boldsymbol{x}=k_1\boldsymbol{\xi}_1+k_2\boldsymbol{\xi}_2+\cdots+k_t\boldsymbol{\xi}_t \quad (k_1, k_2, \cdots, k_t\in\mathbf{R})$$

称为齐次线性方程组(4.5.1)的通解.

把齐次线性方程组(4.5.1)的全体解向量组成的集合记作 S，则性质 4.5.1、4.5.2 为

(1) 若 $\boldsymbol{\xi}_1$，$\boldsymbol{\xi}_2\in S$，则 $\boldsymbol{\xi}_1+\boldsymbol{\xi}_2\in S$；

(2) 若 $\boldsymbol{\xi}_1\in S$，$k\in\mathbf{R}$，则 $k\boldsymbol{\xi}_1\in S$.

这就说明集合 S 对向量的线性运算是封闭的，所以集合 S 是一个向量空间，称为齐次线性方程组的解空间.

按定义 4.5.1 可知，方程组的基础解系就是向量组 S 的最大无关组，基础解系所含向量个数就是向量组 S 的秩. 在第 3 章中，我们已经提出了通解的概念，现在进一步指明了通解与基础解系之间的联系.

定理 4.5.1 设 n 元齐次线性方程组(4.5.1)有非零解(即其系数矩阵的秩 $R(\boldsymbol{A})=r<n$)，则它必有基础解系，且基础解系所含线性无关的解的个数等于 $n-r$(这里 $n-r$ 是齐次线性方程组(4.5.1)的自由未知数的个数).

证明 不妨设齐次线性方程组(4.5.1)系数矩阵 $\boldsymbol{A}$ 的前 r 个列线性无关，则 $\boldsymbol{A}$ 可以经过有限次初等行变换成行最简形矩阵，从而得齐次线性方程组(4.5.1)的同解线性方程组为

$$\begin{cases}x_1 \qquad\qquad +b_{11}x_{r+1}+b_{12}x_{r+2}+\cdots+b_{1,n-r}x_n=0\\ \quad x_2 \qquad +b_{21}x_{r+1}+b_{22}x_{r+2}+\cdots+b_{2,n-r}x_n=0\\ \qquad\qquad\qquad \vdots\\ \qquad\quad x_r +b_{r1}x_{r+1}+b_{r2}x_{r+2}+\cdots+b_{r,n-r}x_n=0\end{cases}, \tag{4.5.3}$$

其中，x_{r+1}，x_{r+2}，…，x_n 是 $n-r$ 个自由未知数，取

$$x_{r+1}=k_1,\ x_{r+2}=k_2,\ \cdots,\ x_n=k_{n-r},$$

得

$$\begin{cases} x_1=-b_{11}k_1-b_{12}k_2-\cdots-b_{1,n-r}k_{n-r} \\ x_2=-b_{12}k_1-b_{22}k_2-\cdots-b_{2,n-r}k_{n-r} \\ \quad\vdots \\ x_r=-b_{r1}k_1-b_{r2}k_2-\cdots-b_{r,n-r}k_{n-r} \\ x_{r+1}=\quad k_1 \\ x_{r+2}=\quad\quad k_2 \\ \quad\vdots \\ x_n=\quad\quad\quad k_{n-r} \end{cases}.$$

若令

$$\boldsymbol{x}=\begin{pmatrix} x_1 \\ x_2 \\ \vdots \\ x_r \\ x_{r+1} \\ x_{r+2} \\ \vdots \\ x_n \end{pmatrix},\ \boldsymbol{\xi}_1=\begin{pmatrix} -b_{11} \\ -b_{21} \\ \vdots \\ -b_{r1} \\ 1 \\ 0 \\ \vdots \\ 0 \end{pmatrix},\ \boldsymbol{\xi}_2=\begin{pmatrix} -b_{12} \\ -b_{22} \\ \vdots \\ -b_{r2} \\ 0 \\ 1 \\ \vdots \\ 0 \end{pmatrix},\ \cdots,\ \boldsymbol{\xi}_{n-r}=\begin{pmatrix} -b_{1,n-r} \\ -b_{2,n-r} \\ \vdots \\ -b_{r,n-r} \\ 0 \\ 0 \\ \vdots \\ 1 \end{pmatrix},$$

得齐次线性方程组(4.5.1)的通解为

$$\boldsymbol{x}=k_1\boldsymbol{\xi}_1+k_2\boldsymbol{\xi}_2+\cdots+k_{n-r}\boldsymbol{\xi}_{n-r}\quad(k_1,\ k_2,\ \cdots,\ k_{n-r}\in\mathbf{R}). \tag{4.5.4}$$

下面说明 $\boldsymbol{\xi}_1$，$\boldsymbol{\xi}_2$，…，$\boldsymbol{\xi}_{n-r}$ 就是齐次线性方程组(4.5.1)的一个基础解系.

(1) 当自由未知数 x_{r+1}，x_{r+2}，…，x_n 分别取

$$\begin{pmatrix} x_{r+1} \\ x_{r+2} \\ \vdots \\ x_n \end{pmatrix}=\begin{pmatrix} 1 \\ 0 \\ \vdots \\ 0 \end{pmatrix},\ \begin{pmatrix} 0 \\ 1 \\ \vdots \\ 0 \end{pmatrix},\ \cdots,\ \begin{pmatrix} 0 \\ 0 \\ \vdots \\ 1 \end{pmatrix},$$

代入式(4.5.3)，就分别可得方程组(4.5.1)的 $n-r$ 解，$\boldsymbol{\xi}_1$，$\boldsymbol{\xi}_2$，…，$\boldsymbol{\xi}_{n-r}$(即 $\boldsymbol{\xi}_1$，$\boldsymbol{\xi}_2$，…，$\boldsymbol{\xi}_{n-r}$ 都是齐次线性方程组(4.5.1)的解).

(2) 因为 $\boldsymbol{\xi}_1$，$\boldsymbol{\xi}_2$，…，$\boldsymbol{\xi}_{n-r}$ 后 $n-r$ 个分量组成 $n-r$ 个 $n-r$ 维向量，由第 2 节例 4.2.2 知，这 $n-r$ 个向量是线性无关的，从而根据定理 4.2.3 可知 $\boldsymbol{\xi}_1$，$\boldsymbol{\xi}_2$，…，$\boldsymbol{\xi}_{n-r}$ 也线性无关.

(3) 齐次线性方程组(4.5.1)任一解都可由 $\boldsymbol{\xi}_1$，$\boldsymbol{\xi}_2$，…，$\boldsymbol{\xi}_{n-r}$ 线性表示. 这是因为设

$$x=\xi=\begin{pmatrix}\lambda_1\\ \vdots\\ \lambda_r\\ \lambda_{r+1}\\ \vdots\\ \lambda_n\end{pmatrix}$$

是齐次线性方程组(4.5.1)的任一解，作向量

$$\eta=\lambda_{r+1}\xi_1+\lambda_{r+2}\xi_2+\cdots+\lambda_n\xi_{n-r},$$

由于 ξ_1，ξ_2，…，ξ_{n-r} 是式(4.5.1)的解，故 η 也是式(4.5.1)的解. 比较 η 与 ξ，知它们后面 $n-r$ 个分量对应相等. 由于它们都满足式(4.5.3)，因此它们的前 r 个分量亦必对应相等(方程组(4.5.3)表明任一解的前 r 个分量由后 $n-r$ 个分量唯一确定). 因此，$\xi=\eta$，即

$$\xi=\lambda_{r+1}\xi_1+\lambda_{r+2}\xi_2+\cdots+\lambda_n\xi_{n-r},$$

从而 ξ_1，ξ_2，…，ξ_{n-r} 是齐次线性方程组(4.5.1)的一个基础解系，其所含线性无关解的个数恰等于 $n-r$.

设 ξ_1，ξ_2，…，ξ_{n-r} 是齐次线性方程组(4.5.1)的一个基础解系. 由定义 4.5.1 可知，齐次线性方程组(4.5.1)的任一解可由基础解系线性表示为

$$x=k_1\xi_1+k_2\xi_2+\cdots+k_{n-r}\xi_{n-r}\quad(k_1, k_2, \cdots, k_{n-r}\in\mathbf{R}).$$

它包含了齐次线性方程组的全部解，所以它是齐次线性方程组的通解.

【例 4.5.1】 求齐次线性方程组

$$\begin{cases}x_1-x_2+5x_3-x_4=0\\ x_1+x_2-2x_3+3x_4=0\\ 3x_1-x_2+8x_3+x_4=0\\ x_1+3x_2-9x_3+7x_4=0\end{cases}$$

的基础解系.

解 对系数矩阵 $\mathbf{A}$ 作初等行变换

$$\mathbf{A}=\begin{pmatrix}1&-1&5&-1\\1&1&-2&3\\3&-1&8&1\\1&3&-9&7\end{pmatrix}\overset{\substack{r_2-r_1\\ r_3-3r_1}}{\underset{r_4-r_1}{\sim}}\begin{pmatrix}1&-1&5&-1\\0&2&-7&4\\0&2&-7&4\\0&4&-14&8\end{pmatrix}$$

$$\overset{\substack{r_4-2r_2\\ r_3-r_2}}{\underset{r_2\times\frac{1}{2}}{\sim}}\begin{pmatrix}1&-1&5&-1\\0&1&-\frac{7}{2}&2\\0&0&0&0\\0&0&0&0\end{pmatrix}\overset{r_1+r_2}{\sim}\begin{pmatrix}1&0&\frac{3}{2}&1\\0&1&-\frac{7}{2}&2\\0&0&0&0\\0&0&0&0\end{pmatrix}.$$

可知 $R(\mathbf{A})=2<4$. 基础解系由两个线性无关的解构成. 原方程组的同解线性方程组为

$$\begin{cases} x_1 \quad +\dfrac{3}{2}x_3+x_4=0 \\ x_2-\dfrac{7}{2}x_3+2x_4=0 \end{cases}.$$

其中，x_3，x_4 是自由未知数，取 $x_3=3k_1$，$x_4=k_2$，得原线性方程组的通解为

$$\begin{pmatrix} x_1 \\ x_2 \\ x_3 \\ x_4 \end{pmatrix}=k_1\begin{pmatrix} -3 \\ 7 \\ 2 \\ 0 \end{pmatrix}+k_2\begin{pmatrix} -1 \\ -2 \\ 0 \\ 1 \end{pmatrix} \quad (k_1,\ k_2\in\mathbf{R}),$$

所以，原线性方程组的基础解系为

$$\boldsymbol{\xi}_1=\begin{pmatrix} -3 \\ 7 \\ 2 \\ 0 \end{pmatrix},\ \boldsymbol{\xi}_2=\begin{pmatrix} -1 \\ -2 \\ 0 \\ 1 \end{pmatrix},$$

其通解可由基础解系表示为

$$\boldsymbol{x}=k_1\boldsymbol{\xi}_1+k_2\boldsymbol{\xi}_2 \quad (k_1,\ k_2\in\mathbf{R}).$$

4.5.2　非齐次线性方程组解的结构

设有非齐次线性方程组

$$\boldsymbol{A}\boldsymbol{x}=\boldsymbol{b}, \tag{4.5.5}$$

当常数项 $\boldsymbol{b}=\boldsymbol{0}$ 时，得到齐次线性方程组

$$\boldsymbol{A}\boldsymbol{x}=\boldsymbol{0} \tag{4.5.6}$$

称齐次线性方程组(4.5.6)是线性方程组(4.5.5)导出的齐次线性方程组，简称导出组. 线性方程组(4.5.5)的解与其导出组(4.5.6)的解有着密切的联系.

性质 4.5.3　如果 $\boldsymbol{\eta}_1$，$\boldsymbol{\eta}_2$ 都是非齐次线性方程组(4.5.5)的解，则 $\boldsymbol{x}=\boldsymbol{\eta}_2-\boldsymbol{\eta}_1$ 是其导出组(4.5.6)的解.

证明　因为

$$\boldsymbol{A}(\boldsymbol{\eta}_1-\boldsymbol{\eta}_2)=\boldsymbol{A}\boldsymbol{\eta}_2-\boldsymbol{A}\boldsymbol{\eta}_1=\boldsymbol{b}-\boldsymbol{b}=\boldsymbol{0},$$

所以 $\boldsymbol{x}=\boldsymbol{\eta}_2-\boldsymbol{\eta}_1$ 是其导出组(4.5.6)的解.

性质 4.5.4　如果 $\boldsymbol{x}=\boldsymbol{\eta}^*$ 是非齐次线性方程(4.5.5)的解，$\boldsymbol{x}=\boldsymbol{\xi}$ 是其导出组(4.5.6)的解，则 $\boldsymbol{x}=\boldsymbol{\xi}+\boldsymbol{\eta}^*$ 仍是非齐次线性方程组(4.5.5)的解.

证明　因为

$$\boldsymbol{A}(\boldsymbol{\xi}+\boldsymbol{\eta}^*)=\boldsymbol{A}\boldsymbol{\xi}+\boldsymbol{A}\boldsymbol{\eta}^*=\boldsymbol{0}+\boldsymbol{b}=\boldsymbol{b},$$

所以，$\boldsymbol{x}=\boldsymbol{\xi}+\boldsymbol{\eta}^*$ 仍是非齐次线性方程组(4.5.4)的解.

由性质 4.5.3 可知，如果求得非齐次线性方程组(4.5.5)的一个解 $\boldsymbol{\eta}^*$，则方程组(4.5.5)的任一解 $\boldsymbol{\eta}$ 总可表示为

$$\boldsymbol{\eta}=\boldsymbol{\eta}^*+(\boldsymbol{\eta}-\boldsymbol{\eta}^*)=\boldsymbol{\eta}^*+\boldsymbol{\xi},$$

其中，$\boldsymbol{\xi}=\boldsymbol{\eta}-\boldsymbol{\eta}^*$ 是其导出组(4.5.6)的解.

由性质 4.5.4 可知，对于非齐次线性方程组(4.5.5)的一个解 $\boldsymbol{\eta}^*$，当 $\boldsymbol{\xi}$ 取遍其导出组(4.5.6)的全部解时，$\boldsymbol{\eta}=\boldsymbol{\eta}^*+\boldsymbol{\xi}$ 就取遍了非齐次线性方程组(4.5.5)的全部解.

综合性质 4.5.3 与性质 4.5.4，有如下结论：

定理 4.5.2 设 $\boldsymbol{\eta}^*$ 是非齐次线性方程组(4.5.5)的一个解(通常称为特解)，$\boldsymbol{\xi}_1$，$\boldsymbol{\xi}_2$，…，$\boldsymbol{\xi}_{n-r}$ 是其导出组(4.5.6)的一个基础解系，则

$$\boldsymbol{x}=k_1\boldsymbol{\xi}_1+k_2\boldsymbol{\xi}_2+\cdots+k_{n-r}\boldsymbol{\xi}_{n-r}+\boldsymbol{\eta}^* \quad (k_1, k_2, \cdots, k_{n-r}\in\mathbf{R})$$

是方程组(4.5.5)的解，又称之为非齐次线性方程组(4.5.5)的通解.

【例 4.5.2】 求解线性方程组

$$\begin{cases}x_1-x_2-x_3+x_4=0\\x_1-x_2+x_3-3x_4=1\\x_1-x_2-2x_3+3x_4=-\dfrac{1}{2}\end{cases}.$$

解 对增广矩阵作初等行变换

$$(\boldsymbol{A}\mid\boldsymbol{b})=\begin{pmatrix}1&-1&-1&1&0\\1&-1&1&-3&1\\1&-1&-2&3&-\dfrac{1}{2}\end{pmatrix}\overset{r_2-r_1}{\underset{r_3-r_1}{\sim}}\begin{pmatrix}1&-1&-1&1&0\\0&0&2&-4&1\\0&0&-1&2&-\dfrac{1}{2}\end{pmatrix}$$

$$\overset{r_1-r_3}{\underset{\substack{r_2\times\frac{1}{2}\\r_3+r_2}}{\sim}}\begin{pmatrix}1&-1&0&-1&\dfrac{1}{2}\\0&0&1&-2&\dfrac{1}{2}\\0&0&0&0&0\end{pmatrix}.$$

可见，$R(\boldsymbol{A})=R(\boldsymbol{A}\mid\boldsymbol{b})=2$，故方程组有无穷多解，原方程组的同解方程组为

$$\begin{cases}x_1-x_2\quad\;\;-x_4=\dfrac{1}{2}\\\qquad\qquad x_3-2x_4=\dfrac{1}{2}\end{cases},$$

取 x_2，x_4 为自由未知数，并令 $x_2=0$，$x_4=0$ 代入上面方程组，得方程组的一个特解：

$$\boldsymbol{\eta}^*=\begin{pmatrix}\dfrac{1}{2}\\0\\\dfrac{1}{2}\\0\end{pmatrix},$$

原方程组的导出组的同解方程组为

$$\begin{cases}x_1=x_2+x_4\\x_3=\quad 2x_4\end{cases}.$$

令 $x_2=k_1$，$x_4=k_2$，得导出组的通解为

$$\begin{pmatrix}x_1\\x_2\\x_3\\x_4\end{pmatrix}=k_1\begin{pmatrix}1\\1\\0\\0\end{pmatrix}+k_2\begin{pmatrix}1\\0\\2\\1\end{pmatrix},$$

其中：

$$\boldsymbol{\xi}_1=\begin{pmatrix}1\\1\\0\\0\end{pmatrix},\ \boldsymbol{\xi}_2=\begin{pmatrix}1\\0\\2\\1\end{pmatrix}$$

是其导出组的一个基础解系. 所以原非齐次线性方程组的通解为

$$\boldsymbol{x}=k_1\boldsymbol{\xi}_1+k_2\boldsymbol{\xi}_2+\boldsymbol{\eta}^*\quad(k_1,\ k_2\in\mathbf{R}).$$

4.6　线性组合及线性方程组的应用实例

本节通过一些实例向读者展示线性组合及线性方程组的实际应用情况.

在经济学中，需要将某个量(如成本)分解成几部分时，常常需要用到线性组合的概念.

【例 4.6.1】　一个公司生产两种产品 A 和 B，设生产价值 1 万元的产品 A 需要原料成本 0.3 万元，人工成本 0.25 万元，设备成本 0.1 万元，管理成本 0.15 万元，则可构造出产品 A 的单位成本向量 $\boldsymbol{\alpha}=(0.3,\ 0.25,\ 0.1,\ 0.15)^{\mathrm{T}}$. 同理，可构造出产品 B 的单位成本向量，假设为 $\boldsymbol{\beta}=(0.25,\ 0.35,\ 0.1,\ 0.1)^{\mathrm{T}}$. 该公司生产价值 x_1 万元的产品 A 和生产价值 x_2 万元的产品 B 需要的成本为 $x_1\boldsymbol{\alpha}+x_2\boldsymbol{\beta}$.

【例 4.6.2】(配方问题)　在化工、医药等行业经常涉及配方问题，在不考虑各种成分之间可能发生的某些化学反应的前提下，配方问题可使用线性方程组的理论来求解.

设配方由 4 种原料 A，B，C，D 混合而成，现有 2 个配方. 在第 1 个配方中，4 种原料按质量的比例为 2∶3∶1∶1；在第 2 个配方中，4 种原料按质量的比例为 1∶2∶1∶2，现在需要配制 4 种原料按质量的比例为 4∶7∶3∶5 的第 3 个配方. 试研究第 3 个配方能否由第 1、第 2 个配方按一定比例配制而成.

解　将第 1、第 2、第 3 个配方的成分比例看作向量，令

$$\boldsymbol{\alpha}_1=(2,\ 3,\ 1,\ 1)^{\mathrm{T}},\ \boldsymbol{\alpha}_2=(1,\ 2,\ 1,\ 2)^{\mathrm{T}},\ \boldsymbol{\beta}=(4,\ 7,\ 3,\ 5)^{\mathrm{T}}.$$

假设需要第 1 个配方 x_1 份和第 2 个配方 x_2 份以便配制成第 3 个配方 x_3 份，则有线性方程组

$$\boldsymbol{\alpha}_1x_1+\boldsymbol{\alpha}_2x_2=\boldsymbol{\beta}x_3,$$

即 $\boldsymbol{\alpha}_1x_1+\boldsymbol{\alpha}_2x_2-\boldsymbol{\beta}x_3=\mathbf{0}$，也即

$$\begin{cases}2x_1+x_2-4x_3=0\\3x_1+2x_2-7x_3=0\\x_1+x_2-3x_3=0\\x_1+2x_2-5x_3=0\end{cases}.$$

对此齐次线性方程组的系数矩阵 $\boldsymbol{A}$ 作初等行变换化为行最简形，有

$$\boldsymbol{A}=\begin{pmatrix}2&1&-4\\3&2&-7\\1&1&-3\\1&2&-5\end{pmatrix}\xrightarrow[r_2\leftrightarrow r_4]{r_1\leftrightarrow r_3}\begin{pmatrix}1&1&-3\\1&2&-5\\2&1&-4\\3&2&-7\end{pmatrix}\xrightarrow[r_4-3r_1]{\substack{r_2-r_1\\r_3-2r_1}}\begin{pmatrix}1&1&-3\\0&1&-2\\0&-1&2\\0&-1&2\end{pmatrix}$$

$$\xrightarrow[r_4+r_2]{r_3+r_2}\begin{pmatrix}1&1&-3\\0&1&-2\\0&0&0\\0&0&0\end{pmatrix}\xrightarrow{r_1-r_2}\begin{pmatrix}1&0&-1\\0&1&-2\\0&0&0\\0&0&0\end{pmatrix}.$$

同解方程为$\begin{cases}x_1=x_3\\x_2=2x_3\end{cases}$.

自有未知量取 x_3，令 $x_3=1$，得基础解系为 $\boldsymbol{\xi}=(1, 2, 1)^{\mathrm{T}}$.

取最小正整数解 $x_1=1$，$x_2=2$，$x_3=1$ 即可完成配方的配比.

本章小结

1. 向量的有关概念

(1) n 维向量的定义及向量相等.

(2) 零向量及向量 $\boldsymbol{a}$ 的负向量 $-\boldsymbol{a}$ 的含义.

(3) 向量的加法运算和数乘向量运算.

(4) 向量组：一组同维数的向量才称为向量组.

(5) 矩阵的列(行)向量及列(行)向量组.

2. 向量的线性相关性

1) 有关概念

(1) 线性表示：$\boldsymbol{b}=k_1\boldsymbol{a}_1+k_2\boldsymbol{a}_2+\cdots+k_m\boldsymbol{a}_m$ 对数 k_1，k_2，…，k_m 无任何要求，只要等式成立即可.

(2) 向量组 $\boldsymbol{A}$ 与 $\boldsymbol{B}$ 等价：向量组 $\boldsymbol{A}$ 与 $\boldsymbol{B}$ 可相互线性表示.

(3) 线性相关：有不全为零的数 k_1，k_2，…，k_m，使 $k_1\boldsymbol{a}_1+k_2\boldsymbol{a}_2+\cdots+k_m\boldsymbol{a}_m=\boldsymbol{0}$ 成立；或至少有一个向量能由其余向量线性表示.

(4) 线性无关：只有 $k_1=k_2=\cdots=k_m=0$，才使 $k_1\boldsymbol{a}_1+k_2\boldsymbol{a}_2+\cdots+k_m\boldsymbol{a}_m=\boldsymbol{0}$ 成立.

(5) 极大无关组：向量组 $\boldsymbol{A}$ 中有线性无关的部分组 $\boldsymbol{A}_0$，且 $\boldsymbol{A}$ 中任一向量都能由 $\boldsymbol{A}_0$ 线性表示；或 $\boldsymbol{A}$ 中任意 $r+1(r=r(\boldsymbol{A}))$ 个向量都线性相关.

(6) 向量组的秩：极大无关组所含向量的个数.

2) 线性表示、线性相关、线性无关与线性方程组的关系

(1) $\boldsymbol{b}$ 能由 $\boldsymbol{a}_1$，$\boldsymbol{a}_2$，…，$\boldsymbol{a}_m$ 线性表示，等价于方程组 $x_1\boldsymbol{a}_1+x_2\boldsymbol{a}_2+\cdots+x_m\boldsymbol{a}_m=\boldsymbol{b}$ 有解.

(2) $\boldsymbol{a}_1$，$\boldsymbol{a}_2$，…，$\boldsymbol{a}_m$ 线性相关，等价于齐次线性方程组 $x_1\boldsymbol{a}_1+x_2\boldsymbol{a}_2+\cdots+x_m\boldsymbol{a}_m=\mathbf{0}$ 有非零解.

(3) $\boldsymbol{a}_1$，$\boldsymbol{a}_2$，…，$\boldsymbol{a}_m$ 线性无关，等价于齐次线性方程组 $x_1\boldsymbol{a}_1+x_2\boldsymbol{a}_2+\cdots+x_m\boldsymbol{a}_m=\mathbf{0}$ 只有零解.

(4) 设向量组 $\boldsymbol{\alpha}_1$，$\boldsymbol{\alpha}_2$，…，$\boldsymbol{\alpha}_m$ 能由向量组 $\boldsymbol{\beta}_1$，$\boldsymbol{\beta}_2$，…，$\boldsymbol{\beta}_n$ 线性表示，

① 若 $m>n$，则 $\boldsymbol{\alpha}_1$，$\boldsymbol{\alpha}_2$，…，$\boldsymbol{\alpha}_m$ 线性相关；

② 若 $\boldsymbol{\alpha}_1$，$\boldsymbol{\alpha}_2$，…，$\boldsymbol{\alpha}_m$ 线性无关，则 $m\leqslant n$.

3) 主要结论

设向量组 $\boldsymbol{A}$：$\boldsymbol{a}_1$，$\boldsymbol{a}_2$，…，$\boldsymbol{a}_m$，向量组 $\boldsymbol{B}$：$\boldsymbol{b}_1$，$\boldsymbol{b}_2$，…，$\boldsymbol{b}_m$，及向量 $\boldsymbol{b}$，有如下结论：

(1) $\boldsymbol{A}$ 线性相关的充要条件是 $R(\boldsymbol{A})<m$；$\boldsymbol{A}$ 线性无关的充要条件是 $R(\boldsymbol{A})=m$.

(2) $\boldsymbol{a}_1$，$\boldsymbol{a}_2$，…，$\boldsymbol{a}_m$，$\boldsymbol{b}$ 线性相关的充要条件是 $R(\boldsymbol{A})=R(\boldsymbol{A},\boldsymbol{b})$.

(3) 若 $\boldsymbol{\alpha}_1$，$\boldsymbol{\alpha}_2$，…，$\boldsymbol{\alpha}_m$ 线性无关，而 $\boldsymbol{\alpha}_1$，$\boldsymbol{\alpha}_2$，…，$\boldsymbol{\alpha}_m$，$\boldsymbol{b}$ 线性相关，则 $\boldsymbol{b}=k_1\boldsymbol{a}_1+k_2\boldsymbol{a}_2+\cdots+k_m\boldsymbol{a}_m$ 唯一.

(4) $\boldsymbol{B}$ 能由 $\boldsymbol{A}$ 线性表示的充要条件是 $R(\boldsymbol{A})=R(\boldsymbol{A},\boldsymbol{B})$.

(5) 若 $\boldsymbol{B}$ 能由 $\boldsymbol{A}$ 线性表示，则 $R(\boldsymbol{B})\leqslant R(\boldsymbol{A})$.

(6) $\boldsymbol{A}$ 与 $\boldsymbol{B}$ 等价的充要条件是 $R(\boldsymbol{A})=R(\boldsymbol{B})=R(\boldsymbol{A},\boldsymbol{B})$.

(7) 部分组线性相关的向量组线性相关；线性无关向量组的部分组线性无关.

(8) 线性无关向量组的向量在相同位置上加相同个数的分量后所得向量组仍线性无关.

(9) 向量组与它的极大无关组等价；两个等价向量组的极大无关组也等价.

(10) 等价向量组的秩相等.

3. 向量空间

向量空间主要有以下概念：

(1) 向量空间、子空间.

(2) 向量空间的基、维数.

(3) 线性方程组的解向量、基础解系、解空间.

4. 线性方程组解的结构

(1) 线性方程组解的性质：

① 若 $\boldsymbol{\xi}_1$，$\boldsymbol{\xi}_2$ 是 $\boldsymbol{Ax}=\mathbf{0}$ 的解，则 $\boldsymbol{\xi}_1+\boldsymbol{\xi}_2$ 是 $\boldsymbol{Ax}=\mathbf{0}$ 的解.

② 若 $\boldsymbol{\xi}$ 是 $\boldsymbol{Ax}=\mathbf{0}$ 的解，则 $c\boldsymbol{\xi}(c\in\mathbf{R})$是 $\boldsymbol{Ax}=\mathbf{0}$ 的解.

③ 若 $\boldsymbol{\eta}_1$，$\boldsymbol{\eta}_2$ 是 $\boldsymbol{Ax}=\boldsymbol{b}$ 的解，则 $\boldsymbol{\eta}_1-\boldsymbol{\eta}_2$ 是 $\boldsymbol{Ax}=\mathbf{0}$ 的解.

④ 若 $\boldsymbol{\eta}$ 是 $\boldsymbol{Ax}=\boldsymbol{b}$ 的解，$\boldsymbol{\xi}$ 是 $\boldsymbol{Ax}=\mathbf{0}$ 的解，则 $\boldsymbol{\eta}+\boldsymbol{\xi}$ 是 $\boldsymbol{Ax}=\boldsymbol{b}$ 的解.

(2) 若 $R(\boldsymbol{A})=R(\boldsymbol{A},\boldsymbol{b})=r$，$\boldsymbol{\xi}_1$，$\boldsymbol{\xi}_2$，…，$\boldsymbol{\xi}_{n-r}$ 是 $\boldsymbol{Ax}=\mathbf{0}$ 的基础解系，$\boldsymbol{\eta}^*$ 是 $\boldsymbol{Ax}=\boldsymbol{b}$ 的一个特解，则：

① $\boldsymbol{Ax}=\mathbf{0}$ 的通解为 $\boldsymbol{x}=c_1\boldsymbol{\xi}_1+c_2\boldsymbol{\xi}_2+\cdots c_{n-r}\boldsymbol{\xi}_{n-r}$.

② $\boldsymbol{Ax}=\boldsymbol{b}$ 的通解为 $\boldsymbol{x}=c_1\boldsymbol{\xi}_1+c_2\boldsymbol{\xi}_2+\cdots+c_{n-r}\boldsymbol{\xi}_{n-r}+\boldsymbol{\eta}^*(c_1,c_2,\cdots,c_{n-r}\in\mathbf{R})$.

本章知识点思维导图如下.

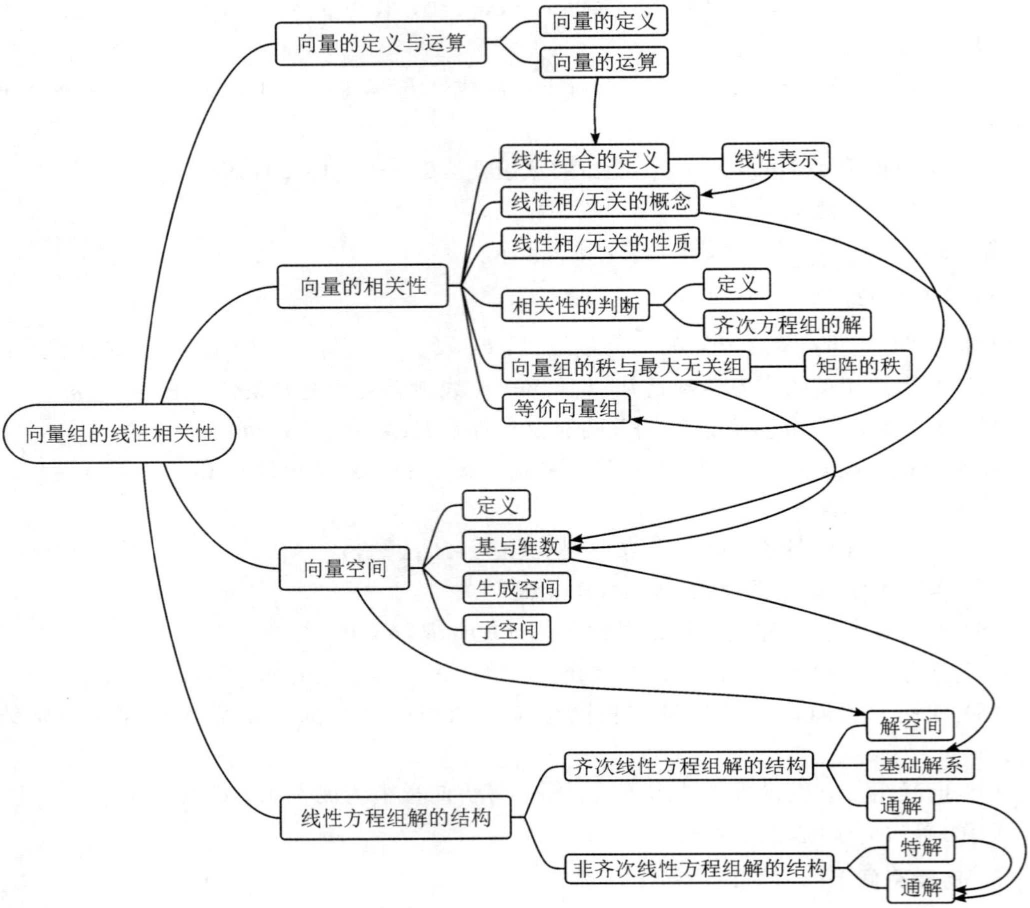

习 题 4

一、填空题

1. 已知 $3(\boldsymbol{\alpha}_1-\boldsymbol{\beta})+2(\boldsymbol{\alpha}_2+\boldsymbol{\beta})=5(\boldsymbol{\alpha}_3+\boldsymbol{\beta})$，其中 $\boldsymbol{\alpha}_1=(2, 5, 1)^{\mathrm{T}}$，$\boldsymbol{\alpha}_2=(3, 1, 5)^{\mathrm{T}}$，$\boldsymbol{\alpha}_3=(5, 2, -1)^{\mathrm{T}}$，则 $\boldsymbol{\beta}=$__________.

2. 如果向量 $\boldsymbol{\beta}=(5, 4, 1)^{\mathrm{T}}$ 可以由向量组 $\boldsymbol{\alpha}_1=(2, 3, k)^{\mathrm{T}}$，$\boldsymbol{\alpha}_2=(-1, 2, 3)^{\mathrm{T}}$，$\boldsymbol{\alpha}_3=(3, 1, 2)^{\mathrm{T}}$ 唯一线性表出，则 $k\neq$__________.

3. 已知向量组 $\boldsymbol{\alpha}_1=(1, 3, 5)^{\mathrm{T}}$，$\boldsymbol{\alpha}_2=(2, -1, -3)^{\mathrm{T}}$，$\boldsymbol{\alpha}_3=(5, 1, t)^{\mathrm{T}}$ 线性相关，则 $t=$__________.

4. 如果向量组 $\boldsymbol{\alpha}_1$，$\boldsymbol{\alpha}_2$，$\boldsymbol{\alpha}_3$ 线性无关，则向量组 $\boldsymbol{\alpha}_1$，$\boldsymbol{\alpha}_1+\boldsymbol{\alpha}_2$，$\boldsymbol{\alpha}_1+\boldsymbol{\alpha}_2+\boldsymbol{\alpha}_3$ 线性__________.

5. 已知向量组 $\boldsymbol{\alpha}_1=(1, 2, 3, 4)^{\mathrm{T}}$，$\boldsymbol{\alpha}_2=(2, 3, 4, 5)^{\mathrm{T}}$，$\boldsymbol{\alpha}_3=(3, 4, 5, 6)^{\mathrm{T}}$，$\boldsymbol{\alpha}_4=(4, 5, 6, 7)^{\mathrm{T}}$，则该向量组的秩为__________，最大线性无关组为__________.

6. 向量组 $\boldsymbol{\alpha}_1=(1,-1,2)^T$，$\boldsymbol{\alpha}_2=(2,1,1)^T$，$\boldsymbol{\alpha}_3=(3,1,2)^T$，$\boldsymbol{\alpha}_4=(1,1,0)$，则此向量组一定线性____________，此向量组的秩为____________，最大线性无关组为__________.

7. 设 $\boldsymbol{A}$ 是 $n\times m$ 矩阵，$\boldsymbol{B}$ 是 $m\times s$ 矩阵($s\leqslant m$，$s\leqslant n$)，若 $R(\boldsymbol{AB})=s$，则矩阵 $\boldsymbol{B}$ 的列向量组线性________.

8. 已知齐次线性方程组 $\boldsymbol{A}_{6\times 4}\boldsymbol{X}=\boldsymbol{0}$ 的基础解系含有3个向量，则 $R(\boldsymbol{A})=$________.

9. 设4级方阵 $\boldsymbol{A}=(\boldsymbol{\alpha},\boldsymbol{\gamma}_2,\boldsymbol{\gamma}_3,\boldsymbol{\gamma}_4)$，$\boldsymbol{B}=(\boldsymbol{\beta},\boldsymbol{\gamma}_2,\boldsymbol{\gamma}_3,\boldsymbol{\gamma}_4)$，其中 $\boldsymbol{\alpha}$，$\boldsymbol{\beta}$，$\boldsymbol{\gamma}_2$，$\boldsymbol{\gamma}_3$，$\boldsymbol{\gamma}_4$ 均为四维的列向量，且 $|\boldsymbol{A}|=4$，$|\boldsymbol{B}|=1$，则 $|\boldsymbol{A}+\boldsymbol{B}|=$________.

二、选择题

1. 已知向量组 $\boldsymbol{\alpha}_1$，$\boldsymbol{\alpha}_2$，$\boldsymbol{\alpha}_3$ 线性相关，$\boldsymbol{\alpha}_2$，$\boldsymbol{\alpha}_3$，$\boldsymbol{\alpha}_4$ 线性无关，则下列结论________正确.

(A) $\boldsymbol{\alpha}_1$ 不能由 $\boldsymbol{\alpha}_2$，$\boldsymbol{\alpha}_3$ 线性表出　　(B) $\boldsymbol{\alpha}_4$ 不能由 $\boldsymbol{\alpha}_1$，$\boldsymbol{\alpha}_2$，$\boldsymbol{\alpha}_3$ 线性表出

(C) $\boldsymbol{\alpha}_4$ 能由 $\boldsymbol{\alpha}_1$，$\boldsymbol{\alpha}_2$，$\boldsymbol{\alpha}_3$ 线性表出　　(D) $\boldsymbol{\alpha}_2$，$\boldsymbol{\alpha}_3$ 线性相关

2. 对任意实数 a，b，c，线性无关的向量组是________.

(A) $(a,1,2)$，$(2,b,3)$，$(0,0,0)$

(B) $(b,1,1)$，$(1,a,3)$，$(2,3,c)$，$(a,0,c)$

(C) $(1,a,1,1)$，$(1,b,1,0)$，$(1,c,0,0)$

(D) $(1,1,1,a)$，$(2,2,2,b)$，$(0,0,0,c)$

3. 设向量组 $\boldsymbol{\alpha}_1$，$\boldsymbol{\alpha}_2$，$\boldsymbol{\alpha}_3$ 线性无关，向量 $\boldsymbol{\beta}_1$ 可由 $\boldsymbol{\alpha}_1$，$\boldsymbol{\alpha}_2$，$\boldsymbol{\alpha}_3$ 线性表示，而向量 $\boldsymbol{\beta}_2$ 不能由 $\boldsymbol{\alpha}_1$，$\boldsymbol{\alpha}_2$，$\boldsymbol{\alpha}_3$ 线性表示，则对任意常数 k，必有________.

(A) $\boldsymbol{\alpha}_1$，$\boldsymbol{\alpha}_2$，$\boldsymbol{\alpha}_3$，$k\boldsymbol{\beta}_1+\boldsymbol{\beta}_2$ 线性无关　　(B) $\boldsymbol{\alpha}_1$，$\boldsymbol{\alpha}_2$，$\boldsymbol{\alpha}_3$，$k\boldsymbol{\beta}_1+\boldsymbol{\beta}_2$ 线性相关

(C) $\boldsymbol{\alpha}_1$，$\boldsymbol{\alpha}_2$，$\boldsymbol{\alpha}_3$，$\boldsymbol{\beta}_1+k\boldsymbol{\beta}_2$ 线性无关　　(D) $\boldsymbol{\alpha}_1$，$\boldsymbol{\alpha}_2$，$\boldsymbol{\alpha}_3$，$\boldsymbol{\beta}_1+k\boldsymbol{\beta}_2$ 线性相关

4. 下列说法正确的是________.

(A) 线性相关的向量组的部分组一定线性相关

(B) 向量组 $\boldsymbol{\alpha}=(a,b,c)$，$\boldsymbol{\beta}=(d,e,f)$线性相关，$\boldsymbol{\alpha}_1=(a,b,c,1)$，$\boldsymbol{\beta}_1=(d,e,f,2)$，则向量组 $\boldsymbol{\alpha}_1$，$\boldsymbol{\beta}_1$ 一定线性相关

(C) 如果一个向量组的部分组线性无关，则此向量组必线性无关

(D) 矩阵 $\boldsymbol{A}_{n\times n}$ 非退化，则其 n 个行向量构成的向量组线性无关

5. 设 $\boldsymbol{A}$ 是 $m\times n$ 矩阵，非齐次线性方程组 $\boldsymbol{AX}=\boldsymbol{b}$ 的导出组为 $\boldsymbol{AX}=\boldsymbol{0}$，则下列说法正确的是________.

(A) $\boldsymbol{AX}=\boldsymbol{b}$ 有唯一解，则其导出组必有非零解

(B) $\boldsymbol{AX}=\boldsymbol{0}$ 有无穷多解，则 $\boldsymbol{AX}=\boldsymbol{b}$ 也必有无穷多解

(C) $\boldsymbol{AX}=\boldsymbol{0}$ 有唯一解，则 $\boldsymbol{AX}=\boldsymbol{b}$ 也只有唯一解

(D) $\boldsymbol{AX}=\boldsymbol{b}$ 有无穷多解，则其导出组必有非零解

6. 如果向量组 $\boldsymbol{\alpha}_1$，$\boldsymbol{\alpha}_2$，$\boldsymbol{\alpha}_3$ 线性相关，$\boldsymbol{\alpha}_2$，$\boldsymbol{\alpha}_3$，$\boldsymbol{\alpha}_4$ 线性无关，$\boldsymbol{\beta}_1$，$\boldsymbol{\beta}_2$，$\boldsymbol{\beta}_3$，$\boldsymbol{\beta}_4$ 分别是 $\boldsymbol{\alpha}_1$，$\boldsymbol{\alpha}_2$，$\boldsymbol{\alpha}_3$，$\boldsymbol{\alpha}_4$的延长向量，$\boldsymbol{\gamma}_1$，$\boldsymbol{\gamma}_2$，$\boldsymbol{\gamma}_3$，$\boldsymbol{\gamma}_4$ 分别是 $\boldsymbol{\alpha}_1$，$\boldsymbol{\alpha}_2$，$\boldsymbol{\alpha}_3$，$\boldsymbol{\alpha}_4$ 的缩短向量，则下列说法正确的是________.

(A) $\boldsymbol{\alpha}_4$ 能由 $\boldsymbol{\alpha}_1$，$\boldsymbol{\alpha}_2$，$\boldsymbol{\alpha}_3$ 线性表出　　(B) $\boldsymbol{\beta}_1$，$\boldsymbol{\beta}_2$，$\boldsymbol{\beta}_3$，$\boldsymbol{\beta}_4$ 线性相关

(C) $\boldsymbol{\beta}_1$，$\boldsymbol{\beta}_2$，$\boldsymbol{\beta}_3$，$\boldsymbol{\beta}_4$ 线性无关　　(D) $\boldsymbol{\gamma}_1$，$\boldsymbol{\gamma}_2$，$\boldsymbol{\gamma}_3$，$\boldsymbol{\gamma}_4$ 线性相关

7. 向量组 $\boldsymbol{\alpha}_1=(1,1,2)$，$\boldsymbol{\alpha}_2=(3,t,1)$，$\boldsymbol{\alpha}_3=(0,2,-t)$线性无关的充分必要条件

是__________.

(A) $t=5$ 或 $t=-2$　　(B) $t\neq 5$ 且 $t\neq -2$

(C) $t\neq 5$ 或 $t\neq -2$　　(D) 前边三个选项都不正确

8. 设 $\boldsymbol{A}$ 是 $m\times n$ 矩阵，非齐次线性方程组 $\boldsymbol{AX}=\boldsymbol{b}$ 的导出组为 $\boldsymbol{AX}=\boldsymbol{0}$，如果 $m<n$，则__________.

(A) $\boldsymbol{AX}=\boldsymbol{b}$ 必有无穷多解　　(B) $\boldsymbol{AX}=\boldsymbol{b}$ 必有唯一解

(C) $\boldsymbol{AX}=\boldsymbol{0}$ 必有非零解　　(D) $\boldsymbol{AX}=\boldsymbol{0}$ 必有唯一解

9. 设 $\boldsymbol{A}$ 是 4 阶方阵，且 $|\boldsymbol{A}|=0$，则 $\boldsymbol{A}$ 中__________.

(A) 必有一列元素全为零

(B) 必有一列向量是其余列向量的线性组合

(C) 必有两列元素对应成比例

(D) 任意列向量是其余列向量的线性组合

10. 设向量组 $\boldsymbol{A}$：$\boldsymbol{\alpha}_1,\boldsymbol{\alpha}_2,\cdots,\boldsymbol{\alpha}_s$ 与向量组 $\boldsymbol{B}$：$\boldsymbol{\alpha}_1,\boldsymbol{\alpha}_2,\cdots,\boldsymbol{\alpha}_s,\boldsymbol{\alpha}_{s+1},\cdots,\boldsymbol{\alpha}_{s+t}$，则下列条件中能判定向量组 $\boldsymbol{A}$ 为向量组 $\boldsymbol{B}$ 的一个最大线性无关组的是__________.

(A) $R(\boldsymbol{A})=R(\boldsymbol{B})$　　(B) $R(\boldsymbol{A})=s$

(C) $R(\boldsymbol{B})=s$　　(D) $R(\boldsymbol{A})=s$ 且向量组 $\boldsymbol{B}$ 能由向量组 $\boldsymbol{A}$ 线性表出

11. 设 $\boldsymbol{A}$，$\boldsymbol{B}$ 均为 n 阶方阵，且 $R(\boldsymbol{A})=R(\boldsymbol{B})$，则__________.

(A) $R(\boldsymbol{A}-\boldsymbol{B})=0$　　(B) $R(\boldsymbol{A}+\boldsymbol{B})=2R(\boldsymbol{A})$

(C) $R(\boldsymbol{AB})=2R(\boldsymbol{A})$　　(D) $R(\boldsymbol{A},\boldsymbol{B})\leqslant R(\boldsymbol{A})+R(\boldsymbol{B})$

三、计算题

1. 求下列向量组的秩及一个最大线性无关组，并将其余向量用此最大线性无关组线性表出.

$\boldsymbol{\alpha}_1=(-2,1,0,3)^{\mathrm{T}}$，$\boldsymbol{\alpha}_2=(1,-3,2,4)^{\mathrm{T}}$，$\boldsymbol{\alpha}_3=(3,0,2,-1)^{\mathrm{T}}$，$\boldsymbol{\alpha}_4=(2,-2,4,6)^{\mathrm{T}}$.

2. 判定下列向量组线性相关还是线性无关.

(1) $\begin{pmatrix}-1\\3\\1\end{pmatrix},\begin{pmatrix}2\\1\\0\end{pmatrix},\begin{pmatrix}1\\4\\1\end{pmatrix}$；　(2) $\begin{pmatrix}2\\3\\0\end{pmatrix},\begin{pmatrix}-1\\4\\0\end{pmatrix},\begin{pmatrix}0\\0\\2\end{pmatrix}$.

3. 求下列非齐次线性方程组的通解.

$$\begin{cases}x_1-x_2+x_4=0\\2x_1-x_3-2x_4=0.\\-2x_2-x_3+4x_4=2\end{cases}$$

4. a 取何值时下列向量组线性相关？

$$\boldsymbol{\alpha}_1=\begin{pmatrix}a\\1\\1\end{pmatrix},\boldsymbol{\alpha}_2=\begin{pmatrix}1\\a\\1\end{pmatrix},\boldsymbol{\alpha}_3=\begin{pmatrix}1\\-1\\a\end{pmatrix}.$$

四、证明题

设 $\boldsymbol{\beta}_1=\boldsymbol{\alpha}_2+\boldsymbol{\alpha}_3+\cdots+\boldsymbol{\alpha}_r$，$\boldsymbol{\beta}_2=\boldsymbol{\alpha}_1+\boldsymbol{\alpha}_3+\cdots+\boldsymbol{\alpha}_r$，$\cdots$，$\boldsymbol{\beta}_r=\boldsymbol{\alpha}_1+\boldsymbol{\alpha}_2+\cdots+\boldsymbol{\alpha}_{r-1}$，证明，$\boldsymbol{\beta}_1,\boldsymbol{\beta}_2,\cdots,\boldsymbol{\beta}_r$ 与 $\boldsymbol{\alpha}_1,\boldsymbol{\alpha}_2,\cdots,\boldsymbol{\alpha}_r$ 有相同的秩.

第 5 章
相似矩阵及二次型

本章主要以特征值和特征向量理论为基础，研究矩阵的对角化及其应用问题. 矩阵的特征值理论在现代数学、物理、工程技术、经济等领域都有着广泛的应用，很多实际问题都可以归结为求一个矩阵的特征值和特征向量. 借助于特征值和特征向量，在相似变换的概念下，可以进一步研究矩阵的对角化方法，进而通过矩阵的对角化对一些矩阵的运算进行化简. 二次型理论起源于解析几何中的化二次曲线和二次曲面方程为标准形的问题，为确保在变换前后曲线或曲面的几何形状不发生变化，这个过程需要将相似变换升级为正交变换，所以本章将对如何利用正交变换对实对称矩阵进行对角化问题做深入讨论，同时还将讨论二次型正定性的判定问题. 除了几何方面的问题之外，二次型理论在多元函数极值、复杂成本下的最大利润等方面也有一定应用.

5.1 方阵的特征值与特征向量

5.1.1 特征值与特征向量的概念

定义 5.1.1 设 $\boldsymbol{A}$ 是 n 阶方阵，非零向量 $\boldsymbol{x}$ 是 n 维列向量，如果存在数 λ 使关系式

$$\boldsymbol{A}\boldsymbol{x}=\lambda\boldsymbol{x} \tag{5.1.1}$$

成立，则称数 λ 为 $\boldsymbol{A}$ 的特征值，非零向量 $\boldsymbol{x}$ 为 $\boldsymbol{A}$ 的对应于 λ 的特征向量.

显然，若 $\boldsymbol{x}$ 是方阵 $\boldsymbol{A}$ 对应于特征值 λ 的特征向量，则 $k\boldsymbol{x}(k\neq 0)$ 也是 $\boldsymbol{A}$ 对应于 λ 的特征向量.

下面讨论如何求方阵 $\boldsymbol{A}$ 的特征值与相应的特征向量.

式(5.1.1)可改写成

$$(\boldsymbol{A}-\lambda\boldsymbol{E})\boldsymbol{x}=\boldsymbol{0}, \tag{5.1.2}$$

这是 n 个未知数 n 个方程的齐次线性方程组，它有非零解 $\boldsymbol{x}$ 的充分必要条件是系数行列式为零，即

$$|\boldsymbol{A}-\lambda\boldsymbol{E}|=\begin{vmatrix} a_{11}-\lambda & a_{12} & \cdots & a_{1n} \\ a_{21} & a_{22}-\lambda & \cdots & a_{2n} \\ \vdots & \vdots & & \vdots \\ a_{n1} & a_{n2} & \cdots & a_{nn}-\lambda \end{vmatrix}=0. \tag{5.1.3}$$

式中，左端$|\boldsymbol{A}-\lambda\boldsymbol{E}|$是$\lambda$的$n$次多项式，称为方阵$\boldsymbol{A}$的**特征多项式**，记作$f(\lambda)$. 通常称式(5.1.3)为方阵$\boldsymbol{A}$的**特征方程**，而$\boldsymbol{A}$的特征值$\lambda$就是特征方程(5.1.3)的解. 由于一元$n$次方程在复数范围内有$n$个根(重根按重数计算)，因此在复数范围内，$n$阶方阵$\boldsymbol{A}$有$n$个特征值.

由上述讨论可知，求方阵$\boldsymbol{A}$的特征值和特征向量的步骤如下：

(1) 求方阵$\boldsymbol{A}$的特征方程$f(\lambda)=|\boldsymbol{A}-\lambda\boldsymbol{E}|=0$的全部根$\lambda_1, \lambda_2, \cdots, \lambda_n$，也就是方阵$\boldsymbol{A}$的全部特征值.

(2) 对方阵$\boldsymbol{A}$的每一个特征值λ_i，求出对应齐次线性方程组$(\boldsymbol{A}-\lambda_i\boldsymbol{E})\boldsymbol{x}=\boldsymbol{0}$的一个基础解系$\boldsymbol{\xi}_1, \boldsymbol{\xi}_2, \cdots, \boldsymbol{\xi}_m$，则其全部特征向量可表示为

$$k_1\boldsymbol{\xi}_1+k_2\boldsymbol{\xi}_2+\cdots+k_m\boldsymbol{\xi}_m,$$

其中，$k_1, k_2, \cdots, k_m$是不全为零的数.

由特征值的定义不难看出，对于对角阵

$$\boldsymbol{\Lambda}=\begin{pmatrix} \lambda_1 & & & \\ & \lambda_2 & & \\ & & \ddots & \\ & & & \lambda_n \end{pmatrix},$$

其特征多项式为$(\lambda_1-\lambda)(\lambda_2-\lambda)\cdots(\lambda_n-\lambda)$，故$\boldsymbol{\Lambda}$主对角线上的元素$\lambda_1, \lambda_2, \cdots, \lambda_n$就是$\boldsymbol{\Lambda}$的特征值.

【例 5.1.1】 求方阵$\boldsymbol{A}=\begin{pmatrix} 3 & 4 \\ 5 & 2 \end{pmatrix}$的特征值和特征向量.

解 因为$f(\lambda)=|\boldsymbol{A}-\lambda\boldsymbol{E}|=\begin{vmatrix} 3-\lambda & 4 \\ 5 & 2-\lambda \end{vmatrix}=(\lambda-7)(\lambda+2)$，令$f(\lambda)=0$，解得$\boldsymbol{A}$的特征值为$\lambda_1=7$，$\lambda_2=-2$.

当$\lambda_1=7$时，解齐次线性方程组$(\boldsymbol{A}-7\boldsymbol{E})\boldsymbol{x}=\boldsymbol{0}$，得其基础解系为$\boldsymbol{\xi}_1=(1, 1)^{\mathrm{T}}$. 因此，$k_1\boldsymbol{\xi}_1(k_1\neq 0)$为$\boldsymbol{A}$对应于$\lambda_1=7$的全部特征向量.

当$\lambda_2=-2$时，解齐次线性方程组$(\boldsymbol{A}+2\boldsymbol{E})\boldsymbol{x}=\boldsymbol{0}$，得其基础解系为$\boldsymbol{\xi}_2=(4, -5)^{\mathrm{T}}$. 因此，$k_2\boldsymbol{\xi}_2(k_2\neq 0)$为$\boldsymbol{A}$对应于$\lambda_2=-2$的全部特征向量.

【例 5.1.2】 求方阵

$$\boldsymbol{A}=\begin{pmatrix} 1 & 2 & 2 \\ 2 & 1 & 2 \\ 2 & 2 & 1 \end{pmatrix}$$

的特征值和特征向量.

解 因为

$$f(\lambda)=|\boldsymbol{A}-\lambda\boldsymbol{E}|=\begin{vmatrix} 1-\lambda & 2 & 2 \\ 2 & 1-\lambda & 2 \\ 2 & 2 & 1-\lambda \end{vmatrix}=-(\lambda-5)(\lambda+1)^2,$$

令 $f(\lambda)=0$，解得 $\boldsymbol{A}$ 的特征值为 $\lambda_1=5$，$\lambda_2=\lambda_3=-1$.

当 $\lambda_1=5$ 时，解齐次线性方程组 $(\boldsymbol{A}-5\boldsymbol{E})\boldsymbol{x}=\boldsymbol{0}$，由

$$\boldsymbol{A}-5\boldsymbol{E}=\begin{pmatrix}-4&2&2\\2&-4&2\\2&2&-4\end{pmatrix}\sim\begin{pmatrix}1&0&-1\\0&1&-1\\0&0&0\end{pmatrix}$$

解得基础解系 $\boldsymbol{\xi}_1=(1,1,1)^{\mathrm{T}}$，从而 $k_1\boldsymbol{\xi}_1(k_1\neq0)$是对应于 $\lambda_1=5$ 的全部特征向量.

当 $\lambda_2=\lambda_3=-1$ 时，解齐次线性方程组 $(\boldsymbol{A}+\boldsymbol{E})\boldsymbol{x}=\boldsymbol{0}$，由

$$\boldsymbol{A}+\boldsymbol{E}=\begin{pmatrix}2&2&2\\2&2&2\\2&2&2\end{pmatrix}\sim\begin{pmatrix}1&1&1\\0&0&0\\0&0&0\end{pmatrix}$$

解得基础解系 $\boldsymbol{\xi}_2=(-1,1,0)^{\mathrm{T}}$，$\boldsymbol{\xi}_3=(-1,0,1)^{\mathrm{T}}$，从而 $k_2\boldsymbol{\xi}_2+k_3\boldsymbol{\xi}_3(k_2, k_3$ 不同时为零)是对应于 $\lambda_2=\lambda_3=-1$ 的全部特征向量.

【例 5.1.3】 求方阵

$$\boldsymbol{A}=\begin{pmatrix}-1&1&0\\-4&3&0\\1&0&2\end{pmatrix}$$

的特征值和特征向量.

解 因为

$$f(\lambda)=|\boldsymbol{A}-\lambda\boldsymbol{E}|=\begin{vmatrix}-1-\lambda&1&0\\-4&3-\lambda&0\\1&0&2-\lambda\end{vmatrix}=(2-\lambda)(1-\lambda)^2,$$

令 $f(\lambda)=0$，解得 $\boldsymbol{A}$ 的特征值为 $\lambda_1=2$，$\lambda_2=\lambda_3=1$.

当 $\lambda_1=2$ 时，解齐次线性方程组 $(\boldsymbol{A}-2\boldsymbol{E})\boldsymbol{x}=\boldsymbol{0}$，由

$$\boldsymbol{A}-2\boldsymbol{E}=\begin{pmatrix}-3&1&0\\-4&1&0\\1&0&0\end{pmatrix}\sim\begin{pmatrix}1&0&0\\0&1&0\\0&0&0\end{pmatrix}$$

解得基础解系 $\boldsymbol{\xi}_1=(0,0,1)^{\mathrm{T}}$，从而 $k_1\boldsymbol{\xi}_1(k_1\neq0)$是对应于 $\lambda_1=2$ 的全部特征向量.

当 $\lambda_2=\lambda_3=1$ 时，解齐次线性方程组 $(\boldsymbol{A}-\boldsymbol{E})\boldsymbol{x}=\boldsymbol{0}$，由

$$\boldsymbol{A}-\boldsymbol{E}=\begin{pmatrix}-2&1&0\\-4&2&0\\1&0&1\end{pmatrix}\sim\begin{pmatrix}1&0&1\\0&1&2\\0&0&0\end{pmatrix}$$

解得基础解系 $\boldsymbol{\xi}_2=(-1,-2,1)^{\mathrm{T}}$，从而 $k_2\boldsymbol{\xi}_2(k_2\neq0)$是对应于 $\lambda_2=\lambda_3=1$ 的全部特征向量.

5.1.2 特征值与特征向量的性质

定理 5.1.1 设 n 阶方阵 $\boldsymbol{A}=(a_{ij})_{n\times n}$ 的特征值为 $\lambda_1, \lambda_2, \cdots, \lambda_n$，则

(1) $\lambda_1+\lambda_2+\cdots+\lambda_n=a_{11}+a_{22}+\cdots+a_{nn}$；

(2) $\lambda_1\lambda_2\cdots\lambda_n=|\boldsymbol{A}|$.

证明 (1) 若 $\lambda_1, \lambda_2, \cdots, \lambda_n$ 为 $\boldsymbol{A}$ 的特征值，则 $\boldsymbol{A}$ 的特征多项式可表示为

$$f(\lambda)=|\boldsymbol{A}-\lambda\boldsymbol{E}|=\begin{vmatrix} a_{11}-\lambda & a_{12} & \cdots & a_{1n} \\ a_{21} & a_{22}-\lambda & \cdots & a_{2n} \\ \vdots & \vdots & & \vdots \\ a_{n1} & a_{n2} & \cdots & a_{nn}-\lambda \end{vmatrix}=(\lambda_1-\lambda)(\lambda_2-\lambda)\cdots(\lambda_n-\lambda).$$

由行列式的定义可知，行列式是由来自不同行与不同列的元素乘积的代数和构成的，$(a_{11}-\lambda)(a_{22}-\lambda)\cdots(a_{nn}-\lambda)$是$|\boldsymbol{A}-\lambda\boldsymbol{E}|$中的一项，且$f(\lambda)$展开式中$\lambda^n$和$\lambda^{n-1}$的系数只能由该项产生(其余项至多只含有对角线上的$n-2$个元素)．不难发现，$\lambda^{n-1}$的系数应为$(-1)^n(a_{11}+a_{22}+\cdots+a_{nn})$．而由$(\lambda_1-\lambda)(\lambda_2-\lambda)\cdots(\lambda_n-\lambda)$又可知，$\lambda^{n-1}$还可表示为$(-1)^n(\lambda_1+\lambda_2+\cdots+\lambda_n)$．所以$\lambda_1+\lambda_2+\cdots+\lambda_n=a_{11}+a_{22}+\cdots+a_{nn}$．$a_{11}+a_{22}+\cdots+a_{nn}$又称为$\boldsymbol{A}$的迹.

(2) 对$\boldsymbol{A}$的特征多项式取$\lambda=0$，即可得$\lambda_1\lambda_2\cdots\lambda_n=|\boldsymbol{A}|$.

推论 设$\boldsymbol{A}$是n阶方阵，则0是$\boldsymbol{A}$的特征值的充分必要条件是$|\boldsymbol{A}|=0$.

定理 5.1.2 设λ是n阶方阵$\boldsymbol{A}$的特征值，$\boldsymbol{\xi}$是$\boldsymbol{A}$对应于特征值λ的特征向量，则

(1) 对于任意常数k，$k\lambda$是方阵$k\boldsymbol{A}$的特征值，且$\boldsymbol{\xi}$仍是方阵$k\boldsymbol{A}$的特征向量.

(2) 对于任意正整数m，λ^m是方阵$\boldsymbol{A}^m$的特征值，且$\boldsymbol{\xi}$仍是$\boldsymbol{A}^m$的特征向量.

(3) 若方阵$\boldsymbol{A}$可逆，则$\lambda\neq 0$，λ^{-1}是方阵$\boldsymbol{A}^{-1}$的特征值，$\lambda^{-1}|\boldsymbol{A}|$是方阵$\boldsymbol{A}$的伴随矩阵$\boldsymbol{A}^*$的特征值，且$\boldsymbol{\xi}$仍是方阵$\boldsymbol{A}^{-1}$、$\boldsymbol{A}^*$分别对应于特征值$\lambda^{-1}$、$\lambda^{-1}|\boldsymbol{A}|$的特征向量.

(4) 方阵$\boldsymbol{A}$与$\boldsymbol{A}^{\mathrm{T}}$具有相同的特征多项式，因而具有相同的特征值.

证明 (1) 由特征值与特征向量的定义可知，$\boldsymbol{A\xi}=\lambda\boldsymbol{\xi}$，两边同乘常数$k$得$(k\boldsymbol{A})\boldsymbol{\xi}=(k\lambda)\boldsymbol{\xi}$，所以$k\lambda$是方阵$k\boldsymbol{A}$的特征值，且$\boldsymbol{\xi}$仍是方阵$k\boldsymbol{A}$对应于$k\lambda$的特征向量.

(2) 对$\boldsymbol{A\xi}=\lambda\boldsymbol{\xi}$两边同时左乘$\boldsymbol{A}$可得$\boldsymbol{A}^2\boldsymbol{\xi}=\lambda\boldsymbol{A\xi}=\lambda^2\boldsymbol{\xi}$，所以$\lambda^2$是方阵$\boldsymbol{A}^2$的特征值，且$\boldsymbol{\xi}$仍是$\boldsymbol{A}^2$对应于$\lambda^2$的特征向量．以此类推，即可知$\lambda^m$是方阵$\boldsymbol{A}^m$的特征值，且$\boldsymbol{\xi}$仍是$\boldsymbol{A}^m$对应于$\lambda^m$的特征向量.

(3) 设$\boldsymbol{A}$可逆，对$\boldsymbol{A\xi}=\lambda\boldsymbol{\xi}$两边左乘$\boldsymbol{A}^{-1}$，得$\boldsymbol{A}^{-1}\boldsymbol{A\xi}=\lambda\boldsymbol{A}^{-1}\boldsymbol{\xi}$，即$\boldsymbol{\xi}=\lambda\boldsymbol{A}^{-1}\boldsymbol{\xi}$．而$\boldsymbol{\xi}\neq\boldsymbol{0}$，故$\lambda\neq 0$，且$\boldsymbol{A}^{-1}\boldsymbol{\xi}=\dfrac{1}{\lambda}\boldsymbol{\xi}$，所以$\boldsymbol{\xi}$也是方阵$\boldsymbol{A}^{-1}$对应于特征值$\lambda^{-1}$的特征向量.

用方阵$\boldsymbol{A}^*$左乘$\boldsymbol{A\xi}=\lambda\boldsymbol{\xi}$得$\boldsymbol{A}^*\boldsymbol{A\xi}=\lambda\boldsymbol{A}^*\boldsymbol{\xi}$，即$|\boldsymbol{A}|\boldsymbol{E\xi}=|\boldsymbol{A}|\boldsymbol{\xi}=\lambda\boldsymbol{A}^*\boldsymbol{\xi}$，所以$\boldsymbol{A}^*\boldsymbol{\xi}=\dfrac{1}{\lambda}|\boldsymbol{A}|\boldsymbol{\xi}$，即$\boldsymbol{\xi}$也是方阵$\boldsymbol{A}^*$对应于特征值$\lambda^{-1}|\boldsymbol{A}|$的特征向量.

(4) $|\boldsymbol{A}-\lambda\boldsymbol{E}|=|\boldsymbol{A}-\lambda\boldsymbol{E}|^{\mathrm{T}}=|(\boldsymbol{A}-\lambda\boldsymbol{E})^{\mathrm{T}}|=|\boldsymbol{A}^{\mathrm{T}}-\lambda\boldsymbol{E}|$，即证得方阵$\boldsymbol{A}$与$\boldsymbol{A}^{\mathrm{T}}$具有相同的特征多项式.

定义 5.1.2 给定m次多项式$\varphi(x)=a_0+a_1x+a_2x^2+\cdots+a_mx^m$，对于方阵$\boldsymbol{A}$，记矩阵多项式$\varphi(\boldsymbol{A})=a_0\boldsymbol{A}+a_1\boldsymbol{A}+a_2\boldsymbol{A}^2+\cdots+a_m\boldsymbol{A}^m$，并称$\varphi(\boldsymbol{A})$为方阵$\boldsymbol{A}$的$m$次多项式.

由定理5.1.2得，$\varphi(\lambda)=a_0+a_1\lambda+a_2\lambda^2+\cdots+a_m\lambda^m$是$\varphi(\boldsymbol{A})$的特征值.

【例 5.1.4】 设三阶方阵$\boldsymbol{A}$的特征值为1，2，-3，求$|\boldsymbol{A}^3-3\boldsymbol{A}+\boldsymbol{E}|$.

解 设$\varphi(x)=x^3-3x+1$，则$\varphi(\boldsymbol{A})=\boldsymbol{A}^3-3\boldsymbol{A}+\boldsymbol{E}$，故$\varphi(\boldsymbol{A})$的特征值为$\varphi(1)=-1$，$\varphi(2)=3$，$\varphi(-3)=-17$．又由定理5.1.1知，$|\boldsymbol{A}^3-3\boldsymbol{A}+\boldsymbol{E}|=(-1)\times 3\times(-17)=51$.

定理 5.1.3 设λ_1，λ_2，…，λ_m是方阵$\boldsymbol{A}$的m个互不相等的特征值，$\boldsymbol{\xi}_1$，$\boldsymbol{\xi}_2$，…，$\boldsymbol{\xi}_m$是与之对应的特征向量，则$\boldsymbol{\xi}_1$，$\boldsymbol{\xi}_2$，…，$\boldsymbol{\xi}_m$线性无关.

证明　设有常数 $x_1, x_2, \cdots, x_m$ 使

$$x_1\boldsymbol{\xi}_1+x_2\boldsymbol{\xi}_2+\cdots+x_m\boldsymbol{\xi}_m=\mathbf{0},$$

则两边同时左乘 $\boldsymbol{A}$ 可得

$$\boldsymbol{A}(x_1\boldsymbol{\xi}_1+x_2\boldsymbol{\xi}_2+\cdots+x_m\boldsymbol{\xi}_m)=\mathbf{0},$$

即

$$\lambda_1x_1\boldsymbol{\xi}_1+\lambda_2x_2\boldsymbol{\xi}_2+\cdots+\lambda_mx_m\boldsymbol{\xi}_m=\mathbf{0},$$

以此类推，有

$$\lambda_1^kx_1\boldsymbol{\xi}_1+\lambda_2^kx_2\boldsymbol{\xi}_2+\cdots+\lambda_m^kx_m\boldsymbol{\xi}_m=\mathbf{0}\quad(k=1, 2, \cdots, m-1).$$

把上列各式合写成矩阵形式，得

$$(x_1\boldsymbol{\xi}_1, x_2\boldsymbol{\xi}_2, \cdots, x_m\boldsymbol{\xi}_m)\begin{pmatrix}1 & \lambda_1 & \cdots & \lambda_1^{m-1}\\ 1 & \lambda_2 & \cdots & \lambda_2^{m-1}\\ \vdots & \vdots & & \vdots\\ 1 & \lambda_m & \cdots & \lambda_m^{m-1}\end{pmatrix}=(\mathbf{0}, \mathbf{0}, \cdots, \mathbf{0}).$$

上式等号左端第二个矩阵的行列式为范德蒙德行列式，当 λ_i 各不相等时该行列式不等于 0，从而该矩阵可逆. 两边同时右乘该矩阵的逆矩阵，便有

$$(x_1\boldsymbol{\xi}_1, x_2\boldsymbol{\xi}_2, \cdots, x_m\boldsymbol{\xi}_m)=(\mathbf{0}, \mathbf{0}, \cdots, \mathbf{0}),$$

即 $x_j\boldsymbol{\xi}_j=\mathbf{0}(j=1, 2, \cdots, m)$，但 $\boldsymbol{\xi}_j\neq\mathbf{0}$，故 $x_j=0(j=1, 2, \cdots, m)$.

所以向量组 $\boldsymbol{\xi}_1, \boldsymbol{\xi}_2, \cdots, \boldsymbol{\xi}_m$ 线性无关.

定理 5.1.3 给出了方阵 $\boldsymbol{A}$ 的每个不同的特征值仅对应 1 个特征向量的情形，它可以进一步推广为：若方阵 $\boldsymbol{A}$ 的每个互不相等的特征值对应若干个线性无关的特征向量，则这些不同的特征值对应的特征向量之间依然线性无关.

5.2　相似对角化

对角矩阵是最简单的矩阵之一，在实际应用中，经常遇到的问题是 n 阶方阵 $\boldsymbol{A}$ 能否对角化.

5.2.1　相似矩阵

定义 5.2.1　设 $\boldsymbol{A}$、$\boldsymbol{B}$ 都是 n 阶方阵，如果存在 n 阶可逆矩阵 $\boldsymbol{P}$，使得

$$\boldsymbol{P}^{-1}\boldsymbol{AP}=\boldsymbol{B},$$

则称矩阵 $\boldsymbol{A}$ 与 $\boldsymbol{B}$ 相似. 运算 $\boldsymbol{P}^{-1}\boldsymbol{AP}$ 称为对 $\boldsymbol{A}$ 进行相似变换，$\boldsymbol{P}$ 称为相似变换矩阵.

显然，相似是一种特殊的矩阵等价关系.

相似矩阵具有以下性质：

性质 5.2.1　如果 n 阶方阵 $\boldsymbol{A}$ 与 $\boldsymbol{B}$ 相似，则 $|\boldsymbol{A}|=|\boldsymbol{B}|$.

证明　设 $\boldsymbol{A}$ 与 $\boldsymbol{B}$ 相似，即存在可逆矩阵 $\boldsymbol{P}$，使得 $\boldsymbol{P}^{-1}\boldsymbol{AP}=\boldsymbol{B}$，于是

$$|\boldsymbol{B}|=|\boldsymbol{P}^{-1}\boldsymbol{AP}|=|\boldsymbol{P}^{-1}||\boldsymbol{A}||\boldsymbol{P}|=|\boldsymbol{A}|.$$

性质 5.2.2　如果 n 阶方阵 $\boldsymbol{A}$ 与 $\boldsymbol{B}$ 相似，则 $\boldsymbol{A}$ 与 $\boldsymbol{B}$ 具有相同的特征多项式，从而 $\boldsymbol{A}$ 与

$\boldsymbol{B}$ 具有相同的特征值.

证明 设 $\boldsymbol{A}$ 与 $\boldsymbol{B}$ 相似，即存在可逆矩阵 $\boldsymbol{P}$，使 $\boldsymbol{P}^{-1}\boldsymbol{AP}=\boldsymbol{B}$，于是

$$\begin{aligned}|\boldsymbol{B}-\lambda\boldsymbol{E}|&=|\boldsymbol{P}^{-1}\boldsymbol{AP}-\lambda\boldsymbol{P}^{-1}\boldsymbol{EP}|\\&=|\boldsymbol{P}^{-1}(\boldsymbol{A}-\lambda\boldsymbol{E})\boldsymbol{P}|\\&=|\boldsymbol{P}^{-1}||\boldsymbol{A}-\lambda\boldsymbol{E}||\boldsymbol{P}|\\&=|\boldsymbol{A}-\lambda\boldsymbol{E}|.\end{aligned}$$

需要指出的是，反之不成立，即方阵的特征值相同，它们并不一定相似. 例如，二阶方阵 $\boldsymbol{A}=\begin{pmatrix}1&2\\0&1\end{pmatrix}$ 与 $\boldsymbol{E}=\begin{pmatrix}1&0\\0&1\end{pmatrix}$，它们的特征值相同，但不存在可逆矩阵 $\boldsymbol{P}$，使 $\boldsymbol{P}^{-1}\boldsymbol{EP}=\boldsymbol{A}$.

推论 如果 n 阶方阵 $\boldsymbol{A}$ 与对角阵

$$\boldsymbol{\Lambda}=\begin{pmatrix}\lambda_1&&&\\&\lambda_2&&\\&&\ddots&\\&&&\lambda_n\end{pmatrix}$$

相似，则 $\lambda_1,\lambda_2,\cdots,\lambda_n$ 就是 $\boldsymbol{A}$ 的 n 个特征值.

证明 因 $\lambda_1,\lambda_2,\cdots,\lambda_n$ 就是对角阵 $\boldsymbol{\Lambda}$ 的 n 个特征值，且 $\boldsymbol{A}$ 与 $\boldsymbol{\Lambda}$ 相似，由性质 5.2.2 知，$\boldsymbol{A}$ 与 $\boldsymbol{\Lambda}$ 具有相同的特征值，而 $\boldsymbol{\Lambda}$ 的特征值为 $\lambda_1,\lambda_2,\cdots,\lambda_n$，故 $\lambda_1,\lambda_2,\cdots,\lambda_n$ 也是 $\boldsymbol{A}$ 的 n 个特征值.

5.2.2 相似对角化的条件

对任意两个 n 阶方阵 $\boldsymbol{A}$ 与 $\boldsymbol{B}$，要判定它们是否相似，就是要求可逆矩阵 $\boldsymbol{P}$，使 $\boldsymbol{P}^{-1}\boldsymbol{AP}=\boldsymbol{B}$. 要想求可逆矩阵 $\boldsymbol{P}$，一般没有确定的方法可循. 在实际应用中，经常遇到的是 n 阶方阵 $\boldsymbol{A}$ 与对角阵 $\boldsymbol{\Lambda}$ 相似的问题，即寻求可逆矩阵 $\boldsymbol{P}$，使 $\boldsymbol{P}^{-1}\boldsymbol{AP}=\boldsymbol{\Lambda}$，这个问题称为方阵 $\boldsymbol{A}$ 的对角化问题.

定理 5.2.1 n 阶方阵 $\boldsymbol{A}$ 与对角矩阵相似(即 $\boldsymbol{A}$ 能对角化)的充分必要条件是 $\boldsymbol{A}$ 有 n 个线性无关的特征向量.

证明 必要性：

假设 $\boldsymbol{A}$ 与对角阵 $\boldsymbol{\Lambda}$ 相似，即能找到可逆矩阵 $\boldsymbol{P}$，使 $\boldsymbol{P}^{-1}\boldsymbol{AP}=\boldsymbol{\Lambda}$.

设 $\boldsymbol{P}=(\boldsymbol{p}_1,\boldsymbol{p}_2,\cdots,\boldsymbol{p}_n)$，因为 $\boldsymbol{P}$ 是可逆矩阵，所以 $\boldsymbol{P}$ 的 n 个列向量 $\boldsymbol{p}_1,\boldsymbol{p}_2,\cdots,\boldsymbol{p}_n$ 线性无关，从而 $\boldsymbol{p}_i\neq\boldsymbol{0}$ $(i=1,2,\cdots,n)$. 由 $\boldsymbol{P}^{-1}\boldsymbol{AP}=\boldsymbol{\Lambda}$，得 $\boldsymbol{AP}=\boldsymbol{P\Lambda}$，即

$$\boldsymbol{A}(\boldsymbol{p}_1,\boldsymbol{p}_2,\cdots,\boldsymbol{p}_n)=(\boldsymbol{p}_1,\boldsymbol{p}_2,\cdots,\boldsymbol{p}_n)\begin{pmatrix}\lambda_1&&&\\&\lambda_2&&\\&&\ddots&\\&&&\lambda_n\end{pmatrix}=(\lambda_1\boldsymbol{p}_1,\lambda_2\boldsymbol{p}_2,\cdots,\lambda_n\boldsymbol{p}_n),$$

于是 $\boldsymbol{Ap}_i=\lambda_i\boldsymbol{p}_i(i=1,2,\cdots,n)$.

由 $\boldsymbol{p}_i\neq\boldsymbol{0}$ 知，对角阵对角线上的 n 个元素 $\lambda_1,\lambda_2,\cdots,\lambda_n$ 是 $\boldsymbol{A}$ 的 n 个特征值，而且可逆矩阵 $\boldsymbol{P}$ 的 n 个列向量 $\boldsymbol{p}_1,\boldsymbol{p}_2,\cdots,\boldsymbol{p}_n$ 分别是 $\boldsymbol{A}$ 对应于特征值 $\lambda_1,\lambda_2,\cdots,\lambda_n$ 的 n 个线性无关的特征向量.

充分性：

如果 n 阶方阵 $\boldsymbol{A}$ 有 n 个线性无关的特征向量，则这 n 个特征向量即可构成矩阵 $\boldsymbol{P}$，使得 $\boldsymbol{AP}=\boldsymbol{P\Lambda}$，进而得 $\boldsymbol{P}^{-1}\boldsymbol{AP}=\boldsymbol{\Lambda}$，因此 $\boldsymbol{A}$ 与对角阵 $\boldsymbol{\Lambda}$ 相似.

需要注意的是，特征向量不是唯一的，所以矩阵 $\boldsymbol{P}$ 也不是唯一的，并且 $\boldsymbol{P}$ 可能是复矩阵.

推论　如果 n 阶方阵 $\boldsymbol{A}$ 的 n 个特征值互不相等，则 $\boldsymbol{A}$ 与对角矩阵相似.

当 $\boldsymbol{A}$ 的特征值有重根时，不一定有 n 个线性无关的特征向量，从而不一定能对角化.

【例 5.2.1】　讨论下列三阶方阵能否对角化，若可对角化，求 $\boldsymbol{A}^6$.

$$(1)\ \boldsymbol{A}=\begin{pmatrix}1&2&2\\2&1&2\\2&2&1\end{pmatrix};\qquad(2)\ \boldsymbol{A}=\begin{pmatrix}-1&1&0\\-4&3&0\\1&0&2\end{pmatrix}.$$

解　(1) 由例 5.1.2 知，对应于特征值 $\lambda_1=5$ 的一个特征向量为 $\boldsymbol{\xi}_1=(1,1,1)^{\mathrm{T}}$，而对应于 $\lambda_2=\lambda_3=-1$ 的 2 个线性无关的特征向量分别为 $\boldsymbol{\xi}_2=(-1,1,0)^{\mathrm{T}}$，$\boldsymbol{\xi}_3=(-1,0,1)^{\mathrm{T}}$，根据特征值和特征向量的性质可知，$\boldsymbol{\xi}_1$，$\boldsymbol{\xi}_2$，$\boldsymbol{\xi}_3$ 线性无关，故 $\boldsymbol{A}$ 可对角化.

取 $\boldsymbol{P}=(\boldsymbol{\xi}_1,\boldsymbol{\xi}_2,\boldsymbol{\xi}_3)=\begin{pmatrix}1&-1&-1\\1&1&0\\1&0&1\end{pmatrix}$，则 $\boldsymbol{P}^{-1}=\dfrac{1}{3}\begin{pmatrix}1&1&1\\-1&2&-1\\-1&-1&2\end{pmatrix}$，从而有 $\boldsymbol{P}^{-1}\boldsymbol{AP}=\begin{pmatrix}5&0&0\\0&-1&0\\0&0&-1\end{pmatrix}=\boldsymbol{\Lambda}$，故

$$\begin{aligned}\boldsymbol{A}^6&=(\boldsymbol{P\Lambda P}^{-1})^6=\boldsymbol{P\Lambda}^6\boldsymbol{P}^{-1}\\&=\begin{pmatrix}1&-1&-1\\1&1&0\\1&0&1\end{pmatrix}\begin{pmatrix}5^6&0&0\\0&(-1)^6&0\\0&0&(-1)^6\end{pmatrix}\frac{1}{3}\begin{pmatrix}1&1&1\\-1&2&-1\\-1&-1&2\end{pmatrix}\\&=\frac{1}{3}\begin{pmatrix}5^6+2&5^6-1&5^6-1\\5^6-1&5^6+2&5^6-1\\5^6-1&5^6-1&5^6+2\end{pmatrix}\\&=\begin{pmatrix}5209&5208&5208\\5208&5209&5208\\5208&5208&5209\end{pmatrix}.\end{aligned}$$

(2) 由例 5.1.3 知，$\boldsymbol{A}$ 的特征值分别为 2 和 1，且每个特征值只能找到一个线性无关的特征向量，即对于 $\boldsymbol{A}$ 而言，无法找到 3 个线性无关的特征向量，故 $\boldsymbol{A}$ 不可对角化.

5.3　实对称矩阵的相似矩阵

由前面可以看到，并不是每个方阵都能与对角阵相似，但对于实对称矩阵来说，它不但可以相似于对角矩阵，还可以通过正交变换相似于对角矩阵.

5.3.1 正交向量组与正交矩阵

定义 5.3.1 设有 n 维向量 $\boldsymbol{\alpha}=(a_1, a_2, \cdots, a_n)^{\mathrm{T}}$，$\boldsymbol{\beta}=(b_1, b_2, \cdots, b_n)^{\mathrm{T}}$，称运算

$$[\boldsymbol{\alpha}, \boldsymbol{\beta}]=a_1b_1+a_2b_2+\cdots+a_nb_n=\boldsymbol{\alpha}^{\mathrm{T}}\boldsymbol{\beta} \tag{5.3.1}$$

为向量 $\boldsymbol{\alpha}$ 与 $\boldsymbol{\beta}$ 的内积.

由定义 5.3.1 可以看出，内积具有如下性质：

设 $\boldsymbol{\alpha}$，$\boldsymbol{\beta}$，$\boldsymbol{\gamma}$ 都是 n 维向量，k 为实数，则

(1) $[\boldsymbol{\alpha}, \boldsymbol{\beta}]=[\boldsymbol{\beta}, \boldsymbol{\alpha}]$；

(2) $[k\boldsymbol{\alpha}, \boldsymbol{\beta}]=k[\boldsymbol{\alpha}, \boldsymbol{\beta}]$；

(3) $[\boldsymbol{\alpha}+\boldsymbol{\beta}, \boldsymbol{\gamma}]=[\boldsymbol{\alpha}, \boldsymbol{\gamma}]+[\boldsymbol{\beta}, \boldsymbol{\gamma}]$；

(4) $[\boldsymbol{\alpha}, \boldsymbol{\alpha}]\geqslant 0$，当且仅当 $\boldsymbol{\alpha}=\mathbf{0}$，$[\boldsymbol{\alpha}, \boldsymbol{\alpha}]=0$.

n 维向量的内积是解析几何中数量积的一种推广，相似地，可以定义向量的长度和夹角. 称

$$\|\boldsymbol{\alpha}\|=\sqrt{[\boldsymbol{\alpha}, \boldsymbol{\alpha}]}=\sqrt{a_1^2+a_2^2+\cdots+a_n^2} \tag{5.3.2}$$

为向量 $\boldsymbol{\alpha}$ 的长度(或范数). 长度为 1 的向量称为单位向量.

称

$$\theta=\arccos\frac{[\boldsymbol{\alpha}, \boldsymbol{\beta}]}{\|\boldsymbol{\alpha}\|\,\|\boldsymbol{\beta}\|} \tag{5.3.3}$$

为两个非零向量 $\boldsymbol{\alpha}$ 和 $\boldsymbol{\beta}$ 的夹角.

定义 5.3.2 当两非零向量的内积 $[\boldsymbol{\alpha}, \boldsymbol{\beta}]=0$ 时，称这两个向量正交. 一组两两正交的非零向量组称为正交向量组.

定理 5.3.1 正交向量组必是线性无关向量组.

证明 设 $\boldsymbol{\alpha}_1$，$\boldsymbol{\alpha}_2$，…，$\boldsymbol{\alpha}_m$ 是正交向量组，且存在实数 k_1，k_2，…，k_m，使

$$k_1\boldsymbol{\alpha}_1+k_2\boldsymbol{\alpha}_2+\cdots+k_m\boldsymbol{\alpha}_m=\mathbf{0}.$$

由正交向量组的定义，当 $i\neq j$ 时，$[\boldsymbol{\alpha}_i, \boldsymbol{\alpha}_j]=0$，以 $\boldsymbol{\alpha}_i^{\mathrm{T}}(i=1, 2, \cdots, m)$左乘上式两端，得

$$k_i\boldsymbol{\alpha}_i^{\mathrm{T}}\boldsymbol{\alpha}_i=0,$$

由于 $\boldsymbol{\alpha}_i\neq\mathbf{0}$，故 $\boldsymbol{\alpha}_i^{\mathrm{T}}\boldsymbol{\alpha}_i=\|\boldsymbol{\alpha}_i\|^2\neq 0$，从而必有 $k_i=0(i=1, 2, \cdots, m)$，于是 $\boldsymbol{\alpha}_1$，$\boldsymbol{\alpha}_2$，…，$\boldsymbol{\alpha}_m$ 线性无关.

该定理表明，正交向量组是线性无关向量组. 但线性无关向量组却不一定是正交向量组. 例如，$\boldsymbol{\alpha}_1=(1, 0, 0)^{\mathrm{T}}$，$\boldsymbol{\alpha}_2=(1, 1, 0)^{\mathrm{T}}$，$\boldsymbol{\alpha}_3=(1, 1, 1)^{\mathrm{T}}$ 是线性无关向量组，但由于 $[\boldsymbol{\alpha}_1, \boldsymbol{\alpha}_2]=1\neq 0$，因此，它不是正交向量组.

在实际应用中，我们常采用正交向量组作为向量空间 V 的基，称为向量空间 V 的正交基，而且若都是单位向量，则称为向量空间 V 的一个规范正交基(或标准正交基). 例如，n 个两两正交的 n 维非零向量组

$$\boldsymbol{\varepsilon}_1=\begin{pmatrix}1\\0\\\vdots\\0\end{pmatrix}, \boldsymbol{\varepsilon}_2=\begin{pmatrix}0\\1\\\vdots\\0\end{pmatrix}, \cdots, \boldsymbol{\varepsilon}_n=\begin{pmatrix}0\\0\\\vdots\\1\end{pmatrix}$$

可构成向量空间 $\mathbf{R}^n$ 的一个规范正交基.

对任意一个线性无关的 n 维向量组，我们总可以找到一个与其等价的正交向量组，这个过程称为施密特正交化，具体方法如下：

设 $\boldsymbol{\alpha}_1, \boldsymbol{\alpha}_2, \cdots, \boldsymbol{\alpha}_r$ 是线性无关向量组. 先取 $\boldsymbol{\beta}_1=\boldsymbol{\alpha}_1$，令 $\boldsymbol{\beta}_2=\boldsymbol{\alpha}_2+k\boldsymbol{\beta}_1$（$k$ 待定），使 $\boldsymbol{\beta}_2$ 与 $\boldsymbol{\beta}_1$ 正交，即有

$$[\boldsymbol{\beta}_2, \boldsymbol{\beta}_1]=[\boldsymbol{\alpha}_2+k\boldsymbol{\beta}_1, \boldsymbol{\beta}_1]=[\boldsymbol{\alpha}_2, \boldsymbol{\beta}_1]+k[\boldsymbol{\beta}_1, \boldsymbol{\beta}_1]=0$$

于是得 $k=-\dfrac{[\boldsymbol{\alpha}_2, \boldsymbol{\beta}_1]}{[\boldsymbol{\beta}_1, \boldsymbol{\beta}_1]}$，从而得 $\boldsymbol{\beta}_2=\boldsymbol{\alpha}_2-\dfrac{[\boldsymbol{\alpha}_2, \boldsymbol{\beta}_1]}{[\boldsymbol{\beta}_1, \boldsymbol{\beta}_1]}\boldsymbol{\beta}_1$，这样得到两个向量 $\boldsymbol{\beta}_1$，$\boldsymbol{\beta}_2$，有 $[\boldsymbol{\beta}_1, \boldsymbol{\beta}_2]=0$，即 $\boldsymbol{\beta}_1$，$\boldsymbol{\beta}_2$ 正交.

再令 $\boldsymbol{\beta}_3=\boldsymbol{\alpha}_3+k_1\boldsymbol{\beta}_1+k_2\boldsymbol{\beta}_2$（$k_1$，$k_2$ 待定），使 $\boldsymbol{\beta}_3$ 与 $\boldsymbol{\beta}_1$，$\boldsymbol{\beta}_2$ 彼此正交，满足$[\boldsymbol{\beta}_1, \boldsymbol{\beta}_3]=0$，$[\boldsymbol{\beta}_2, \boldsymbol{\beta}_3]=0$，即有

$$[\boldsymbol{\beta}_3, \boldsymbol{\beta}_1]=[\boldsymbol{\alpha}_3, \boldsymbol{\beta}_1]+k_1[\boldsymbol{\beta}_1, \boldsymbol{\beta}_1]=0,$$

以及

$$[\boldsymbol{\beta}_3, \boldsymbol{\beta}_2]=[\boldsymbol{\alpha}_3, \boldsymbol{\beta}_2]+k_2[\boldsymbol{\beta}_2, \boldsymbol{\beta}_2]=0,$$

于是得

$$k_1=-\frac{[\boldsymbol{\alpha}_3, \boldsymbol{\beta}_1]}{[\boldsymbol{\beta}_1, \boldsymbol{\beta}_1]}, \quad k_2=-\frac{[\boldsymbol{\alpha}_3, \boldsymbol{\beta}_2]}{[\boldsymbol{\beta}_2, \boldsymbol{\beta}_2]},$$

所以

$$\boldsymbol{\beta}_3=\boldsymbol{\alpha}_3-\frac{[\boldsymbol{\alpha}_3, \boldsymbol{\beta}_1]}{[\boldsymbol{\beta}_1, \boldsymbol{\beta}_1]}\boldsymbol{\beta}_1-\frac{[\boldsymbol{\alpha}_3, \boldsymbol{\beta}_2]}{[\boldsymbol{\beta}_2, \boldsymbol{\beta}_2]}\boldsymbol{\beta}_2.$$

这样求得的三个向量 $\boldsymbol{\beta}_1$，$\boldsymbol{\beta}_2$，$\boldsymbol{\beta}_3$ 彼此两两正交.

以此类推，一般有

$$\boldsymbol{\beta}_j=\boldsymbol{\alpha}_j-\frac{[\boldsymbol{\alpha}_j, \boldsymbol{\beta}_1]}{[\boldsymbol{\beta}_1, \boldsymbol{\beta}_1]}\boldsymbol{\beta}_1-\frac{[\boldsymbol{\alpha}_j, \boldsymbol{\beta}_2]}{[\boldsymbol{\beta}_2, \boldsymbol{\beta}_2]}\boldsymbol{\beta}_2-\cdots-\frac{[\boldsymbol{\alpha}_j, \boldsymbol{\beta}_{j-1}]}{[\boldsymbol{\beta}_{j-1}, \boldsymbol{\beta}_{j-1}]}\boldsymbol{\beta}_{j-1} \quad (j=2,3,\cdots,r),$$

可以证明，这样得到的正交向量组 $\boldsymbol{\beta}_1, \boldsymbol{\beta}_2, \cdots, \boldsymbol{\beta}_r$ 与向量组 $\boldsymbol{\alpha}_1, \boldsymbol{\alpha}_2, \cdots, \boldsymbol{\alpha}_r$ 等价.

如果再要求与 $\boldsymbol{\alpha}_1, \boldsymbol{\alpha}_2, \cdots, \boldsymbol{\alpha}_r$ 等价的单位正交向量组，则只需取

$$\boldsymbol{e}_1=\frac{\boldsymbol{\beta}_1}{\|\boldsymbol{\beta}_1\|}, \boldsymbol{e}_2=\frac{\boldsymbol{\beta}_2}{\|\boldsymbol{\beta}_2\|}, \cdots, \boldsymbol{e}_r=\frac{\boldsymbol{\beta}_r}{\|\boldsymbol{\beta}_r\|}.$$

【例 5.3.1】 试用施密特正交化过程，求与线性无关向量组

$$\boldsymbol{\alpha}_1=\begin{pmatrix}1\\0\\0\end{pmatrix}, \boldsymbol{\alpha}_2=\begin{pmatrix}1\\1\\0\end{pmatrix}, \boldsymbol{\alpha}_3=\begin{pmatrix}1\\1\\1\end{pmatrix}$$

等价的单位正交向量组.

解　取

$$\boldsymbol{\beta}_1=\boldsymbol{\alpha}_1=\begin{pmatrix}1\\0\\0\end{pmatrix},$$

$$\boldsymbol{\beta}_2=\boldsymbol{\alpha}_2-\frac{[\boldsymbol{\alpha}_2, \boldsymbol{\beta}_1]}{[\boldsymbol{\beta}_1, \boldsymbol{\beta}_1]}\boldsymbol{\beta}_1=\begin{pmatrix}1\\1\\0\end{pmatrix}-\frac{1}{1}\begin{pmatrix}1\\0\\0\end{pmatrix}=\begin{pmatrix}0\\1\\0\end{pmatrix},$$

$$\boldsymbol{\beta}_3=\boldsymbol{\alpha}_3-\frac{[\boldsymbol{\alpha}_3,\boldsymbol{\beta}_1]}{[\boldsymbol{\beta}_1,\boldsymbol{\beta}_1]}\boldsymbol{\beta}_1-\frac{[\boldsymbol{\alpha}_3,\boldsymbol{\beta}_2]}{[\boldsymbol{\beta}_2,\boldsymbol{\beta}_2]}\boldsymbol{\beta}_2=\begin{pmatrix}1\\1\\1\end{pmatrix}-\frac{1}{1}\begin{pmatrix}1\\0\\0\end{pmatrix}-\frac{1}{1}\begin{pmatrix}0\\1\\0\end{pmatrix}=\begin{pmatrix}0\\0\\1\end{pmatrix}.$$

所以，$\boldsymbol{\beta}_1$，$\boldsymbol{\beta}_2$，$\boldsymbol{\beta}_3$ 就是与 $\boldsymbol{\alpha}_1$，$\boldsymbol{\alpha}_2$，$\boldsymbol{\alpha}_3$ 等价的单位正交向量组.

当然，与 $\boldsymbol{\alpha}_1$，$\boldsymbol{\alpha}_2$，$\boldsymbol{\alpha}_3$ 等价的单位正交向量组并不唯一. 由于正交化过程所取的向量次序不同，因此所得结果不同，且计算的难易程度也不同. 下面再解本题，请读者作比较.

令

$$\boldsymbol{\gamma}_1=\boldsymbol{\alpha}_3=\begin{pmatrix}1\\1\\1\end{pmatrix},$$

$$\boldsymbol{\gamma}_2=\boldsymbol{\alpha}_2-\frac{[\boldsymbol{\alpha}_2,\boldsymbol{\gamma}_1]}{[\boldsymbol{\gamma}_1,\boldsymbol{\gamma}_1]}\boldsymbol{\gamma}_1=\begin{pmatrix}1\\1\\0\end{pmatrix}-\frac{2}{3}\begin{pmatrix}1\\1\\1\end{pmatrix}=\begin{pmatrix}\frac{1}{3}\\\frac{1}{3}\\-\frac{2}{3}\end{pmatrix},$$

$$\boldsymbol{\gamma}_3=\boldsymbol{\alpha}_1-\frac{[\boldsymbol{\alpha}_1,\boldsymbol{\gamma}_1]}{[\boldsymbol{\gamma}_1,\boldsymbol{\gamma}_1]}\boldsymbol{\gamma}_1-\frac{[\boldsymbol{\alpha}_1,\boldsymbol{\gamma}_2]}{[\boldsymbol{\gamma}_2,\boldsymbol{\gamma}_2]}\boldsymbol{\gamma}_2=\begin{pmatrix}1\\0\\0\end{pmatrix}-\frac{1}{3}\begin{pmatrix}1\\1\\1\end{pmatrix}-\frac{1}{2}\begin{pmatrix}\frac{1}{3}\\\frac{1}{3}\\-\frac{2}{3}\end{pmatrix}=\begin{pmatrix}\frac{1}{2}\\-\frac{1}{2}\\0\end{pmatrix},$$

然后取

$$\boldsymbol{e}_1=\frac{\boldsymbol{\gamma}_1}{\|\boldsymbol{\gamma}_1\|}=\begin{pmatrix}\frac{1}{\sqrt{3}}\\\frac{1}{\sqrt{3}}\\\frac{1}{\sqrt{3}}\end{pmatrix},\ \boldsymbol{e}_2=\frac{\boldsymbol{\gamma}_2}{\|\boldsymbol{\gamma}_2\|}=\begin{pmatrix}\frac{1}{\sqrt{6}}\\\frac{1}{\sqrt{6}}\\-\frac{2}{\sqrt{6}}\end{pmatrix},\ \boldsymbol{e}_3=\frac{\boldsymbol{\gamma}_3}{\|\boldsymbol{\gamma}_3\|}=\begin{pmatrix}\frac{1}{\sqrt{2}}\\-\frac{1}{\sqrt{2}}\\0\end{pmatrix}.$$

则 $\boldsymbol{e}_1$，$\boldsymbol{e}_2$，$\boldsymbol{e}_3$ 也是与 $\boldsymbol{\alpha}_1$，$\boldsymbol{\alpha}_2$，$\boldsymbol{\alpha}_3$ 等价的单位正交向量组.

定义 5.3.3 如果 n 阶方阵 $\boldsymbol{A}$ 满足 $\boldsymbol{A}^{\mathrm{T}}\boldsymbol{A}=\boldsymbol{E}$，即 $\boldsymbol{A}^{-1}=\boldsymbol{A}^{\mathrm{T}}$，则称 $\boldsymbol{A}$ 为正交矩阵(简称正交阵).

正交阵具有以下性质：

性质 5.3.1 设 $\boldsymbol{A}$ 是正交阵，则 $|\boldsymbol{A}|=\pm1$.

证明 由 $\boldsymbol{A}^{\mathrm{T}}\boldsymbol{A}=\boldsymbol{E}$ 可得 $|\boldsymbol{A}^{\mathrm{T}}||\boldsymbol{A}|=|\boldsymbol{E}|$，即 $|\boldsymbol{A}|^2=1$，故 $|\boldsymbol{A}|=\pm1$.

性质 5.3.2 设 $\boldsymbol{A}$ 是正交阵，则 $\boldsymbol{A}^{\mathrm{T}}$，$\boldsymbol{A}^{-1}$，$\boldsymbol{A}^*$ 也是正交阵.

证明 由 $\boldsymbol{A}^{\mathrm{T}}\boldsymbol{A}=\boldsymbol{E}$ 可得

$$(\boldsymbol{A}^{\mathrm{T}})^{\mathrm{T}}\boldsymbol{A}^{\mathrm{T}}=\boldsymbol{A}\boldsymbol{A}^{\mathrm{T}}=\boldsymbol{A}\boldsymbol{A}^{-1}=\boldsymbol{E},$$

$$(\boldsymbol{A}^{-1})^{\mathrm{T}}\boldsymbol{A}^{-1}=(\boldsymbol{A}^{\mathrm{T}})^{\mathrm{T}}\boldsymbol{A}^{-1}=\boldsymbol{A}\boldsymbol{A}^{-1}=\boldsymbol{E},$$

$$(\boldsymbol{A}^*)^{\mathrm{T}}\boldsymbol{A}^*=(|\boldsymbol{A}|\boldsymbol{A}^{-1})^{\mathrm{T}}|\boldsymbol{A}|\boldsymbol{A}^{-1}=(|\boldsymbol{A}|\boldsymbol{A}^{\mathrm{T}})^{\mathrm{T}}|\boldsymbol{A}|\boldsymbol{A}^{-1}=|\boldsymbol{A}|^2\boldsymbol{A}\boldsymbol{A}^{-1}=\boldsymbol{E},$$

所以 $\boldsymbol{A}^{\mathrm{T}}$，$\boldsymbol{A}^{-1}$，$\boldsymbol{A}^{*}$ 也是正交阵.

性质 5.3.3　设 $\boldsymbol{A}$，$\boldsymbol{B}$ 都是正交阵，则 $\boldsymbol{AB}$ 也是正交阵.

证明　由 $\boldsymbol{A}^{\mathrm{T}}\boldsymbol{A}=\boldsymbol{E}$，$\boldsymbol{B}^{\mathrm{T}}\boldsymbol{B}=\boldsymbol{E}$ 可得

$$(\boldsymbol{AB})^{\mathrm{T}}\boldsymbol{AB}=\boldsymbol{B}^{\mathrm{T}}\boldsymbol{A}^{\mathrm{T}}\boldsymbol{AB}=\boldsymbol{E},$$

所以 $\boldsymbol{AB}$ 也是正交阵.

性质 5.3.4　$\boldsymbol{A}$ 是正交阵的充分必要条件是 $\boldsymbol{A}$ 的 n 个列(行)向量是单位正交向量组.

证明　设 $\boldsymbol{A}$ 是 n 阶正交阵，记 $\boldsymbol{A}=(\boldsymbol{\alpha}_1, \boldsymbol{\alpha}_2, \cdots, \boldsymbol{\alpha}_n)$，则

$$\boldsymbol{A}^{\mathrm{T}}\boldsymbol{A}=\begin{pmatrix}\boldsymbol{\alpha}_1^{\mathrm{T}}\\ \boldsymbol{\alpha}_2^{\mathrm{T}}\\ \vdots\\ \boldsymbol{\alpha}_n^{\mathrm{T}}\end{pmatrix}(\boldsymbol{\alpha}_1, \boldsymbol{\alpha}_2, \cdots, \boldsymbol{\alpha}_n)=\begin{pmatrix}\boldsymbol{\alpha}_1^{\mathrm{T}}\boldsymbol{\alpha}_1 & \boldsymbol{\alpha}_1^{\mathrm{T}}\boldsymbol{\alpha}_2 & \cdots & \boldsymbol{\alpha}_1^{\mathrm{T}}\boldsymbol{\alpha}_n\\ \boldsymbol{\alpha}_2^{\mathrm{T}}\boldsymbol{\alpha}_1 & \boldsymbol{\alpha}_2^{\mathrm{T}}\boldsymbol{\alpha}_2 & \cdots & \boldsymbol{\alpha}_2^{\mathrm{T}}\boldsymbol{\alpha}_n\\ \vdots & \vdots & & \vdots\\ \boldsymbol{\alpha}_n^{\mathrm{T}}\boldsymbol{\alpha}_1 & \boldsymbol{\alpha}_n^{\mathrm{T}}\boldsymbol{\alpha}_2 & \cdots & \boldsymbol{\alpha}_n^{\mathrm{T}}\boldsymbol{\alpha}_n\end{pmatrix}=\begin{pmatrix}1 & 0 & \cdots & 0\\ 0 & 1 & \cdots & 0\\ \vdots & \vdots & & \vdots\\ 0 & 0 & \cdots & 1\end{pmatrix}.$$

因此，$\boldsymbol{A}$ 的 n 个列向量应满足

$$\boldsymbol{\alpha}_i^{\mathrm{T}}\boldsymbol{\alpha}_j=\begin{cases}1 & (i=j)\\ 0 & (i\neq j)\end{cases}\quad (i, j=1, 2, \cdots, n).$$

即 $\boldsymbol{A}$ 的 n 个列向量是单位正交向量组.

由于上述过程可逆，因此，当 n 个列向量是单位正交向量组时，它们构成的矩阵一定是正交阵.

同理，由性质 5.3.2 可知 $\boldsymbol{A}^{\mathrm{T}}$ 也是正交阵，上述结论对 $\boldsymbol{A}$ 的行向量也成立.

定义 5.3.4　若 $\boldsymbol{P}$ 为正交阵，则线性变换 $\boldsymbol{y}=\boldsymbol{Px}$ 称为正交变换.

不难看出，若 $\boldsymbol{y}=\boldsymbol{Px}$ 为正交变换，则有

$$\|\boldsymbol{y}\|=\sqrt{\boldsymbol{y}^{\mathrm{T}}\boldsymbol{y}}=\sqrt{\boldsymbol{x}^{\mathrm{T}}\boldsymbol{P}^{\mathrm{T}}\boldsymbol{Px}}=\sqrt{\boldsymbol{x}^{\mathrm{T}}\boldsymbol{x}}=\|\boldsymbol{x}\|,$$

$$\arccos\frac{[\boldsymbol{y}_1, \boldsymbol{y}_2]}{\|\boldsymbol{y}_1\|\,\|\boldsymbol{y}_2\|}=\arccos\frac{[\boldsymbol{Px}_1, \boldsymbol{Px}_2]}{\|\boldsymbol{Px}_1\|\,\|\boldsymbol{Px}_2\|}=\arccos\frac{[\boldsymbol{x}_1, \boldsymbol{x}_2]}{\|\boldsymbol{x}_1\|\,\|\boldsymbol{x}_2\|}.$$

这表明正交变换不会改变向量的长度和夹角. 也就是说，对于曲线或曲面而言，做正交变换并不会改变其几何形状，这是正交变换的优良特性.

5.3.2　实对称矩阵的特征值与特征向量

实对称矩阵的特征值和特征向量具有一些特殊的性质.

定理 5.3.2　实对称矩阵的特征值全为实数.

证明　设复数 λ 为实对称矩阵 $\boldsymbol{A}$ 的特征值，复向量 $\boldsymbol{x}$ 为对应的特征向量，即 $\boldsymbol{Ax}=\lambda\boldsymbol{x}$，$\boldsymbol{x}\neq\boldsymbol{0}$. 用 $\bar{\lambda}$ 表示 λ 的共轭复数，$\bar{\boldsymbol{x}}$ 表示 $\boldsymbol{x}$ 的共轭复向量，则

$$\boldsymbol{A}\bar{\boldsymbol{x}}=\bar{\boldsymbol{A}}\bar{\boldsymbol{x}}=\overline{\boldsymbol{Ax}}=\overline{(\lambda\boldsymbol{x})}=\bar{\lambda}\bar{\boldsymbol{x}},$$

于是有

$$\bar{\boldsymbol{x}}^{\mathrm{T}}\boldsymbol{Ax}=\bar{\boldsymbol{x}}^{\mathrm{T}}(\boldsymbol{Ax})=\bar{\boldsymbol{x}}^{\mathrm{T}}\lambda\boldsymbol{x}=\lambda\bar{\boldsymbol{x}}^{\mathrm{T}}\boldsymbol{x},$$

以及

$$\bar{\boldsymbol{x}}^{\mathrm{T}}\boldsymbol{Ax}=(\bar{\boldsymbol{x}}^{\mathrm{T}}\boldsymbol{A}^{\mathrm{T}})\boldsymbol{x}=(\boldsymbol{A}\bar{\boldsymbol{x}})^{\mathrm{T}}\boldsymbol{x}=(\bar{\lambda}\bar{\boldsymbol{x}})^{\mathrm{T}}\boldsymbol{x}=\bar{\lambda}\bar{\boldsymbol{x}}^{\mathrm{T}}\boldsymbol{x},$$

两式相减，得

$$(\lambda-\bar{\lambda})\bar{\boldsymbol{x}}^{\mathrm{T}}\boldsymbol{x}=0.$$

但因 $\boldsymbol{x}\neq\boldsymbol{0}$，从而 $\overline{\boldsymbol{x}}^{\mathrm{T}}\boldsymbol{x}=\sum_{i=1}^{n}\overline{x}_i x_i=\sum_{i=1}^{n}|x_i|^2\neq 0$，所以 $\lambda-\overline{\lambda}=0$，则 $\lambda=\overline{\lambda}$，即 λ 为实数.

当 λ 为实数时，齐次线性方程组 $(\boldsymbol{A}-\lambda\boldsymbol{E})\boldsymbol{x}=\boldsymbol{0}$ 是实系数方程组，由 $|\boldsymbol{A}-\lambda\boldsymbol{E}|=0$ 知，必有实的基础解系，所以对应的特征向量可以取到实向量.

定理 5.3.3 实对称矩阵对应于不同特征值的特征向量正交.

证明 设 $\boldsymbol{A}$ 为对称矩阵，λ_1，λ_2 是 $\boldsymbol{A}$ 的两个不同的特征值($\lambda_1\neq\lambda_2$)，$\boldsymbol{p}_1$，$\boldsymbol{p}_2$ 分别是对应的特征向量. 要证 $\boldsymbol{p}_1$，$\boldsymbol{p}_2$ 正交，只需证 $[\boldsymbol{p}_1, \boldsymbol{p}_2]=\boldsymbol{p}_1^{\mathrm{T}}\boldsymbol{p}_2=0$. 由特征值和特征向量的定义可得

$$\boldsymbol{A}\boldsymbol{p}_1=\lambda_1\boldsymbol{p}_1,\ \boldsymbol{A}\boldsymbol{p}_2=\lambda_2\boldsymbol{p}_2,$$

于是

$$\begin{aligned}\lambda_1\boldsymbol{p}_1^{\mathrm{T}}\boldsymbol{p}_2 &= (\lambda_1\boldsymbol{p}_1)^{\mathrm{T}}\boldsymbol{p}_2=(\boldsymbol{A}\boldsymbol{p}_1)\boldsymbol{p}_2= \boldsymbol{p}_1^{\mathrm{T}}\boldsymbol{A}^{\mathrm{T}}\boldsymbol{p}_2\\ &= \boldsymbol{p}_1^{\mathrm{T}}(\boldsymbol{A}\boldsymbol{p}_2)= \boldsymbol{p}_1^{\mathrm{T}}(\lambda_2\boldsymbol{p}_2)=\lambda_2\boldsymbol{p}_1^{\mathrm{T}}\boldsymbol{p}_2,\end{aligned}$$

移项并提取公因式，得

$$(\lambda_1-\lambda_2)\boldsymbol{p}_1^{\mathrm{T}}\boldsymbol{p}_2=0,$$

因 $\lambda_1\neq\lambda_2$，故只有 $\boldsymbol{p}_1^{\mathrm{T}}\boldsymbol{p}_2=0$，即 $\boldsymbol{p}_1$ 与 $\boldsymbol{p}_2$ 正交.

定理 5.3.4 设 $\boldsymbol{A}$ 是 n 阶实对称矩阵，λ 是 $\boldsymbol{A}$ 的特征方程的 r 重根，那么，齐次线性方程组 $(\boldsymbol{A}-\lambda\boldsymbol{E})\boldsymbol{x}=\boldsymbol{0}$ 的系数矩阵的秩 $R(\boldsymbol{A}-\lambda\boldsymbol{E})=n-r$，从而对应于特征值 λ 的线性无关的特征向量恰有 r 个.

证明略.

定理 5.3.4 表明，n 阶实对称矩阵必然存在着 n 个线性无关的特征向量，所以 n 阶实对称矩阵必然可以相似对角化.

5.3.3 实对称矩阵的对角化

定理 5.3.5 设 $\boldsymbol{A}$ 是 n 阶实对称矩阵，则必存在正交阵 $\boldsymbol{P}$，使得 $\boldsymbol{P}^{-1}\boldsymbol{A}\boldsymbol{P}=\boldsymbol{\Lambda}$，其中 $\boldsymbol{\Lambda}$ 为对角矩阵，且 $\boldsymbol{\Lambda}$ 对角线上的元素是方阵 $\boldsymbol{A}$ 的 n 个特征值.

证明 设 $\boldsymbol{A}$ 的互不相等的特征值为 λ_1，λ_2，…，λ_s，它们的重数分别为 r_1，r_2，…，r_s，且 $r_1+r_2+\cdots+r_s=n$.

由定理 5.3.2 及定理 5.3.4 知，对应特征值 $\lambda_i(i=1, 2, \cdots, s)$ 有 r_i 个线性无关的实特征向量，把它们正交化并单位化，即得 r_i 个单位正交的特征向量. 由 $r_1+r_2+\cdots+r_s=n$ 知，这样的特征向量共有 n 个.

由定理 5.3.3 知，对应于不同特征值的特征向量正交，故这 n 个单位特征向量两两正交. 于是以它们为列向量构成正交矩阵 $\boldsymbol{P}$，并有

$$\boldsymbol{P}^{-1}\boldsymbol{A}\boldsymbol{P}=\boldsymbol{P}^{\mathrm{T}}\boldsymbol{A}\boldsymbol{P}=\boldsymbol{\Lambda},$$

其中，对角矩阵 $\boldsymbol{\Lambda}$ 的对角元素含 r_1 个 λ_1，…，r_s 个 λ_s，恰是 $\boldsymbol{A}$ 的 n 个特征值.

定理 5.3.5 表明，对称矩阵不仅相似于对角矩阵，而且正交相似于对角矩阵. 正交矩阵 $\boldsymbol{P}$ 的具体构造步骤如下：

(1) 求出 $\boldsymbol{A}$ 的全部特征值 λ_1，λ_2，…，λ_s，它们的重数分别为 r_1，r_2，…，r_s，且 $r_1+r_2+\cdots+r_s=n$. 由定理 5.3.2 知，λ_1，λ_2，…，λ_s 全为实数，对应的特征向量全取实向量.

(2) 求出 $\boldsymbol{A}$ 的对应于特征值 $\lambda_i(i=1, 2, \cdots, s)$ 的全部特征向量. 由定理 5.3.4 知，$\boldsymbol{A}$ 对应于 λ_i 的线性无关的特征向量恰有 r_i 个，并且这 r_i 个特征向量就是线性方程组 $(\boldsymbol{A}-\lambda_i\boldsymbol{E})\boldsymbol{x}=\boldsymbol{0}$ 的一个基础解系.

(3) 由定理 5.3.3 知，不同特征值对应的特征向量正交，因此只需分别将对应于 λ_i 的 r_i 个特征向量正交化并单位化，由此得到 $\boldsymbol{A}$ 的 n 个单位正交特征向量.

(4) 将得到的 n 个单位正交特征向量构成矩阵 $\boldsymbol{P}$，则 $\boldsymbol{P}$ 就是正交矩阵，且 $\boldsymbol{P}^{-1}\boldsymbol{AP}=\boldsymbol{P}^{\mathrm{T}}\boldsymbol{AP}=\boldsymbol{\Lambda}$，$\boldsymbol{\Lambda}$ 的对角线上的元素恰是 $\boldsymbol{A}$ 的 n 个特征值.

【例 5.3.2】 求正交矩阵 $\boldsymbol{P}$，将对称矩阵

$$\boldsymbol{A}=\begin{pmatrix}3 & -2 & 0\\ -2 & 2 & -2\\ 0 & -2 & 1\end{pmatrix}$$

化为对角矩阵.

解 (1) 求 $\boldsymbol{A}$ 的特征值，令

$$|\boldsymbol{A}-\lambda\boldsymbol{E}|=\begin{vmatrix}3-\lambda & -2 & 0\\ -2 & 2-\lambda & -2\\ 0 & -2 & 1-\lambda\end{vmatrix}=(1+\lambda)(2-\lambda)(5-\lambda)=0,$$

得特征值 $\lambda_1=-1$，$\lambda_2=2$，$\lambda_3=5$.

(2) 求 $\boldsymbol{A}$ 对应于不同特征值的特征向量.

当 $\lambda_1=-1$ 时，解方程组 $(\boldsymbol{A}+\boldsymbol{E})\boldsymbol{x}=\boldsymbol{0}$，由

$$\boldsymbol{A}+\boldsymbol{E}=\begin{pmatrix}4 & -2 & 0\\ -2 & 3 & -2\\ 0 & -2 & 2\end{pmatrix}\sim\begin{pmatrix}2 & 0 & -1\\ 0 & 1 & -1\\ 0 & 0 & 0\end{pmatrix}$$

得特征向量

$$\boldsymbol{\xi}_1=\begin{pmatrix}1\\ 2\\ 2\end{pmatrix}.$$

当 $\lambda_2=2$ 时，解方程组 $(\boldsymbol{A}-2\boldsymbol{E})\boldsymbol{x}=\boldsymbol{0}$，由

$$\boldsymbol{A}-2\boldsymbol{E}=\begin{pmatrix}1 & -2 & 0\\ -2 & 0 & -2\\ 0 & -2 & -1\end{pmatrix}\sim\begin{pmatrix}1 & 0 & 1\\ 0 & 2 & 1\\ 0 & 0 & 0\end{pmatrix}$$

得特征向量

$$\boldsymbol{\xi}_2=\begin{pmatrix}2\\ 1\\ -2\end{pmatrix}.$$

当 $\lambda_3=5$ 时，解方程组 $(\boldsymbol{A}+5\boldsymbol{E})\boldsymbol{x}=\boldsymbol{0}$，由

$$\boldsymbol{A}+5\boldsymbol{E}=\begin{pmatrix}-2 & -2 & 0\\ -2 & -3 & -2\\ 0 & -2 & -4\end{pmatrix}\sim\begin{pmatrix}1 & 0 & -2\\ 0 & 1 & 2\\ 0 & 0 & 0\end{pmatrix}$$

得特征向量

$$\boldsymbol{\xi}_3=\begin{pmatrix}2\\-2\\1\end{pmatrix}.$$

(3) 将特征向量正交化并单位化.

因 λ_1, λ_2, λ_3 互不相等，由定理 5.3.3 知，$\boldsymbol{\xi}_1$, $\boldsymbol{\xi}_2$, $\boldsymbol{\xi}_3$ 是正交向量组，所以只需单位化，取

$$\boldsymbol{p}_1=\frac{\boldsymbol{\xi}_1}{\|\boldsymbol{\xi}_1\|}=\frac{1}{3}\begin{pmatrix}1\\2\\2\end{pmatrix},\ \boldsymbol{p}_2=\frac{\boldsymbol{\xi}_2}{\|\boldsymbol{\xi}_2\|}=\frac{1}{3}\begin{pmatrix}2\\1\\-2\end{pmatrix},\ \boldsymbol{p}_3=\frac{\boldsymbol{\xi}_3}{\|\boldsymbol{\xi}_3\|}=\frac{1}{3}\begin{pmatrix}2\\-2\\1\end{pmatrix}.$$

(4) 构造正交矩阵

$$\boldsymbol{P}=(\boldsymbol{p}_1,\ \boldsymbol{p}_2,\ \boldsymbol{p}_3)=\frac{1}{3}\begin{pmatrix}1&2&2\\2&1&-2\\2&-2&1\end{pmatrix},$$

则有

$$\boldsymbol{P}^{-1}\boldsymbol{A}\boldsymbol{P}=\boldsymbol{P}^{\mathrm{T}}\boldsymbol{A}\boldsymbol{P}=\begin{pmatrix}-1&0&0\\0&2&0\\0&0&5\end{pmatrix}.$$

【例 5.3.3】 设对称矩阵

$$\boldsymbol{A}=\begin{pmatrix}4&0&0\\0&3&1\\0&1&3\end{pmatrix},$$

求正交矩阵 $\boldsymbol{P}$，使 $\boldsymbol{P}^{-1}\boldsymbol{A}\boldsymbol{P}=\boldsymbol{\Lambda}$ 为对角矩阵.

解 由

$$|\boldsymbol{A}-\lambda\boldsymbol{E}|=\begin{vmatrix}4-\lambda&0&0\\0&3-\lambda&1\\0&1&3-\lambda\end{vmatrix}=(2-\lambda)(4-\lambda)^2=0,$$

得特征值 $\lambda_1=2$, $\lambda_2=\lambda_3=4$.

当 $\lambda_1=2$ 时，解方程组 $(\boldsymbol{A}-2\boldsymbol{E})\boldsymbol{x}=\boldsymbol{0}$，由

$$\boldsymbol{A}-2\boldsymbol{E}=\begin{pmatrix}2&0&0\\0&1&1\\0&1&1\end{pmatrix}\sim\begin{pmatrix}1&0&0\\0&1&1\\0&0&0\end{pmatrix}$$

得特征向量

$$\boldsymbol{\xi}_1=\begin{pmatrix}0\\1\\-1\end{pmatrix},$$

单位化得

$$\boldsymbol{p}_1=\frac{\boldsymbol{\xi}_1}{\|\boldsymbol{\xi}_1\|}=\frac{1}{\sqrt{2}}\begin{pmatrix}0\\1\\-1\end{pmatrix}.$$

当 $\lambda_2=\lambda_3=4$ 时，解方程组 $(\boldsymbol{A}-4\boldsymbol{E})\boldsymbol{x}=\boldsymbol{0}$，由

$$\boldsymbol{A}-4\boldsymbol{E}=\begin{pmatrix}0&0&0\\0&-1&1\\0&1&-1\end{pmatrix}\sim\begin{pmatrix}0&1&-1\\0&0&0\\0&0&0\end{pmatrix}$$

解得基础解系 $\boldsymbol{\xi}_2=\begin{pmatrix}1\\0\\0\end{pmatrix}$，$\boldsymbol{\xi}_3=\begin{pmatrix}0\\1\\1\end{pmatrix}$，$\boldsymbol{\xi}_2$ 与 $\boldsymbol{\xi}_3$ 恰好正交，只需再单位化，取

$$\boldsymbol{p}_2=\frac{\boldsymbol{\xi}_2}{\|\boldsymbol{\xi}_2\|}=\begin{pmatrix}1\\0\\0\end{pmatrix},\ \boldsymbol{p}_3=\frac{\boldsymbol{\xi}_3}{\|\boldsymbol{\xi}_3\|}=\frac{1}{\sqrt{2}}\begin{pmatrix}0\\1\\1\end{pmatrix},$$

那么，$\boldsymbol{p}_2$，$\boldsymbol{p}_3$ 为对应于 $\lambda_2=\lambda_3=4$ 的单位正交特征向量．作正交矩阵

$$\boldsymbol{P}=(\boldsymbol{p}_1,\ \boldsymbol{p}_2,\ \boldsymbol{p}_3)=\frac{1}{\sqrt{2}}\begin{pmatrix}0&\sqrt{2}&0\\1&0&1\\-1&0&1\end{pmatrix},$$

则有

$$\boldsymbol{P}^{-1}\boldsymbol{A}\boldsymbol{P}=\boldsymbol{P}^{\mathrm{T}}\boldsymbol{A}\boldsymbol{P}=\begin{pmatrix}2&0&0\\0&4&0\\0&0&4\end{pmatrix}.$$

值得注意的是，由于基础解系不唯一，所得的正交矩阵 $\boldsymbol{P}$ 也不是唯一的．当考虑 $\lambda_2=\lambda_3=4$ 时，$\boldsymbol{\xi}_2=\begin{pmatrix}1\\1\\1\end{pmatrix}$，$\boldsymbol{\xi}_3=\begin{pmatrix}0\\1\\1\end{pmatrix}$ 也是方程组 $(\boldsymbol{A}-4\boldsymbol{E})\boldsymbol{x}=\boldsymbol{0}$ 的一个基础解系，用正交化方法将其正交化，取

$$\boldsymbol{\eta}_2=\boldsymbol{\xi}_2=\begin{pmatrix}1\\1\\1\end{pmatrix},$$

$$\boldsymbol{\eta}_3=\boldsymbol{\xi}_3-\frac{[\boldsymbol{\xi}_3,\ \boldsymbol{\eta}_2]}{[\boldsymbol{\eta}_2,\ \boldsymbol{\eta}_2]}\boldsymbol{\eta}_2=\begin{pmatrix}0\\1\\1\end{pmatrix}-\frac{2}{3}\begin{pmatrix}1\\1\\1\end{pmatrix}=\frac{1}{3}\begin{pmatrix}-2\\1\\1\end{pmatrix}.$$

再单位化，取

$$\boldsymbol{p}_2=\frac{\boldsymbol{\eta}_2}{\|\boldsymbol{\eta}_2\|}=\frac{1}{\sqrt{3}}\begin{pmatrix}1\\1\\1\end{pmatrix},\ \boldsymbol{p}_3=\frac{\boldsymbol{\eta}_3}{\|\boldsymbol{\eta}_3\|}=\frac{1}{\sqrt{6}}\begin{pmatrix}-2\\1\\1\end{pmatrix},$$

于是得正交矩阵

$$\boldsymbol{P}=(\boldsymbol{p}_1,\ \boldsymbol{p}_2,\ \boldsymbol{p}_3)=\begin{pmatrix}0&\frac{1}{\sqrt{3}}&-\frac{2}{\sqrt{6}}\\\frac{1}{\sqrt{2}}&\frac{1}{\sqrt{3}}&\frac{1}{\sqrt{6}}\\-\frac{1}{\sqrt{2}}&\frac{1}{\sqrt{3}}&\frac{1}{\sqrt{6}}\end{pmatrix},$$

仍有

$$P^{-1}AP=P^{T}AP=\begin{pmatrix}2&0&0\\0&4&0\\0&0&4\end{pmatrix}.$$

5.4 二次型及其标准形

在解析几何中，为了便于研究曲线的类型及性质，常把二次曲线方程化为标准形，即通过线性变换. 把二次齐次多项式化为变量的平方和的形式. 本节讨论 n 个变量的二次齐次多项式的化简问题，主要介绍二次型及其矩阵表示以及化二次型为标准形的方法.

5.4.1 二次型及其矩阵表示

定义 5.4.1 含有 n 个变量 x_1，x_2，…，x_n 的二次齐次多项式

$$\begin{aligned}f(x_1,x_2,\cdots,x_n)=&a_{11}x_1^2+2a_{12}x_1x_2+2a_{13}x_1x_3+\cdots+2a_{1n}x_1x_n+\\&a_{22}x_2^2+2a_{23}x_2x_3+\cdots+2a_{2n}x_2x_n+\cdots+a_{nn}x_n^2\end{aligned}\tag{5.4.1}$$

称为 n 元二次型(简称二次型). 其中，系数 $a_{ij}(i, j=1, 2, \cdots, n)$为实数时，称为实二次型；系数 a_{ij} 为复数时称为复二次型. 本书只讨论实二次型.

对于式(5.4.1)，取 $a_{ij}=a_{ji}$，则 $2a_{ij}x_ix_j=a_{ij}x_ix_j+a_{ji}x_jx_i$，利用矩阵，二次型可表示为

$$\begin{aligned}f=&x_1(a_{11}x_1+a_{12}x_2+\cdots+a_{1n}x_n)+\\&x_2(a_{21}x_1+a_{22}x_2+\cdots+a_{2n}x_n)+\cdots+\\&x_n(a_{n1}x_1+a_{n2}x_2+\cdots+a_{nn}x_n)\\=&(x_1,x_2,\cdots,x_n)\begin{pmatrix}a_{11}x_1+a_{12}x_2+\cdots+a_{1n}x_n\\a_{21}x_1+a_{22}x_2+\cdots+a_{2n}x_n\\\vdots\\a_{n1}x_1+a_{n2}x_2+\cdots+a_{nn}x_n\end{pmatrix}\\=&(x_1,x_2,\cdots,x_n)\begin{pmatrix}a_{11}&a_{12}&\cdots&a_{1n}\\a_{21}&a_{22}&\cdots&a_{2n}\\\vdots&\vdots&&\vdots\\a_{n1}&a_{n2}&\cdots&a_{nn}\end{pmatrix}\begin{pmatrix}x_1\\x_2\\\vdots\\x_n\end{pmatrix},\end{aligned}$$

记

$$A=\begin{pmatrix}a_{11}&a_{12}&\cdots&a_{1n}\\a_{21}&a_{22}&\cdots&a_{n}\\\vdots&\vdots&&\vdots\\a_{n1}&a_{n2}&\cdots&a_{nn}\end{pmatrix},\ \boldsymbol{x}=\begin{pmatrix}x_1\\x_2\\\vdots\\x_n\end{pmatrix},$$

那么二次型可记作

$$f = \boldsymbol{x}^{\mathrm{T}} \boldsymbol{A} \boldsymbol{x} \tag{5.4.2}$$

其中，$\boldsymbol{A}$ 为实对称矩阵.

例如，二次型 $f=x_1^2+3x_3^2-2x_1x_2+2x_1x_3+4x_2x_3$ 用矩阵记法写出来，就是

$$f=(x_1,\ x_2,\ x_3)\begin{pmatrix}1 & -1 & 1\\ -1 & 0 & 2\\ 1 & 2 & 3\end{pmatrix}\begin{pmatrix}x_1\\ x_2\\ x_3\end{pmatrix}.$$

任给一个二次型，就可唯一地确定一个对称矩阵；反之，任给一个对称矩阵，也可唯一确定一个二次型. 这样，二次型与对称矩阵之间存在一一对应的关系. 因此，我们把对称矩阵 $\boldsymbol{A}$ 叫作二次型 f 的矩阵，也把 f 叫作对称矩阵 $\boldsymbol{A}$ 的二次型. 对称矩阵 $\boldsymbol{A}$ 的秩就叫作二次型 f 的秩.

对于二次型，我们主要讨论的问题是寻求可逆的线性变换. 线性方程组如下：

$$\begin{cases} x_1 = c_{11}y_1 + c_{12}y_2 + \cdots + c_{1n}y_n \\ x_2 = c_{21}y_1 + c_{22}y_2 + \cdots + c_{2n}y_n \\ \quad\vdots \\ x_n = c_{n1}y_1 + c_{n2}y_2 + \cdots + c_{nn}y_n \end{cases} \tag{5.4.3}$$

其矩阵表示形式为

$$\boldsymbol{x} = \boldsymbol{C}\boldsymbol{y},\ \boldsymbol{C} = (c_{ij})_{n\times n},$$

使得二次型只含平方项，也就是把线性方程组(5.4.3)代入式(5.4.1)，得到

$$f=k_1y_1^2+k_2y_2^2+\cdots+k_ny_n^2.$$

我们称这种只含平方项的二次型为**标准形**，即

$$f = \boldsymbol{x}^{\mathrm{T}}\boldsymbol{A}\boldsymbol{x} = (\boldsymbol{C}\boldsymbol{y})^{\mathrm{T}}\boldsymbol{A}\boldsymbol{C}\boldsymbol{y} = \boldsymbol{y}^{\mathrm{T}}(\boldsymbol{C}^{\mathrm{T}}\boldsymbol{A}\boldsymbol{C})\boldsymbol{y}. \tag{5.4.4}$$

定义 5.4.2　设 $\boldsymbol{A}$，$\boldsymbol{B}$ 为 n 阶方阵，若有 n 阶可逆阵 $\boldsymbol{C}$，使得 $\boldsymbol{C}^{\mathrm{T}}\boldsymbol{A}\boldsymbol{C}=\boldsymbol{B}$，则称 $\boldsymbol{A}$ 与 $\boldsymbol{B}$ 合同，记为 $\boldsymbol{A}\cong\boldsymbol{B}$.

与矩阵相似一样，合同也是一种等价关系.

定理 5.4.1　若 $\boldsymbol{A}$ 为 n 阶对称矩阵，方阵 $\boldsymbol{B}$ 与 $\boldsymbol{A}$ 合同，即有 n 阶可逆阵 $\boldsymbol{C}$，使得 $\boldsymbol{C}^{\mathrm{T}}\boldsymbol{A}\boldsymbol{C}=\boldsymbol{B}$，则 $\boldsymbol{B}$ 亦为对称矩阵，且 $R(\boldsymbol{A})=R(\boldsymbol{B})$.

证明　$\boldsymbol{A}$ 为对称矩阵，即有 $\boldsymbol{A}^{\mathrm{T}}=\boldsymbol{A}$，于是

$$\boldsymbol{B}^{\mathrm{T}}=(\boldsymbol{C}^{\mathrm{T}}\boldsymbol{A}\boldsymbol{C})^{\mathrm{T}}=\boldsymbol{C}^{\mathrm{T}}\boldsymbol{A}^{\mathrm{T}}(\boldsymbol{C}^{\mathrm{T}})^{\mathrm{T}}=\boldsymbol{C}^{\mathrm{T}}\boldsymbol{A}\boldsymbol{C}=\boldsymbol{B},$$

即 $\boldsymbol{B}$ 为对称矩阵.

再证 $R(\boldsymbol{A})=R(\boldsymbol{B})$.

因 $\boldsymbol{B}=\boldsymbol{C}^{\mathrm{T}}\boldsymbol{A}\boldsymbol{C}$，故 $R(\boldsymbol{B})\leqslant R(\boldsymbol{A}\boldsymbol{C})\leqslant R(\boldsymbol{A})$；又因 $\boldsymbol{A}=(\boldsymbol{C}^{\mathrm{T}})^{-1}\boldsymbol{B}\boldsymbol{C}^{-1}$，故 $R(\boldsymbol{A})\leqslant R(\boldsymbol{B}\boldsymbol{C}^{-1})\leqslant R(\boldsymbol{B})$. 于是 $R(\boldsymbol{A})=R(\boldsymbol{B})$.

以上所述表明二次型经可逆线性变换 $\boldsymbol{x}=\boldsymbol{C}\boldsymbol{y}$ 后，f 的矩阵由对称阵 $\boldsymbol{A}$ 变为对称阵 $\boldsymbol{B}=\boldsymbol{C}^{\mathrm{T}}\boldsymbol{A}\boldsymbol{C}$，即可逆线性变换将二次型仍变为二次型.

对于式(5.4.4)，若 $\boldsymbol{B}=\boldsymbol{C}^{\mathrm{T}}\boldsymbol{A}\boldsymbol{C}$ 是对角阵，则 $f=\boldsymbol{y}^{\mathrm{T}}\boldsymbol{B}\boldsymbol{y}$ 就是标准形. 因此，化二次型为标准形的主要问题就是寻找可逆矩阵 $\boldsymbol{C}$，使 $\boldsymbol{C}^{\mathrm{T}}\boldsymbol{A}\boldsymbol{C}$ 为对角矩阵. 其常用方法主要有配方法和正交变换法等.

5.4.2 用配方法化二次型为标准形

顾名思义，配方法就是通过凑配对二次型中的变量进行整合或者拆分，直到变为只含平方项为止. 具体来说，配方法分成两种情况分别处理：

情况 1: 若二次型中含有 x_i 的平方项，则先把含有 x_i 的乘积项集中，然后配方，再对其余的变量同样进行，直到都配成平方项为止，经过非退化线性变换就得到标准形.

情况 2: 若二次型中不含有平方项，但是 $a_{ij}\neq 0(i\neq j)$，则先作可逆线性变换

$$\begin{cases}x_i=y_i-y_j\\ x_j=y_i+y_j\\ x_k=y_k\end{cases}\quad (k=1,2,\cdots,n\text{ 且 }k\neq i,j),$$

化二次型为含有平方项的二次型，然后再按情况 1 中的方法配方.

这个方法又被称为拉格朗日配方法，下面举例说明这种方法.

【例 5.4.1】 化二次型

$$f=x_1^2+2x_2^2-x_3^2+2x_1x_3+4x_2x_3$$

为标准形，并求所用变换矩阵.

解 由于

$$f=(x_1+x_3)^2+2(x_2+x_3)^2-4x_2^3,$$

令

$$\begin{cases}y_1=x_1+x_3\\ y_2=x_2+x_3\\ y_3=x_3\end{cases}，即\begin{cases}x_1=y_1-y_3\\ x_2=y_2-y_3\\ x_3=y_3\end{cases},$$

就可将 f 化成标准形 $f=y_1^2+2y_2^2-4y_3^2$，所用变换矩阵为

$$\boldsymbol{C}=\begin{pmatrix}1&0&-1\\0&1&-1\\0&0&1\end{pmatrix}\quad (|\boldsymbol{C}|=1\neq 0).$$

【例 5.4.2】 化二次型

$$f=2x_1x_2+2x_1x_3-6x_2x_3$$

为标准形，并求所用变换矩阵.

解 在 f 中不含有平方项. 由于含有 x_1x_2 乘积项，故令

$$\begin{cases}x_1=y_1+y_2\\ x_2=y_1-y_2\\ x_3=y_3\end{cases},$$

代入原二次型可得

$$f=2y_1^2-2y_2^2-4y_1y_2+8y_2y_3,$$

再配方，得

$$f=2(y_1-y_3)^2-2(y_2-2y_3)^2+6y_3^2.$$

令 $\begin{cases}z_1=y_1-y_3\\ z_2=y_2-2y_3\\ z_3=y_3\end{cases}$，即 $\begin{cases}y_1=z_1+z_3\\ y_2=z_2+2z_3\\ y_3=z_3\end{cases}$，有

$$f=2z_1^2-2z_2^2+6z_3^2.$$

所用变换矩阵为

$$\boldsymbol{C}=\begin{pmatrix}1&1&0\\1&-1&0\\0&0&1\end{pmatrix}\begin{pmatrix}1&0&1\\0&1&2\\0&0&1\end{pmatrix}=\begin{pmatrix}1&1&3\\1&-1&-1\\0&0&1\end{pmatrix}\quad(|\boldsymbol{C}|=2\neq0).$$

一般地，任何二次型都可以用上面两例的方法找到可逆变换，把二次型化成标准形.

5.4.3　用正交变换法化二次型为标准形

利用配方法将二次型化为标准形，存在着几何形状发生改变的情况. 为了避免这种几何形变给后续分析带来干扰，可以采用正交变换的方法将二次型化为标准形. 但无论采用哪种方法化标准形，标准形中的项数都是不变的，项数与二次型的秩相等.

由定理 5.3.5 知，任给对称矩阵 $\boldsymbol{A}$，总有正交矩阵 $\boldsymbol{P}$，使 $\boldsymbol{P}^{-1}\boldsymbol{AP}=\boldsymbol{\Lambda}$，即 $\boldsymbol{P}^{\mathrm{T}}\boldsymbol{AP}=\boldsymbol{\Lambda}$. 将此结论应用于二次型，即有

定理 5.4.2　任给二次型 $f=\sum\limits_{i,j=1}^{n}a_{ij}x_ix_j\,(a_{ij}=a_{ji})$，总有正交变换 $\boldsymbol{x}=\boldsymbol{Py}$，使 f 化为标准形

$$f=\lambda_1y_1^2+\lambda_2y_2^2+\cdots+\lambda_ny_n^2,$$

其中，$\lambda_1,\lambda_2,\cdots,\lambda_n$ 是 f 的矩阵 $\boldsymbol{A}$ 的特征值.

【例 5.4.3】　求正交变换 $\boldsymbol{x}=\boldsymbol{Py}$，化二次型

$$f=2x_1x_2+2x_1x_3-2x_1x_4-2x_2x_3+2x_2x_4+2x_3x_4$$

为标准形.

解　二次型的矩阵为

$$\boldsymbol{A}=\begin{pmatrix}0&1&1&-1\\1&0&-1&1\\1&-1&0&1\\-1&1&1&0\end{pmatrix},$$

它的特征多项式为

$$|\boldsymbol{A}-\lambda\boldsymbol{E}|=\begin{vmatrix}-\lambda&1&1&-1\\1&-\lambda&-1&1\\1&-1&-\lambda&1\\-1&1&1&-\lambda\end{vmatrix}=(-\lambda+1)\begin{vmatrix}1&1&1&-1\\1&-\lambda&-1&1\\1&-1&-\lambda&1\\1&1&1&-\lambda\end{vmatrix}$$

$$=(-\lambda+1)\begin{vmatrix}1&1&1&-1\\0&-\lambda-1&-2&2\\0&-2&-\lambda-1&2\\0&0&0&-\lambda+1\end{vmatrix}$$

$$=(-\lambda+1)^2\begin{vmatrix}-\lambda-1&-2\\-2&-\lambda-1\end{vmatrix}$$

$$=(-\lambda+1)^2(\lambda^2+2\lambda-3)=(\lambda+3)(\lambda-1)^3,$$

于是 $\boldsymbol{A}$ 的特征值为 $\lambda_1=-3$，$\lambda_2=\lambda_3=\lambda_4=1$.

当 $\lambda_1=-3$ 时，解方程组 $(\boldsymbol{A}+3\boldsymbol{E})\boldsymbol{x}=\boldsymbol{0}$，由

$$\boldsymbol{A}+3\boldsymbol{E}=\begin{pmatrix}3&1&1&-1\\1&3&-1&1\\1&-1&3&1\\-1&1&1&3\end{pmatrix}\sim\begin{pmatrix}1&1&1&1\\1&3&-1&1\\1&-1&3&1\\-1&1&1&3\end{pmatrix}\sim\begin{pmatrix}1&1&1&1\\0&2&-2&0\\0&-2&2&0\\0&2&2&4\end{pmatrix}$$

$$\sim\begin{pmatrix}1&1&1&1\\0&1&-1&0\\0&0&1&1\\0&0&0&0\end{pmatrix}\sim\begin{pmatrix}1&0&0&-1\\0&1&0&1\\0&0&1&1\\0&0&0&0\end{pmatrix}$$

得基础解系

$$\boldsymbol{\xi}_1=\begin{pmatrix}1\\-1\\-1\\1\end{pmatrix},$$

单位化，得

$$\boldsymbol{p}_1=\frac{1}{2}\begin{pmatrix}1\\-1\\-1\\1\end{pmatrix}.$$

当 $\lambda_2=\lambda_3=\lambda_4=1$，解方程组 $(\boldsymbol{A}-\boldsymbol{E})\boldsymbol{x}=\boldsymbol{0}$，由

$$\boldsymbol{A}-\boldsymbol{E}=\begin{pmatrix}-1&1&1&-1\\1&-1&-1&1\\1&-1&-1&1\\-1&1&1&-1\end{pmatrix}\sim\begin{pmatrix}1&-1&-1&1\\0&0&0&0\\0&0&0&0\\0&0&0&0\end{pmatrix}$$

可得正交的基础解系

$$\boldsymbol{\xi}_2=\begin{pmatrix}1\\1\\0\\0\end{pmatrix},\ \boldsymbol{\xi}_3=\begin{pmatrix}0\\0\\1\\1\end{pmatrix},\ \boldsymbol{\xi}_4=\begin{pmatrix}1\\-1\\1\\-1\end{pmatrix}.$$

单位化，得

$$\boldsymbol{p}_2=\frac{1}{\sqrt{2}}\begin{pmatrix}1\\1\\0\\0\end{pmatrix},\ \boldsymbol{p}_3=\frac{1}{\sqrt{2}}\begin{pmatrix}0\\0\\1\\1\end{pmatrix},\ \boldsymbol{p}_3=\frac{1}{2}\begin{pmatrix}1\\-1\\1\\-1\end{pmatrix}.$$

于是正交变换为

$$\begin{pmatrix} x_1 \\ x_2 \\ x_3 \\ x_4 \end{pmatrix} = \begin{pmatrix} \frac{1}{2} & \frac{1}{\sqrt{2}} & 0 & \frac{1}{2} \\ -\frac{1}{2} & \frac{1}{\sqrt{2}} & 0 & -\frac{1}{2} \\ -\frac{1}{2} & 0 & \frac{1}{\sqrt{2}} & \frac{1}{2} \\ \frac{1}{2} & 0 & \frac{1}{\sqrt{2}} & -\frac{1}{2} \end{pmatrix} \begin{pmatrix} y_1 \\ y_2 \\ y_3 \\ y_4 \end{pmatrix},$$

且有

$$f = -3y_1^2 + y_2^2 + y_3^2 + y_4^2.$$

5.5 正定二次型

二次型的标准形显然不是唯一的，但是标准形中所含项数是确定的(即是二次型的秩). 不仅如此，在限定变换为实变换时，标准形中正系数的个数是不变的(从而负系数的个数也不变)，从而有如下结论.

定理 5.5.1　设有二次型 $f = \boldsymbol{x}^{\mathrm{T}}\boldsymbol{A}\boldsymbol{x}$，它的秩为 r，有两个实可逆变换

$$\boldsymbol{x} = \boldsymbol{C}\boldsymbol{y} \text{ 及 } \boldsymbol{x} = \boldsymbol{P}\boldsymbol{z}$$

使

$$f = k_1 y_1^2 + k_2 y_2^2 + \cdots + k_r y_r^2 \quad (k_i \neq 0),$$

$$f = \lambda_1 z_1^2 + \lambda_2 z_2^2 + \cdots + \lambda_r z_r^2 \quad (\lambda_i \neq 0),$$

则 $k_1, k_2, \cdots, k_r$ 中正数的个数与 $\lambda_1, \lambda_2, \cdots, \lambda_r$ 中正数的个数相等.

这个定理中提到的正数的个数称为二次型的正惯性指数，所以该定理又称为惯性定理，证明从略.

比较常用的二次型是标准形的系数全为正($r=n$)或全为负的情形，我们有下述定义.

定义 5.5.1　设有实二次型 $f = \boldsymbol{x}^{\mathrm{T}}\boldsymbol{A}\boldsymbol{x}$，如果对任何 $\boldsymbol{x} \neq \boldsymbol{0}$，都有 $f(\boldsymbol{x}) > 0$(显然 $f(0) = 0$)，则称 f 为正定二次型，并称对称矩阵 $\boldsymbol{A}$ 是正定的；如果对任何 $\boldsymbol{x} \neq \boldsymbol{0}$，都有 $f(x) < 0$，则称 f 为负定二次型，并称对称矩阵 $\boldsymbol{A}$ 是负定的.

定理 5.5.2　实二次型 $f = \boldsymbol{x}^{\mathrm{T}}\boldsymbol{A}\boldsymbol{x}$ 为正定的充分必要条件是：它的标准形的 n 个系数全为正.

证明　设可逆变换 $\boldsymbol{x} = \boldsymbol{C}\boldsymbol{y}$ 使

$$f(\boldsymbol{x}) = f(\boldsymbol{C}\boldsymbol{y}) = \sum_{i=1}^{n} k_i y_i^2.$$

先证充分性. 设 $k_i > 0 (i = 1, 2, \cdots, n)$. 任给 $\boldsymbol{x} \neq \boldsymbol{0}$，则 $\boldsymbol{y} = \boldsymbol{C}^{-1}\boldsymbol{x} \neq \boldsymbol{0}$，故

$$f(\boldsymbol{x}) = \sum_{i=1}^{n} k_i y_i^2 > 0.$$

再证必要性(用反证法). 假设 $k_s \leqslant 0$，则当 $\boldsymbol{y} = \boldsymbol{e}_s$(单位坐标向量)时，$f(\boldsymbol{C}\boldsymbol{e}_s) = k_s \leqslant 0$. 显然 $\boldsymbol{C}\boldsymbol{e}_s \neq \boldsymbol{0}$，这与 f 为正定相矛盾. 这就证明了 $k_i > 0 (i = 1, 2, \cdots, n)$.

推论 对称矩阵 $\boldsymbol{A}$ 为正定的充分必要条件是：$\boldsymbol{A}$ 的特征值全为正.

定理 5.5.3 对称矩阵 $\boldsymbol{A}$ 为正定的充分必要条件是：$\boldsymbol{A}$ 的各阶主子式都为正，即

$$a_{11}>0,\quad \begin{vmatrix} a_{11} & a_{12} \\ a_{21} & a_{22} \end{vmatrix}>0,\ \cdots,\ \begin{vmatrix} a_{11} & \cdots & a_{1n} \\ \vdots & & \vdots \\ a_{n1} & \cdots & a_{nn} \end{vmatrix}>0.$$

对称矩阵 $\boldsymbol{A}$ 为负定的充分必要条件是：奇数阶主子式为负，而偶数阶主子式为正，即

$$(-1)^r \begin{vmatrix} a_{11} & \cdots & a_{1r} \\ \vdots & & \vdots \\ a_{r1} & \cdots & a_{rr} \end{vmatrix}>0 \quad (r=1,\ 2,\ \cdots,\ n).$$

这个定理称为霍尔维茨定理，这里不予证明.

【例 5.5.1】 判别二次型 $f=-5x^2-6y^2-4z^2+4xy+4xz$ 的正定性.

解 f 的矩阵为

$$\boldsymbol{A}=\begin{pmatrix} -5 & 2 & 2 \\ 2 & -6 & 0 \\ 2 & 0 & -4 \end{pmatrix},$$

$$a_{11}=-5<0,\quad \begin{vmatrix} a_{11} & a_{12} \\ a_{21} & a_{22} \end{vmatrix}=\begin{vmatrix} -5 & 2 \\ 2 & -6 \end{vmatrix}=26>0,\quad |\boldsymbol{A}|=-80<0,$$

根据定理 5.5.3 知 f 为负定的.

【例 5.5.2】 判别二次型 $f=x_1^2+2x_2^2+3x_3^2-2x_1x_2-2x_2x_3$ 的正定性.

解 方法一：配方法.

因为

$$f=(x_1-x_2)^2+(x_2-x_3)^2+2x_3^2\geqslant 0,$$

等号仅在 $x_1=x_2=x_3=0$ 时成立，故 f 是正定的.

方法二：特征值法.

二次型 f 的矩阵为

$$\boldsymbol{A}=\begin{pmatrix} 1 & -1 & 0 \\ -1 & 2 & -1 \\ 0 & -1 & 3 \end{pmatrix},$$

由

$$f(\lambda)=|\boldsymbol{A}-\lambda\boldsymbol{E}|=\begin{vmatrix} 1-\lambda & -1 & 0 \\ -1 & 2-\lambda & -1 \\ 0 & -1 & 3-\lambda \end{vmatrix}=(2-\lambda)(\lambda^2-4\lambda+1),$$

解得其全部特征值为 $\lambda_1=2>0$，$\lambda_2=2+\sqrt{3}>0$，$\lambda_3=2-\sqrt{3}>0$，因而 f 是正定的.

方法三：主子式法.

由二次型 f 的矩阵

$$\boldsymbol{A}=\begin{pmatrix} 1 & -1 & 0 \\ -1 & 2 & -1 \\ 0 & -1 & 3 \end{pmatrix},$$

知

$$a_{11}=1>0,\ \begin{vmatrix} a_{11} & a_{12} \\ a_{21} & a_{22} \end{vmatrix}=\begin{vmatrix} 1 & -1 \\ -1 & 2 \end{vmatrix}=1>0,\ |\boldsymbol{A}|=2>0,$$

因而 f 是正定的.

5.6　二次型的应用实例

本节通过一些实例向读者展示二次型及其相关内容的应用情况.

【例 5.6.1】 社会调查表明，某地劳动力从业转移的情况是：从事农业工作的人员中每年有$\frac{3}{4}$改为从事非农工作，非农从业人员中每年有$\frac{1}{20}$改为从事农业工作. 去年年底该地从事农业工作和从事非农工作人员各占全部劳动力的$\frac{1}{5}$和$\frac{4}{5}$，试预测 5 年后该地劳动力从业情况以及经过多年之后该地劳动力从业情况的发展趋势.

解　去年年底该地从事农业工作和从事非农工作人员占全部劳动力的比例分别为

$$\frac{1}{4}\times\frac{1}{5}+\frac{1}{20}\times\frac{4}{5}\text{和}\frac{3}{4}\times\frac{1}{5}+\frac{19}{20}\times\frac{4}{5}.$$

引入 2 阶矩阵 $\boldsymbol{A}=(a_{ij})$，其中 $a_{12}=\frac{1}{20}$表示每年非农从业人员中有$\frac{1}{20}$改为从农工作，$a_{21}=\frac{3}{4}$表示每年从事农业人员中有$\frac{3}{4}$改为从事非农工作. 于是有

$$\boldsymbol{A}=\begin{pmatrix} \frac{1}{4} & \frac{1}{20} \\ \frac{3}{4} & \frac{19}{20} \end{pmatrix}.$$

再引入 2 维列向量，其分量依次为到某年底从事农业工作和从事非农工作人员各占全部劳动力的比例，如向量 $\boldsymbol{x}=\begin{pmatrix} \frac{1}{5} \\ \frac{4}{5} \end{pmatrix}$，表示到去年年底该地从事农业工作和从事非农工作人员各占全部劳动力的$\frac{1}{5}$和$\frac{4}{5}$，则去年年底该地从事农业工作和从事非农工作人员各占全部劳动力的比例就可由下述运算得出

$$\boldsymbol{A}\boldsymbol{x}=\begin{pmatrix} \frac{1}{4} & \frac{1}{20} \\ \frac{3}{4} & \frac{19}{20} \end{pmatrix}\begin{pmatrix} \frac{1}{5} \\ \frac{4}{5} \end{pmatrix}=\begin{pmatrix} \frac{1}{4}\times\frac{1}{5}+\frac{1}{20}\times\frac{4}{5} \\ \frac{3}{4}\times\frac{1}{5}+\frac{19}{20}\times\frac{4}{5} \end{pmatrix}=\begin{pmatrix} \frac{9}{100} \\ \frac{91}{100} \end{pmatrix}.$$

于是 5 年后该地从事农业工作和从事非农工作人员各占全部劳动力的比例应为 $\boldsymbol{A}^5\boldsymbol{x}$，$k$ 年后该地劳动力的从业情况可由 $\boldsymbol{A}^k\boldsymbol{x}$ 算出.

矩阵 $\boldsymbol{A}$ 的特征多项式为

$$|\boldsymbol{A}-\lambda\boldsymbol{E}|=\begin{vmatrix}\frac{1}{4}-\lambda & \frac{1}{20}\\ \frac{3}{4} & \frac{19}{20}-\lambda\end{vmatrix}=(5\lambda-1)(\lambda-1),$$

解得 $\boldsymbol{A}$ 的特征值为 $\lambda_1=\frac{1}{5}$，$\lambda_2=1$，对应的特征向量分别为 $\begin{pmatrix}1\\-1\end{pmatrix}$ 和 $\begin{pmatrix}1\\15\end{pmatrix}$.

取 $\boldsymbol{P}=\begin{pmatrix}1 & 1\\-1 & 15\end{pmatrix}$，则 $\boldsymbol{P}^{-1}=\frac{1}{16}\begin{pmatrix}15 & -1\\1 & 1\end{pmatrix}$，且使得 $\boldsymbol{P}^{-1}\boldsymbol{A}\boldsymbol{P}=\begin{pmatrix}\frac{1}{5} & 0\\0 & 1\end{pmatrix}$.

于是

$$\boldsymbol{A}^5\boldsymbol{x}=\boldsymbol{P}\begin{pmatrix}\frac{1}{5} & 0\\0 & 1\end{pmatrix}^5\boldsymbol{P}^{-1}\boldsymbol{x}=\boldsymbol{P}\begin{pmatrix}\left(\frac{1}{5}\right)^5 & 0\\0 & 1\end{pmatrix}\boldsymbol{P}^{-1}\boldsymbol{x}=\frac{1}{16}\begin{pmatrix}1+\frac{11}{5^6}\\15-\frac{11}{5^6}\end{pmatrix}.$$

5 年后从事农业工作的劳动力占比约为 $\frac{1}{16}\times\left(1+\frac{11}{5^6}\right)\approx 6.25\%$，从事非农业工作的劳动力占比约为 93.75%.

同理，k 年后该地劳动力的从业情况为

$$\boldsymbol{A}^k\boldsymbol{x}=\boldsymbol{P}\begin{pmatrix}\frac{1}{5} & 0\\0 & 1\end{pmatrix}^k\boldsymbol{P}^{-1}\boldsymbol{x}=\boldsymbol{P}\begin{pmatrix}\left(\frac{1}{5}\right)^k & 0\\0 & 1\end{pmatrix}\boldsymbol{P}^{-1}\boldsymbol{x}=\frac{1}{16}\begin{pmatrix}1+\frac{11}{5^{k+1}}\\15-\frac{11}{5^{k+1}}\end{pmatrix}.$$

按此规律发展，多年之后该地从事农业工作和从事非农工作人员占全部劳动力的比例将分别趋近 $\frac{1}{16}$ 和 $\frac{15}{16}$，这与从去年底算起 5 年后的数据基本相当，说明经过 5 年的发展，各部分劳动力所占比例将逐渐稳定下来.

【例 5.6.2】 已知 x，y，z 均为实数，且满足 $x^2+y^2+z^2=1$，求证：

$$-\frac{3}{2}\leqslant 3xy+\frac{\sqrt{2}}{2}yz+\frac{\sqrt{2}}{2}zx\leqslant\frac{3+\sqrt{13}}{4}.$$

证明 二次型 $f(x,y,z)=3xy+\frac{\sqrt{2}}{2}yz+\frac{\sqrt{2}}{2}zx$ 的矩阵为

$$\boldsymbol{A}=\begin{pmatrix}0 & \frac{3}{2} & \frac{\sqrt{2}}{4}\\ \frac{3}{2} & 0 & \frac{\sqrt{2}}{4}\\ \frac{\sqrt{2}}{4} & \frac{\sqrt{2}}{4} & 0\end{pmatrix}.$$

由

$$|\boldsymbol{A}-\lambda\boldsymbol{E}|=\begin{vmatrix}-\lambda & \frac{3}{2} & \frac{\sqrt{2}}{4}\\ \frac{3}{2} & -\lambda & \frac{\sqrt{2}}{4}\\ \frac{\sqrt{2}}{4} & \frac{\sqrt{2}}{4} & -\lambda\end{vmatrix}=-\lambda^3+\frac{5}{2}\lambda+\frac{3}{8}=0,$$

解得 $\boldsymbol{A}$ 的特征值为

$$\lambda_1=\lambda_{\min}=-\frac{3}{2},\ \lambda_2=\frac{3-\sqrt{13}}{4},\ \lambda_3=\lambda_{\max}=\frac{3+\sqrt{13}}{4}.$$

令

$$\boldsymbol{X}=\begin{pmatrix}x\\ y\\ z\end{pmatrix},\ \boldsymbol{Y}=\begin{pmatrix}x'\\ y'\\ z'\end{pmatrix},$$

根据二次型的相关理论可知，存在正交变换 $\boldsymbol{X}=\boldsymbol{PY}$ 将二次型化为标准形，

$$\begin{aligned}f(\boldsymbol{X})=f(x,\ y,\ z)&=\boldsymbol{X}^{\mathrm{T}}\boldsymbol{AX}=\boldsymbol{Y}^{\mathrm{T}}\boldsymbol{P}^{\mathrm{T}}\boldsymbol{APY}\\ &=-\frac{3}{2}x'^2+\frac{3-\sqrt{13}}{4}y'^2+\frac{3+\sqrt{13}}{4}z'^2\\ &=f(x',\ y',\ z')\\ &=\boldsymbol{Y}^{\mathrm{T}}\boldsymbol{\Lambda Y}\\ &=f(\boldsymbol{Y}).\end{aligned}$$

而 $f(\boldsymbol{Y})$ 显然对于任意 $\boldsymbol{Y}$ 有

$$-\frac{3}{2}\boldsymbol{Y}^{\mathrm{T}}\boldsymbol{Y}\leqslant f(\boldsymbol{Y})\leqslant\frac{3+\sqrt{13}}{4}\boldsymbol{Y}^{\mathrm{T}}\boldsymbol{Y},$$

所以 $f(\boldsymbol{X})$ 对于任意 $\boldsymbol{X}$ 有

$$-\frac{3}{2}\boldsymbol{X}^{\mathrm{T}}\boldsymbol{X}=-\frac{3}{2}\boldsymbol{Y}^{\mathrm{T}}\boldsymbol{Y}\leqslant f(\boldsymbol{X})\leqslant\frac{3+\sqrt{13}}{4}\boldsymbol{Y}^{\mathrm{T}}\boldsymbol{Y}=\frac{3+\sqrt{13}}{4}\boldsymbol{X}^{\mathrm{T}}\boldsymbol{X},$$

因此

$$-\frac{3}{2}\leqslant 3xy+\frac{\sqrt{2}}{2}yz+\frac{\sqrt{2}}{2}zx\leqslant\frac{3+\sqrt{13}}{4}.$$

【例 5.6.3】 给定 3 个有一定需求关系的市场，它们由一个垄断者供货，3 个对应的需求函数分别为

$$\begin{cases}d_1=14-2a_1-a_2-a_3\\ d_2=24-2a_1-4a_2-2a_3,\\ d_3=36-2a_1-4a_2-6a_3\end{cases}$$

成本函数为

$$C=3+2(a_1+a_2+a_3),$$

当 3 个市场的供应量分别为多少时，可使垄断商的总利润最大?

解　三个市场的总利润为

$$\begin{aligned}P&=d_1a_1+d_2a_2+d_3a_3-C\\&=-2a_1^2-3a_1a_2-4a_2^2-3a_1a_3-6a_3^2-6a_2a_3+12a_1+22a_2+34a_3-3\end{aligned}$$

由

$$\begin{cases}\dfrac{\partial P}{\partial a_1}=-4a_1-3a_2-3a_3+12=0\\ \dfrac{\partial P}{\partial a_2}=-3a_1-8a_2-6a_3+22=0\\ \dfrac{\partial P}{\partial a_3}=-3a_1-6a_2-12a_3+34=0\end{cases},$$

解得

$$\begin{pmatrix}a_1\\a_2\\a_3\end{pmatrix}=\begin{pmatrix}\dfrac{5}{7}\\ \dfrac{11}{14}\\ \dfrac{95}{42}\end{pmatrix}.$$

又由于

$$\boldsymbol{A}=\begin{pmatrix}P_{a_1a_1}&P_{a_1a_2}&P_{a_1a_3}\\P_{a_2a_1}&P_{a_2a_2}&P_{a_2a_3}\\P_{a_3a_1}&P_{a_3a_2}&P_{a_3a_3}\end{pmatrix}\Bigg|_{\left(\frac{5}{7},\frac{11}{14},\frac{95}{42}\right)^{\mathrm T}}=\begin{pmatrix}-4&-3&-3\\-3&-8&-6\\-3&-6&-12\end{pmatrix}$$

是负定的，故$\left(\frac{5}{7},\frac{11}{14},\frac{95}{42}\right)$是极大值点，而$\left(\frac{5}{7},\frac{11}{14},\frac{95}{42}\right)$是该问题中唯一的驻点，则该点为最大值点. 因此，当 3 个供应量分别为 $a_1=\frac{5}{7}$，$a_2=\frac{11}{14}$，$a_3=\frac{95}{42}$时，垄断商的总利润最大.

本章小结

本章首先介绍了特征值和特征向量的基本概念，给出了求解特征值和特征向量的基本方法，然后介绍了相似矩阵的概念和性质，并给出了矩阵能够相似对角化需要满足的条件. 由于对一般矩阵进行相似对角化并无通用的方法，且这种需求较少，而实对称阵相似对角化的需求较多，因此本章接下来介绍了针对实对称阵进行相似对角化的方法，尤其重点介绍了用正交变换将实对称阵化为对角阵的方法. 为构造正交变换矩阵，本章又介绍了向量的内积、正交化、单位化等方法. 之后介绍了实对称阵的对角化方法在二次型化标准形中的应用，给出了二次型正定性的判定方法. 本章最后一部分通过一些实例展示了特征值、特征向量、二次型等内容在其他领域的实际应用情况.

本章知识点的思维导图如下.

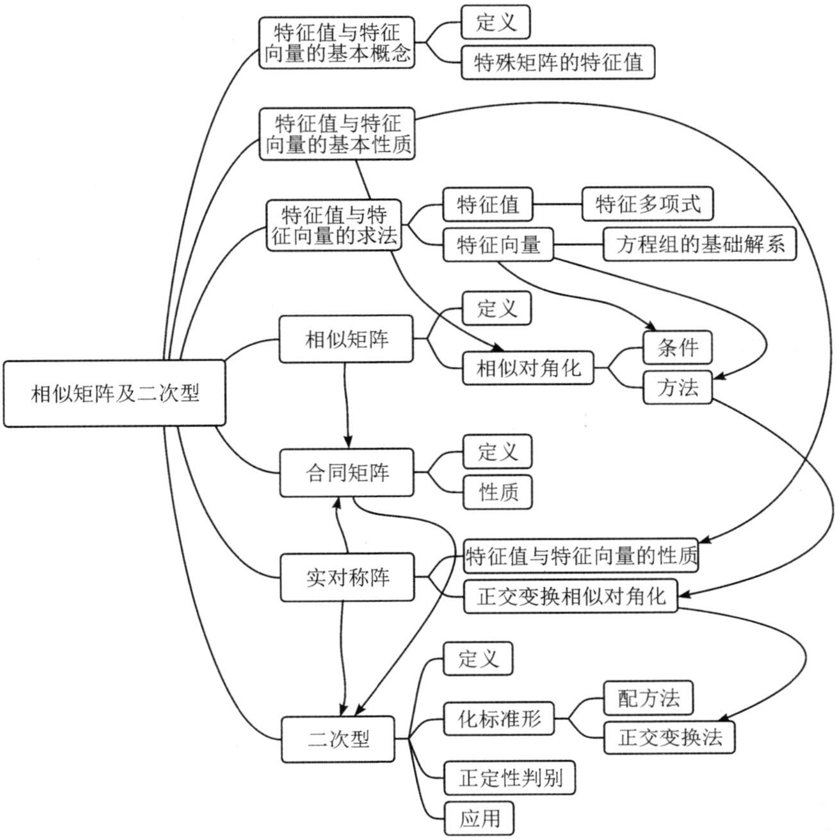

习　题　5

1. 求下列矩阵的特征值以及对应于特征值的全部线性无关的特征向量.

(1) $\boldsymbol{A}=\begin{pmatrix}1 & -1\\ 2 & 4\end{pmatrix}$；(2) $\boldsymbol{A}=\begin{pmatrix}2 & -1 & 2\\ 5 & -3 & 3\\ -1 & 0 & -2\end{pmatrix}$；(3) $\boldsymbol{A}=\begin{pmatrix}1 & 2 & 3\\ 2 & 1 & 3\\ 3 & 3 & 6\end{pmatrix}$.

2. 利用施密特正交化过程，将下列向量规范正交化.

(1) $\boldsymbol{\alpha}_1=\begin{pmatrix}1\\1\\0\end{pmatrix}$，$\boldsymbol{\alpha}_2=\begin{pmatrix}1\\-1\\1\end{pmatrix}$，$\boldsymbol{\alpha}_3=\begin{pmatrix}0\\1\\2\end{pmatrix}$；

(2) $\boldsymbol{\alpha}_1=\begin{pmatrix}1\\0\\-1\\1\end{pmatrix}$，$\boldsymbol{\alpha}_2=\begin{pmatrix}1\\-1\\0\\1\end{pmatrix}$，$\boldsymbol{\alpha}_3=\begin{pmatrix}-1\\1\\1\\0\end{pmatrix}$.

3. 判定下列矩阵是否为正交阵.

(1) $\boldsymbol{B}=\begin{pmatrix} 0 & 1 & 0 \\ \frac{1}{\sqrt{2}} & 0 & \frac{1}{\sqrt{2}} \\ -\frac{1}{\sqrt{2}} & 0 & \frac{1}{\sqrt{2}} \end{pmatrix}$; (2) $\boldsymbol{A}=\begin{pmatrix} 1 & -\frac{1}{2} & \frac{1}{3} \\ -\frac{1}{2} & 1 & \frac{1}{2} \\ -\frac{1}{3} & \frac{1}{2} & 1 \end{pmatrix}$.

4. 设 $\boldsymbol{A}$ 是 n 阶方阵，λ 是 $\boldsymbol{A}$ 的特征值，证明 λ^2 是 $\boldsymbol{A}^2$ 的特征值.

5. 设 $\boldsymbol{A}$ 与 $\boldsymbol{B}$ 都是 n 阶正交矩阵，证明 $\boldsymbol{AB}$ 也是正交矩阵.

6. 设 3 阶对称矩阵 $\boldsymbol{A}$ 的特征值分别为 6，3，3，与特征值 6 对应的特征向量为 $\boldsymbol{p}_1=(1, 1, 1)^{\mathrm{T}}$，求 $\boldsymbol{A}$.

7. 设有对称矩阵，求正交矩阵 $\boldsymbol{P}$，使 $\boldsymbol{P}^{-1}\boldsymbol{AP}=\boldsymbol{\Lambda}$ 为对角矩阵.

(1) $\boldsymbol{A}=\begin{pmatrix} 2 & 2 & -2 \\ 2 & 5 & -4 \\ -2 & -4 & 5 \end{pmatrix}$; (2) $\boldsymbol{A}=\begin{pmatrix} 1 & -2 & 0 \\ -2 & 2 & -2 \\ 0 & -2 & 3 \end{pmatrix}$.

8. 把下列二次型表示成矩阵形式.

(1) $f(x, y, z)=x^2-3z^2-4xy+yz$;

(2) $f(x_1, x_2, x_3)=(x_1+x_2+x_3)^2$.

9. 求正交变换 $\boldsymbol{x}=\boldsymbol{Py}$，化下列二次型为标准形.

(1) $f(x_1, x_2, x_3)=2x_1^2+3x_2^2+4x_2x_3+3x_3^2$;

(2) $f(x_1, x_2, x_3)=x_1^2+2x_2^2+2x_1x_2-2x_1x_3+2x_3^2$.

10. 判定下列二次型的正定性.

(1) $f=-2x_1^2-6x_2^2-4x_3^2+2x_1x_2+2x_1x_3$;

(2) $f=x_1^2+2x_2^2+3x_3^2+2x_1x_2-2x_1x_3-4x_2x_3$.

第6章
线性代数计算与MATLAB软件应用

线性代数中很多运算虽然有着优美的数学表达形式和明确的使用场景，但是其计算过程往往比较复杂，尤其是随着矩阵阶数的不断增大，其计算的复杂度会快速增大，如行列式的计算、矩阵的乘积、方阵的逆矩阵、特征值和特征向量、线性方程组求解等. 当我们面对过于复杂的计算问题时，显然不能只靠手工运算解决问题，借助软件则显得比较务实. 能帮助我们完成线性代数相关运算的数学软件比较多，如MATLAB、MATHEMATICA、MAPLE等，它们都是通用数学软件，其中MATLAB尤以功能丰富且强大而闻名. 本章将结合线性代数的理论内容对MATLAB的相关功能做简要介绍.

6.1 MATLAB软件简介

MATLAB是矩阵实验室(Matrix Laboratory)的简称，它是一种用于算法开发、数据可视化、数据分析及数值计算的高级技术计算语言和交互式环境. MATLAB的应用范围非常广，包括信号和图像处理、通信、控制系统设计、测试和测量、财务建模和分析，以及计算生物学等众多应用领域，附加的工具箱扩展了MATLAB的使用环境，以解决这些应用领域内特定类型的问题.

20世纪70年代后期，时任美国New Mexico大学计算机系主任的Cleve Moler教授为LINPACK和EISPACK两个FORTRAN程序集开发项目提供了易学、易用、易改且易交互的矩阵软件，从而形成了最初的MATLAB. 1984年，Cleve Moler和John Little等人成立了MathWorks公司，推出了第一个MATLAB商业化版本，该版本的内核全部采用C语言编写，除了原有的数值计算功能外，还增加了数据可视化功能和与其他流行软件的接口功能.

1992年，MathWorks公司推出了基于Windows操作平台的具有划时代意义的MATLAB 4.0版本，增加了图像处理功能、符号计算工具包和交互式的动态系统建模、仿真、分析集成环境，并通过运用DDE和OLE实现了与Microsoft Word的无缝连接. 在1997年推出的MATLAB 5.0专业版和学生版增加了许多新的数据结构（如单元结构、数据结构体、多维矩阵、对象与类等)，操作界面更加友好，使其成为一种更方便的编程语言.

进入21世纪以后，MATLAB获得了更加长足的发展. 在2002年的MATLAB 6.5版本中采用了JIT加速器，使运算速度得到了极大的提高. 2006年开始以年份为版本号，每年3月和9月各进行一次产品发布，3月份发布的版本称为“a”，9月份发布的版本称为“b”. 例如，2024年3月份发布的版本就叫作R2024a. 现在的MATLAB拥有更丰富的数据类型和结构、更友好的面向对象的开发环境、更精良的图形可视化界面、更广博的数学和数据分析资源、更方便的应用开发工具.

时至今日，MATLAB早已超出了“矩阵实验室”的概念，发展成为一种具有广阔应用前景的计算机高级语言，尤其是随着近几年人工智能、大数据、机器学习等领域的飞速发展，MATLAB也在不断完善自身功能，强化在这些新兴领域的应用，其已经成为这些领域学术研究和产品研发的有力武器.

MATLAB系统由MATLAB开发环境、MATLAB数学函数库、MATLAB语言、MATLAB图形处理系统和MATLAB应用程序接口(API)五大部分构成.

1. MATLAB开发环境

MATLAB开发环境是一个集成化的工作区，可以让用户输入、输出数据，并提供了M文件的集成编译和调试环境. MATLAB开发环境包括MATLAB命令行窗口、M文件编辑调试器、MATLAB工作区和在线帮助文档等.

2. MATLAB数学函数库

MATLAB数学函数库包括大量的计算算法，从基本运算到复杂算法，体现了其强大的数学计算功能.

3. MATLAB语言

MATLAB语言是一个高级的基于矩阵/数组的语言，包括程序流控制、函数、脚本、数据结构、输入/输出、工具箱和面向对象编程等特色. 用户既可以用它来快速编写简单的程序，也可以用它来编写庞大复杂的应用程序.

4. MATLAB图形处理系统

MATLAB图形处理系统使得MATLAB能方便地图形化显示向量和矩阵，而且能对图形添加标注并进行打印. MATLAB包括强力的二维及三维图形函数、图像处理函数和动画显示函数等.

5. MATLAB应用程序接口

MATLAB应用程序接口可以使MATLAB方便地调用C、Fortran、Python等程序，也可以在MATLAB与其他应用程序间建立客户/服务器关系.

MATLAB系统的集成工作环境运行界面如图6.1.1所示.

在图6.1.1中最上方有三个选项卡，分别是“主页”“绘图”和“APP”. “主页”选项卡下面列出了使用MATLAB集成环境工作时常用的一些菜单项. “绘图”选项卡下面列出了一些常用的图形绘制工具. “APP”选项卡下面则提供了一些MATLAB内置的相对独立的小程序，用以完成不同的运算或数据处理功能，也可以将自己或他人编写的小程序安装到这里，以便使用.

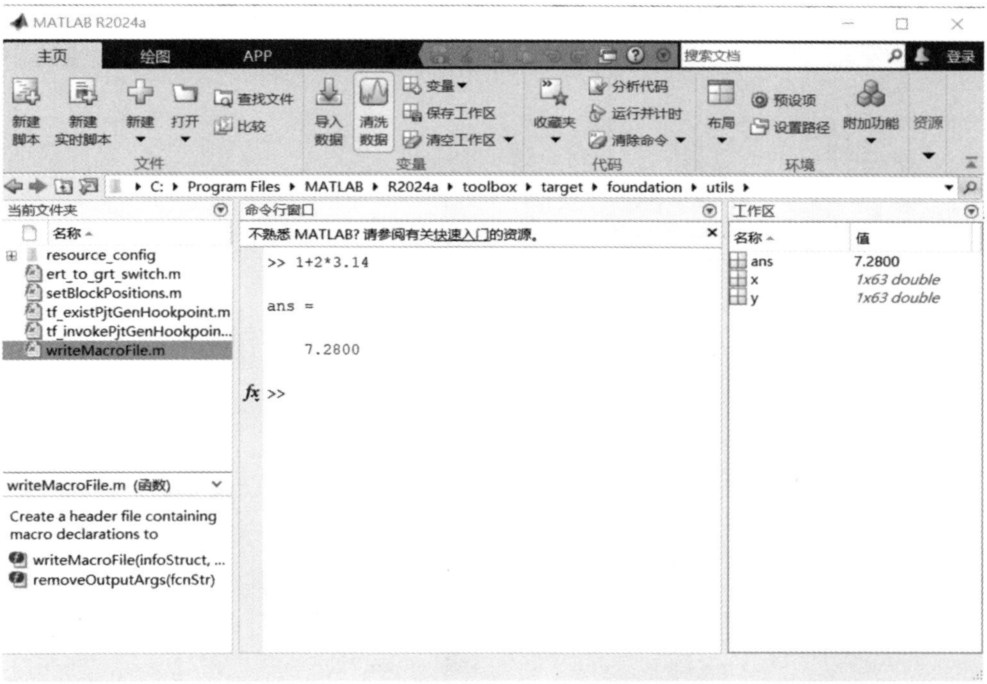

图 6.1.1

图 6.1.1 下半部分左侧有两个小窗口：靠上面的是资源浏览器窗口，用于显示当前文件夹的内容；靠下面的则显示当前选中的文件能提供的信息，这个信息主要来源于 MATLAB 脚本文件(也可以叫 MATLAB 程序文件)的注释.

图 6.1.1 下半部分中间的大窗口是命令行窗口，用于输入 MATLAB 指令和显示指令运行的结果. 我们可以直接拿 MATLAB 当计算器使用，如图 6.1.1 所示，在命令行窗口的提示符“>>”后面输入“1＋2 * 3.14”并回车，MATLAB 会直接将运算结果显示在下面，这样做对于 MATLAB 来说虽有点“大材小用”，但是对于读者理解 MATLAB 的命令行窗口使用方法却比较直观.

图 6.1.1 下半部分最右侧是工作区窗口，用于显示当前的 MATLAB 工作区中已有的变量信息，如变量的名称、结果或结构等，这对于调试 MATLAB 程序是非常有用的.

当我们打开一个 MATLAB 程序或者新建一个 MATLAB 程序时，界面会变成图 6.1.2 所示的样子.

当我们聚焦到程序编辑器窗口时，上方会随之出现与编辑调试有关的菜单内容，以及程序发布、视图设置等选项卡. 程序运行后，下面的命令行窗口会根据程序指令显示相应的运行结果. 程序编辑器窗口的右边有时候会出现程序调试信息标志(如图 6.1.2 中的▲)和提示，使用者可以根据这些标志和提示对程序进行修正.

下面通过一个简单的例子展示一下 MATLAB 命令行窗口的基本使用方法.

假设我们要计算 $3+\sin^3\dfrac{\pi}{3}$ 的结果，可以在提示符“>>”后面输入“3＋(sin(pi/3))^3”并

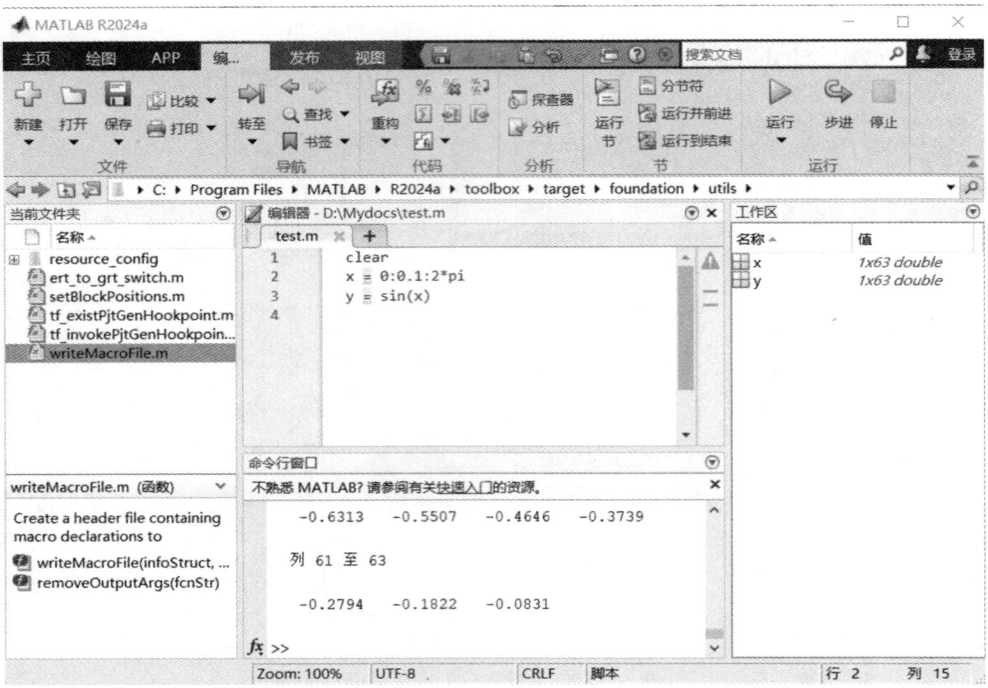

图 6.1.2

回车，MATLAB 会将运算结果直接显示在下面：

```
ans =
    3.6495
```

这个过程看起来很简单，但是实际上这里面包含了很多细节信息.

第一个信息——“pi”，这是 MATLAB 中已经定义好的内置常数，代表圆周率，也就是数学中的常数“π”. 除了圆周率之外，MATLAB 还有几个内置常数，分别是：

(1) eps：代表浮点相对精度，地位相当于常用于表达精度的符号“ε”，它的取值有两种，双精度情况下的值为 2^{-52}，单精度情况下的值为 2^{-23}.

(2) flintmax：代表浮点格式的最大连续整数，它的值也有两种，双精度情况下的值为 2^{53}，单精度情况下的值为 2^{24}. 如果高于这两种值，则相应精度格式没有整数精度，而且并非所有整数都能精确表示.

(3) i：代表虚数单位.

(4) j：代表虚数单位. i 和 j 都代表虚数单位，相当于 $\sqrt{-1}$，二者并无区别.

(5) Inf：代表正无穷大，如果想表示负无穷大，则可以用“−Inf”. 当运算结果太大以至于无法表示为浮点数时，如 1/0 或 log(0)，运算会返回 Inf. 对于双精度，Inf 表示大于 realmax 的数字；对于单精度，Inf 表示大于 realmax('single') 的数字.

(6) NaN：代表“非数字”的标量表示形式. 如果运算有未定义的数值结果，如 0/0 或 0 * Inf，则运算返回 NaN.

在使用 MATLAB 的过程中，应避免使用上述内置常数的名字作为自定义变量的名字，否则会给程序的可读性以及运行结果造成不良影响. 同时也要注意，MATLAB 指令是区分大小写的. 例如，"pi"代表圆周率的内置常数，而"Pi"或"PI"则没有圆周率的含义. 此外，对于中文系统的用户，还要注意半角符号和全角符号的问题. MATLAB 中的所有符号指的都是半角符号，若使用全角符号则会导致系统报错，指令无法运行，如上面例子中用的"("和")"都是半角括号，如果错用了中文状态的全角符号，则指令变为"3＋（sin（pi/3））^ 3"，回车后系统就会显示如图 6.1.3 所示的报错信息.

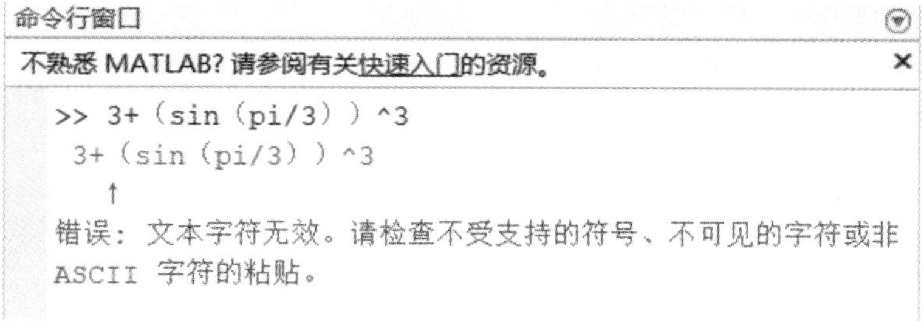

图 6.1.3

第二个信息——运算优先级. $3+\sin^3\frac{\pi}{3}$中含有三个运算，加法、三角函数和乘幂，按照数学运算的规则，在这三个运算中，应先计算三角函数 $\sin\frac{\pi}{3}$，然后计算它的立方，最后算加法. 在 MATLAB 中，可用的计算有三种——算术运算、关系运算和逻辑运算，我们可以构建使用算术运算符、关系运算符和逻辑运算符的任意组合的表达式. 处于同一优先级别的运算符具有相同的运算优先级，将从左至右依次进行计算. MATLAB 运算符的优先级规则如下：

(1) 圆括号( ).

(2) 转置(.')、幂(.^)、复共轭转置(')、矩阵幂(^).

(3) 带一元减法(.^－)、一元加法(.^＋)或逻辑求反(.^～)的幂，以及带一元减法(^－)、一元加法(^＋)或逻辑求反(^～)的矩阵幂. **需要注意**，尽管大多数运算符都从左至右运行，但(^－)(.^－)(^＋)(.^＋)(^～)和(.^～)按从右至左的顺序从第二个运行.

(4) (数组运算的)一元加法(＋)、一元减法(－)、逻辑求反(～).

(5) 乘法(.*)、右除(./)、左除(.\)、矩阵乘法(*)、矩阵右除(/)、矩阵左除(\).

(6) 加法(＋)、减法(－).

(7) 冒号运算符(:).

(8) 小于(＜)、小于或等于(＜＝)、大于(＞)、大于或等于(＞＝)、等于(＝＝)、不等于(～＝).

(9) 按元素 AND(&).

(10) 按元素 OR(|).

(11) 短路 AND(&&).

(12) 短路 OR(‖).

上面列出的是运算符的优先级顺序. 如果指令中含有数学函数，则数学函数的优先级是最高的，所以，当我们输入指令的时候使用"3＋(sin(pi/3))^3"和"3＋sin(pi/3)^3"的效果是一样的，“sin”是 MATLAB 的内置函数，无论我们加不加括号，MATLAB 都会首先处理“sin(pi/3)”.

第三个信息——计算结果“ans”，这是 MATLAB 默认用于表达输出结果的保留字，相当于系统定义了一个名字叫“ans”的变量，用于存储当前指令的计算结果或运行结果. 在这个例子中，显示的运行结果是“3.6495”，有 4 位小数，这是 MATLAB 使用“四舍五入”规则将运算结果显示到小数点后第 4 位呈现给我们的. 我们可以利用“format”指令指定运算结果的显示形式，用法为 format style.

参数 style 的取值及其含义如表 6.1.1 所示.

表 6.1.1 format 指令的参数取值表

style	含　义	举　例
short	短固定十进制小数点格式，小数点后包含 4 位数. 这是默认的数值设置	3.1416
long	长固定十进制小数点格式，double 值的小数点后包含 15 位数，single 值的小数点后包含 7 位数	3.141592653589793
shortE	短科学记数法，小数点后包含 4 位数	3.1416e+00
longE	长科学记数法，double 值的小数点后包含 15 位数，single 值的小数点后包含 7 位数	3.141592653589793e+00
shortG	短固定十进制小数点格式或科学记数法(取更紧凑的一个)，总共 5 位数	3.1416
longG	长固定十进制小数点格式或科学记数法(取更紧凑的一个). 对于 double 值，总共 15 位数；对于 single 值，总共 7 位数.	3.14159265358979
shortEng	短工程记数法，小数点后包含 4 位数，指数为 3 的倍数	3.1416e+000
longEng	长工程记数法，包含 15 位有效位数，指数为 3 的倍数	3.14159265358979e+000
+	正/负格式，对正、负和零元素分别显示 +、− 和空白字符	+
bank	货币格式，小数点后包含 2 位数	3.14
hex	二进制双精度数字的十六进制表示形式	400921fb54442d18
rational	小整数的比率	355/113
compact	隐藏过多的空白行以便在一个屏幕上显示更多输出	theta = pi/2 theta = 1.5708
loose	添加空白行以使输出更易于阅读，这是行距的默认设置	theta = pi/2 theta = 1.5708

默认情况下，MATLAB 使用“short”格式显示结果，也就是显示到小数点后 4 位小数. 假设我们想将计算结果显示为具有 15 位小数的形式，系统默认的情况即为双精度型，所以可直接输入“format long”并回车，然后输入“3＋(sin(pi/3))^3”并回车，此时结果如图 6.1.4 所示.

仔细观察图 6.1.4 会发现，MATLAB 在显示运行结果的时候添加了空行，这对于我们阅读结果比较方便，但是占用的空间比较大. 如果输出结果的内容比较多，我们希望用更紧凑的形式显示出来，则可以用“format compact”指令，效果如图 6.1.5 所示.

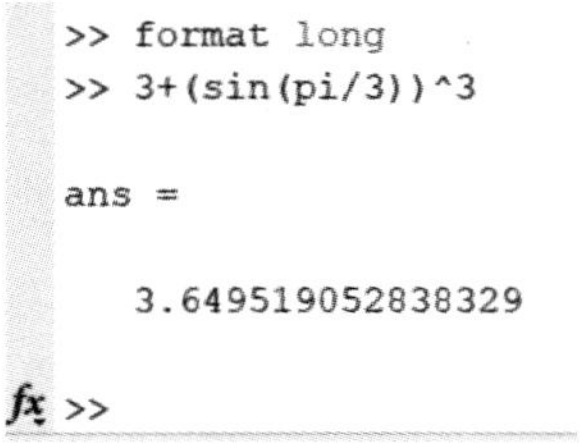

```
>> format long
>> 3+(sin(pi/3))^3

ans =

   3.649519052838329

fx >>
```

图 6.1.4

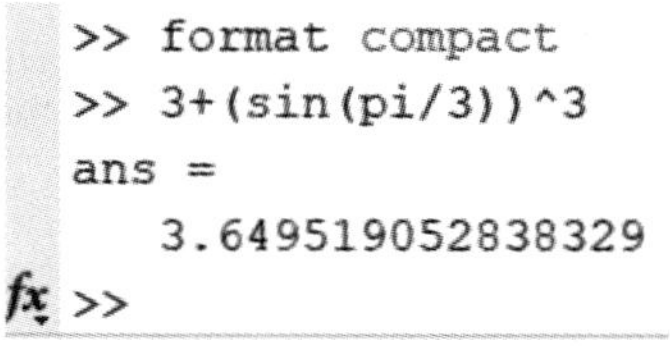

```
>> format compact
>> 3+(sin(pi/3))^3
ans =
   3.649519052838329
fx >>
```

图 6.1.5

第四个信息——内置函数“sin”，这是 MATLAB 内置的计算正弦函数的指令. 当我们遇到不熟悉的函数或者指令时，可以通过两种方式调用 MATLAB 的帮助信息. 一种方式是“help＋指令(函数)名”，如“help sin”，这时候 MATLAB 会在命令行窗口给出有关该指令(函数)的简要说明，如图 6.1.6 所示.

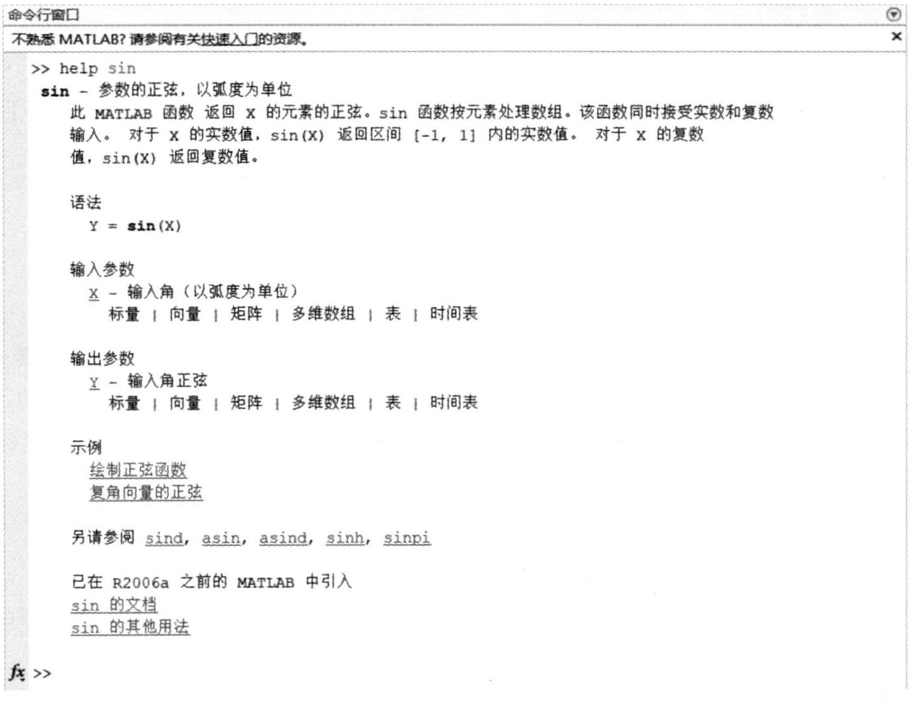

```
命令行窗口
不熟悉 MATLAB? 请参阅有关快速入门的资源。
>> help sin
 sin - 参数的正弦，以弧度为单位
    此 MATLAB 函数 返回 X 的元素的正弦。sin 函数按元素处理数组。该函数同时接受实数和复数
    输入。 对于 X 的实数值，sin(X) 返回区间 [-1, 1] 内的实数值。 对于 X 的复数
    值，sin(X) 返回复数值。

    语法
      Y = sin(X)

    输入参数
      X - 输入角（以弧度为单位）
        标量 | 向量 | 矩阵 | 多维数组 | 表 | 时间表

    输出参数
      Y - 输入角正弦
        标量 | 向量 | 矩阵 | 多维数组 | 表 | 时间表

    示例
      绘制正弦函数
      复角向量的正弦

    另请参阅 sind, asin, asind, sinh, sinpi

    已在 R2006a 之前的 MATLAB 中引入
    sin 的文档
    sin 的其他用法

fx >>
```

图 6.1.6

另一种方式是“doc + 指令(函数)名”，如“doc sin”，此时 MATLAB 会打开一个帮助文档窗口，单独显示有关“sin”函数的详细说明文档，如图 6.1.7 所示.

图 6.1.7

事实上，MATLAB 提供了非常丰富且详细的在线帮助内容，利用好它的帮助文档系统，可以事半功倍地解决我们在使用中遇到的很多问题.

6.2 矩阵与行列式计算

在 MATLAB 中，矩阵又称为数组，矩阵的操作包括创建矩阵、引用矩阵元素、改变矩阵形状、获取矩阵信息、进行矩阵运算等. 关于行列式的计算，并不是单独定义的，而是依托矩阵，作为矩阵的一种运算出现的，同时，由于向量本质上也是一种矩阵，所以向量的运算也是依托矩阵的运算实现的.

6.2.1 创建矩阵

MATLAB 创建矩阵主要有两种方法：一种是用直接赋值的方法创建简单矩阵，另一种是使用函数创建特殊矩阵.

用直接赋值的方法创建简单矩阵是通过方括号“[]”实现的，位于同一行的元素之间用逗号或空格隔开，不同的行之间用分号隔开.

例如，在命令行窗口中输入“A=[1，2，3；4，5，6；7，8，9]”并回车，则显示结果为

```
A =
    1    2    3
    4    5    6
    7    8    9
```

这样便创建了一个 3 行 3 列的方阵，并将结果存放在变量 **A** 中.

类似地，可以创建行向量和列向量. 例如：

```
>> B=[1, 2, 3]
B =
    1    2    3
>> C=[1; 2; 3]
C =
    1
    2
    3
```

如果要创建的矩阵元素有一定的规律性，也可以使用“:”运算符来帮助我们快速完成创建. 例如，要创建一个 2 行 4 列的矩阵，第一行从 1 开始依次增加 3，到 10 结束，第二行从 2 开始依次增加 2，到 8 结束，并将结果存放在变量“A”中，只要在命令行窗口中输入“A=[1：3：10；2：2：8]”并回车，即可得到相应的结果：

```
A =
    1    4    7    10
    2    4    6    8
```

这里面用到了一种“a：b：c”的结构. 其中，“a”代表起始元素；“b”代表每次的增量，也称为步长；“c”则代表终止条件；“a：b：c”将列出从“a”开始，每次增加“b”，且最终不超过“c”的所有数值；“1：3：10”和“1：3：11”列出的同样都是“1，4，7，10”这 4 个数.

MATLAB 中有一些指令可以帮我们快速创建一些特殊矩阵. 例如，在命令行窗口中输入“A=ones(3，4)”并回车，得到的结果为

```
A =
    1    1    1    1
    1    1    1    1
    1    1    1    1
```

在这条指令中，“ones”是创建元素全都是“1”的矩阵的函数，“(3，4)”代表创建的矩阵结构是 3 行 4 列的. 表 6.2.1 列出了 MATLAB 中创建特殊矩阵的函数及其功能说明.

表 6.2.1　创建特殊矩阵的函数及其功能

函数名称	函数功能
ones(n)	创建一个 $n\times n$ 的 1 元素矩阵
ones(m，n，…，p)	创建一个 $m\times n\times\cdots\times p$ 的 1 元素矩阵(多维数组)
ones(size(A))	创建一个和矩阵 **A** 同样大小的 1 元素矩阵
zeros(n)	创建一个 $n\times n$ 的 0 元素矩阵

续表

函数名称	函数功能
zeros(m, n, …, p)	创建一个 $m\times n\times\cdots\times p$ 的 0 元素矩阵(多维数组)
zeros(size(A))	创建一个和矩阵 $\boldsymbol{A}$ 同样大小的 0 元素矩阵
eye(n)	创建一个 $n\times n$ 的单位矩阵
eye(m, n)	创建一个 $m\times n$ 的单位矩阵
eye(size(A))	创建一个和矩阵 $\boldsymbol{A}$ 同样大小的单位矩阵
magic(n)	创建一个 n 阶魔方阵，其每一行、每一列的元素之和都相等
rand(n)	创建一个 $n\times n$ 的随机矩阵，其元素为 0～1 之间均匀分布的随机数
rand(m, n, …, p)	创建一个 $m\times n\times\cdots\times p$ 的随机矩阵(多维数组)，其元素为 0～1 之间均匀分布的随机数
randn(n)	创建一个 $n\times n$ 的随机矩阵，其元素为标准正态分布随机数
randn(m, n, …, p)	创建一个 $m\times n\times\cdots\times p$ 的随机矩阵(多维数组)，其元素为标准正态分布随机数
diag(x)	创建一个 n 阶对角阵，它的主对角线元素值取自向量 x
diag(A, k)	由矩阵 $\boldsymbol{A}$ 第 k 条对角线的元素创建一个列向量，$k=0$ 表示主对角线，$k>0$ 位于主对角线上方，$k<0$ 位于主对角线下方
diag(x, k)	创建一个 $(n+\|k\|)\times(n+\|k\|)$ 的矩阵，将向量 $\boldsymbol{x}$ 的元素放置在第 k 条对角线上. $k=0$ 表示主对角线，$k>0$ 位于主对角线上方，$k<0$ 位于主对角线下方，其余元素为 0

需要注意的是，有些函数创建的矩阵与本书第 2 章介绍的矩阵的定义略有不同. 例如，“eye”函数可以创建单位矩阵，输入“eye(3) ”并回车，我们可以得到一个 3 阶单位阵：

```
ans =
        1     0     0
        0     1     0
        0     0     1
```

如果输入“eye(3, 5)”并回车，得到的结果为

```
ans =
        1     0     0     0     0
        0     1     0     0     0
        0     0     1     0     0
```

这与第 2 章定义的单位矩阵形式并不相符，第 2 章定义的单位矩阵是方阵，而这里的矩阵并不是方阵，是一种左上角为单位方阵、其余元素均为 0 的矩阵，这是一种广义上的单位矩阵形式. 类似的情况在使用中要注意区分.

6.2.2　对矩阵元素的操作

创建完矩阵之后，如果想引用或改变该矩阵的某个元素，则使用圆括号标明相应的下标即可. 例如，创建一个 4 阶魔方阵，记为 **A**，计算 **A** 的第 2 行第 3 列的元素与第 4 行第 1 列元素的乘积，其过程和结果为

```
>> A=magic(4)
A =
    16     2     3    13
     5    11    10     8
     9     7     6    12
     4    14    15     1
>> A(2, 3) * A(4, 1)
ans =
    40
```

如果想把 **A** 的第 3 行第 2 列的元素修改为 0，则可使用“A(3, 2)=0”，结果为

```
>> A(3, 2)=0
A =
    16     2     3    13
     5    11    10     8
     9     0     6    12
     4    14    15     1
```

如果想对 **A** 矩阵的某一行或某一列进行操作，则可使用“:”实现. 例如，计算 **A** 的第 1 行元素与第 4 行对应元素的和，可使用“A(1, :)+A(4, :)”，结果为

```
>> A(1, :)+A(4, :)
ans =
    20    16    18    14
```

冒号是 MATLAB 中最有用的运算符之一. A(:, n)、A(m, :)、A(:)和 A(j: k)是包含冒号的矩阵 **A** 的常见索引表达式. 如果在索引表达式中使用冒号作为下标，如 A(:, n)，则它是包含特定数组维度中所有下标的简写形式. 创建使用冒号进行索引的向量也很常见，如 A(j: k). 有些索引表达式结合了两种冒号用法，如 A(:, j: k).

包含冒号的常见索引表达式及其含义如下：

(1) A(:, n)：代表矩阵 **A** 的第 n 列.

(2) A(m, :)：代表矩阵 **A** 的第 m 行.

(3) A(:)：将 **A** 中的所有元素重构成一个列向量. 如果 **A** 已经是列向量，则此表达式没有任何作用.

(4) A(j: k)：使用向量 $\boldsymbol{j},\cdots,\boldsymbol{k}$ 对 **A** 进行索引，相当于向量[A(j), A(j+1), …, A(k)].

(5) A(:, j: k)：包含第一个维度中的所有下标，但使用向量 $\boldsymbol{j},\cdots,\boldsymbol{k}$ 对第二个维度进行索引. 这样将返回包含列[A(:, j), A(:, j+1), …, A(:, k)]的矩阵.

需要说明的是，在 MATLAB 中，矩阵的元素是按列顺序存储的，这一点对于准确引

用矩阵元素至关重要. 我们仍以 4 阶魔方阵为例，输入“A＝magic(4) ”并回车，便得到了记为 **A** 的 4 阶魔方阵，下面比较一下“A(1，2)”和“A(5) ”这两个结果.

```
>> A=magic(4)
A =
    16     2     3    13
     5    11    10     8
     9     7     6    12
     4    14    15     1
>> A(1, 2)
ans =
     2
>> A(5)
ans =
     2
```

我们会发现这两个指令输出的结果都是 **A** 的第 1 行第 2 列的元素. 也就是说，这两个指令是等同的. 事实上，“A(1，2)”是按照矩阵的下标引用元素的，“A(5) ”则是按照 **A** 中元素的存储顺序引用元素的，**A** 的每一列有 4 个元素，所以 **A** 的第 5 个元素恰好是第 1 行第 2 列的位置. 理解了 MATLAB 中矩阵元素的存储顺序，就不难想象“A(3：6)”这条指令的结果了，它代表引用 **A** 矩阵的第 3 个到第 6 个元素.

```
>> A(3: 6)
ans =
     9     4     2    11
```

“reshape”是 MATLAB 中一个常用的重构矩阵函数. 所谓重构，就是通过重新排列现有元素位置来重新构建矩阵.

reshape 的指令格式有两种：

(1) B＝reshape(A，sz)：它的作用是使用大小向量 sz 重构 **A** 以定义 size(**B**). 例如，reshape(A，[2，3])将 A 重构为一个 2×3 的矩阵. sz 至少包含 2 个元素.

(2) B＝reshape(A，sz1，…，szN)：它的作用是将 **A** 重构为一个 sz1×…×sz$N$ 的数组，其中 sz1，…，sz$N$ 指示每个维度的大小. 可以指定“[]”的单个维度大小，以便自动计算维度大小，以使 **B** 中的元素数与 **A** 中的元素数相匹配. 例如，如果 **A** 是一个 10×10 的矩阵，则 reshape(A，2，2，[])将 **A** 的 100 个元素重构为一个 2×2×25 数组.

例如，将 4 阶魔方阵 **A** 重构为具有 2 个列的矩阵 **B**，指令和结果为

```
>> B=reshape(A, [], 2)
B =
    16     3
     5    10
     9     6
     4    15
     2    13
    11     8
```

```
     7    12
    14     1
```

矩阵的重构过程与矩阵元素的存储顺序是密切相关的.

MATLAB 中另一个比较常用的矩阵重构函数是“rot90”，它表示将矩阵旋转 90°，用法有两种：

(1) B=rot90(A)：表示将矩阵 **A** 逆时针旋转 90°.

(2) B=rot90(A, k)：表示将矩阵 **A** 按逆时针方向旋转 $k\times 90°$，其中 k 是一个整数.

例如，将前面的 4 阶魔方阵逆时针旋转 90°，指令和结果为

```
>> B=rot90(A)
B =
    13     8    12     1
     3    10     6    15
     2    11     7    14
    16     5     9     4
```

MATLAB 中还有其他一些矩阵重构函数，如 sort、flip、flipr、flipup 等，其含义和用法，读者可查阅 MATLAB 的帮助文档.

6.2.3　矩阵的计算

1. 矩阵的加减法

矩阵的加法有两种实现方式，分别是：

(1) C=A+B：通过对应元素相加将矩阵 **A** 和 **B** 相加. **A** 和 **B** 的大小必须相同或兼容.

(2) C=plus(A, B)：执行 **A**+**B** 的替代方法，但很少使用.

矩阵的减法也有两种实现方式，分别是：

(1) C=A-B：从 **A** 矩阵中减去 **B** 矩阵，方法是将对应的元素相减. **A** 和 **B** 的大小必须相同或兼容.

(2) C=minus(A, B)：执行 **A**-**B** 的替代方法，但很少使用.

矩阵加减法的示例如下：

```
>> A=[1, 2, 3; 4, 5, 6]
A =
     1     2     3
     4     5     6
>> B=[-1, -2, -3; -4, -5, -6]
B =
    -1    -2    -3
    -4    -5    -6
>> A+B
ans =
     0     0     0
```

```
    0    0    0
>> A-B
ans =
    2    4    6
    8   10   12
```

2. 矩阵的乘法

在 MATLAB 中，矩阵的乘法分为两种：一种是矩阵的乘积；另一种是矩阵对应元素的乘积. 同时还包括由此衍生出来的方阵的乘幂运算和矩阵元素的乘幂运算.

矩阵的乘积有两种实现方法，分别是：

(1) C=A*B: $\boldsymbol{A}$ 和 $\boldsymbol{B}$ 的矩阵乘积. 如果 $\boldsymbol{A}$ 是 $m\times p$ 矩阵，$\boldsymbol{B}$ 是 $p\times n$ 矩阵，则 $\boldsymbol{C}$ 是 $m\times n$ 矩阵. 注意矩阵乘法不一定能互换位置，也就是说，A*B 不一定等于 B*A.

(2) C=mtimes(A, B)：执行 A*B 这一操作的替代方法，但很少使用.

例如：

```
>> A=[1, 2, 3; 4, 5, 6]
A =
    1    2    3
    4    5    6
>> B=[1, 0; 0, 1; 0, 0]
B =
    1    0
    0    1
    0    0
>> A*B
ans =
    1    2
    4    5
>> B*A
ans =
    1    2    3
    4    5    6
    0    0    0
```

矩阵对应元素的乘积也有两种实现方法，分别是：

(1) C=A. *B: 通过将对应的元素相乘来将矩阵 $\boldsymbol{A}$ 和 $\boldsymbol{B}$ 相乘. $\boldsymbol{A}$ 和 $\boldsymbol{B}$ 的大小必须相同或兼容.

(2) C=times(A, B)：执行 A. *B 的替代方法，但很少使用.

例如：

```
>> A=[1, 2, 3; 4, 5, 6]
A =
    1    2    3
    4    5    6
```

```
>> B=[2, 2, 2; 3, 3, 3]
B =
     2     2     2
     3     3     3
>> A.*B
ans =
     2     4     6
    12    15    18
>> B.*A
ans =
     2     4     6
    12    15    18
```

对于矩阵对应元素的乘积这种运算，$\boldsymbol{A}$ 与 $\boldsymbol{B}$ 是可交换的，即 A.∗B 和 B.∗A 结果相同.

方阵的乘幂有两种实现方式，分别是：

(1) C=A^b：计算 $\boldsymbol{A}$ 的 b 次幂并将结果返回给 $\boldsymbol{C}$.

(2) C=mpower(A, b)：执行 A^b 的替代方法，但很少使用.

例如，计算 3 阶魔方阵的平方，指令和结果为

```
>> A=magic(3)
A =
     8     1     6
     3     5     7
     4     9     2
>> A^2
ans =
    91    67    67
    67    91    67
    67    67    91
>> A*A
ans =
    91    67    67
    67    91    67
    67    67    91
```

不难看出，"A^2"和"A∗A"是等同的.

矩阵元素的乘幂运算是对矩阵的每个元素进行相应的乘幂运算，所以并不要求一定是方阵，实现方式有两种，分别是：

(1) C=A.^B：计算 $\boldsymbol{A}$ 中每个元素在 $\boldsymbol{B}$ 中对应指数的幂. $\boldsymbol{A}$ 和 $\boldsymbol{B}$ 的大小必须相同或兼容.

(2) C=power(A, B)：执行 A.^B 的替代方法，但很少使用.

例如：

```
>>  A=[1, 2, 3; 4, 5, 6]
A =
      1     2     3
      4     5     6
>> B=[3, 3, 3; 2, 2, 2]
B =
      3     3     3
      2     2     2
>>  A.^B
ans =
      1     8    27
     16    25    36
```

3. 矩阵的除法

在线性代数的理论中，并没有矩阵除法这种运算，而在 MATLAB 中，为了方便求解线性方程组等内容，MATLAB 定义了几种矩阵的除法运算，主要有矩阵的左除和右除、矩阵对应元素的左除和右除这四种.

矩阵的左除是从求解方程组 $\boldsymbol{AX}=\boldsymbol{B}$ 的过程演化而来的，实现方式有两种，分别是：

(1) x=A\B：要求矩阵 $\boldsymbol{A}$ 和 $\boldsymbol{B}$ 必须具有相同的行数. 如果 $\boldsymbol{A}$ 是 $n\times n$ 方阵，$\boldsymbol{B}$ 是 n 行矩阵，那么 x=A\B 是方程 A * x=B 的解(如果存在解的话). 当 $\boldsymbol{A}$ 不可逆的时候，MATLAB 将会显示警告信息，提示计算结果可能不准确，但还是会执行计算. 如果 $\boldsymbol{A}$ 是矩形 $m\times n$ 矩阵，且 $m\neq n$，$\boldsymbol{B}$ 是 m 行矩阵，那么 A\B 返回方程组 A * x=B 的最小二乘解.

(2) x=mldivide(A, B)：执行 x=A\B 这一操作的替代方法，但很少使用.

【例 6.2.1】 求解方程组

$$\begin{pmatrix}2 & 1\\ 3 & 2\end{pmatrix}X=\begin{pmatrix}-2 & 4\\ 3 & 1\end{pmatrix}.$$

解 求解指令和运行结果为

```
>> A=[2, 1; 3, 2]
A =
      2     1
      3     2
>> B=[-2, 4; 3, 1]
B =
     -2     4
      3     1
>> X=A\B
X =
     -7.0000      7.0000
     12.0000    -10.0000
```

矩阵的右除是从求解方程组 $\boldsymbol{XA}=\boldsymbol{B}$ 的过程演化而来的，实现方式有两种，分别是：

(1) x＝B/A：要求矩阵 **A** 和 **B** 必须具有相同的列数．如果 **A** 是 $n\times n$ 方阵，**B** 是 n 列矩阵，那么 x＝B/A 是方程 x＊A＝B 的解(如果存在解的话)．当 **A** 不可逆的时候，MATLAB 将会显示警告信息，提示计算结果可能不准确，但还是会执行计算．如果 **A** 是矩形 $m\times n$ 矩阵，且 $m\neq n$，**B** 是 n 列矩阵，那么 x＝B/A 返回方程组 x＊A＝B 的最小二乘解．

(2) x＝mrdivide(B，A)：执行 x＝B/A 这一操作的替代方法，但很少使用．

【例 6.2.2】 求解方程组

$$\boldsymbol{X}\begin{pmatrix}-3 & 2\\ 5 & -3\end{pmatrix}=\begin{pmatrix}-2 & 4\\ 3 & 1\end{pmatrix}.$$

解　求解指令和运行结果为

```
>> A=[-3, 2; 5, -3]
A =
    -3     2
     5    -3
>> B=[-2, 4; 3, 1]
B =
    -2     4
     3     1
>> X=A/B
X =
     0.6429   -0.5714
    -1.0000    1.0000
```

矩阵对应元素的左除运算符为“.\”，“A.\B”相当于进行 $b_{ij}\div a_{ij}$ 运算，ldivide(A，B)是 A.\B 这一操作的替代方法，但很少使用．矩阵对应元素的右除运算符为“./”，“A./B”相当于进行 $a_{ij}\div b_{ij}$ 运算，rdivide(A，B)是 A./B 这一操作的替代方法，同样很少使用．通过下面的示例可以体会到矩阵对应元素的左除和右除运算的区别．

```
>> A=[1, 2, 4; 8, 10, 20]
A =
     1     2     4
     8    10    20
>> B=ones(2, 3)
B =
     1     1     1
     1     1     1
>> A.\B
ans =
    1.0000    0.5000    0.2500
    0.1250    0.1000    0.0500
>> A./B
ans =
     1     2     4
     8    10    20
```

4. 方阵的行列式

在 MATLAB 中并不提供单独计算行列式的方法，如果要计算一个行列式的值，则首先要定义一个方阵，然后用“det”函数计算这个矩阵的行列式，指令格式为 d=det(A)，返回结果为方阵 $\boldsymbol{A}$ 的行列式的值.

例如：

```
>> A=[1, 3, 5; 6, 4, 2; 1, 0, 1]
A =
     1     3     5
     6     4     2
     1     0     1
>> d=det(A)
d =
     -28
```

需要注意的是，由于 MATLAB 是采用矩阵的 LU 分解算法来计算其行列式的，计算结果可能会有一定的浮点误差，所以 MATLAB 不建议使用 det 函数判断矩阵是否可逆.

5. 逆矩阵

在 MATLAB 中，求逆矩阵的函数是 inv，其指令格式为 Y=inv(A). 这条指令也可用“A^(-1)”代替，二者是等同的.

例如：

```
>>A=[1, 3, 5; 6, 4, 2; 1, 0, 1]
A =
     1     3     5
     6     4     2
     1     0     1
>> Y=inv(A)
Y =
    -0.1429    0.1071    0.5000
     0.1429    0.1429   -1.0000
     0.1429   -0.1071    0.5000
>> B=A^(-1)
B =
    -0.1429    0.1071    0.5000
     0.1429    0.1429   -1.0000
     0.1429   -0.1071    0.5000
>> A*Y
ans =
    1.0000         0         0
         0    1.0000         0
         0         0    1.0000
```

根据线性代数的理论，逆矩阵可以利用方阵的行列式和伴随矩阵来求解. 在 MATLAB 中，求伴随矩阵的函数为 adjoint，其格式为 B=adjoint(A).

对于上面给出的矩阵 **A**，接下来用行列式和伴随矩阵求它的逆矩阵，并验证结果.

```
>> B=adjoint(A)
B =
     4.0000    -3.0000   -14.0000
    -4.0000    -4.0000    28.0000
    -4.0000     3.0000   -14.0000
>> D=det(A)
D =
    -28
>> INVA=B/D
INVA =
    -0.1429    0.1071     0.5000
     0.1429    0.1429    -1.0000
     0.1429   -0.1071     0.5000
>> A*INVA
ans =
    1.0000    0.0000    0.0000
    0.0000    1.0000    0.0000
    0.0000    0.0000    1.0000
```

6. 矩阵的转置

在 MATLAB 中，矩阵的转置运算可以通过运算符“. ′ ”或 transpose 函数来完成. 直接使用运算符“′”代表计算共轭转置矩阵，“. ″ ”则代表非共轭转置矩阵. 对于实矩阵而言，“′”与“. ′”是等同的，可以不加区分. transpose 函数的格式为 B=transpose(A).

例如：

```
>> A=[1, 2, 3, 4; 0, 9, 8, 7]
A =
     1     2     3     4
     0     9     8     7
>> A'
ans =
     1     0
     2     9
     3     8
     4     7
>> transpose(A)
ans =
     1     0
     2     9
     3     8
     4     7
```

7. 矩阵的秩与化简

在求矩阵的秩的时候，可以利用初等变换先将矩阵化简为行阶梯形，然后根据非零行的个数确定矩阵的秩. rref 函数是 MATLAB 中将矩阵化简为行阶梯形最简形的函数，rank 函数是求矩阵的秩的函数，二者的指令格式如下：

(1) B=rref(A)：将矩阵 **A** 化为行阶梯形最简形.

(2) r=rank(A)：计算矩阵 **A** 的秩.

例如：

```
>> A=[1, 2, 3, 4; 5, 2, 3, 1; 4, 0, 0, -3; 7, 8, 1, 0]
A =
     1     2     3     4
     5     2     3     1
     4     0     0    -3
     7     8     1     0
>> B=rref(A)
B =
    1.0000         0         0   -0.7500
         0    1.0000         0    0.5000
         0         0    1.0000    1.2500
         0         0         0         0
>> r=rank(A)
r =
     3
```

8. 矩阵的特征值与特征向量

MATLAB 中用于求解矩阵特征值和特征向量的函数是 eig，其常用格式为[V, D]=eig(A)，返回值里的 **D** 代表由特征值构成的对角矩阵，矩阵 **V** 的每一列都是一个特征向量，**D** 中特征值的次序和 **V** 中对应的特征向量的次序是一致的.

经常与特征值和特征向量运算一起出现的是向量组的正交规范化运算，其函数为 orth，常用的指令格式为 Q=orth(A). 矩阵 **A** 的列向量组是要进行正交规范化的向量组，orth 函数根据 **A** 的列向量组进行正交规范化，其结果以列向量组的形式存储于矩阵 **Q**.

【例 6.2.3】 求正交变换 $\boldsymbol{x}=\boldsymbol{P}\boldsymbol{y}$，将二次型

$$f=4x_1^2+x_2^2+4x_3^2-4x_1x_2-8x_1x_3+4x_2x_3$$

化为标准形.

解 首先写出二次型矩阵：

```
>> A=[4, -2, -4; -2, 1, 2; -4, 2, 4]
A =
     4    -2    -4
    -2     1     2
    -4     2     4
```

然后求出特征值和特征向量：

```
>> [V, D]=eig(A)
V =
   -0.1066   -0.7377   -0.6667
   -0.9279   -0.1672    0.3333
```

```
    0.3574   -0.6541    0.6667
D =
   -0.0000         0         0
         0    0.0000         0
         0         0    9.0000
```

从运行结果可以看出特征值分别为 0、0、9，**V** 的第 1 列和第 2 列是特征值 0 对应的特征向量，**V** 的第 3 列是特征值 9 对应的特征向量.

用 orth 函数对 **V** 进行正交规范化处理：

```
>> P=orth(V)
P =
    0.6667    0.7377   -0.1066
   -0.3333    0.1672   -0.9279
   -0.6667    0.6541    0.3574
```

P 是所求的正交变换矩阵，它将该二次型化标准形为 $f=9y_3^2$，这个标准形里面只有一项，用 rank(A)求得二次型矩阵 **A** 的秩为 1，说明标准形里只有一项是合理的.

6.3　求解线性方程组

尽管非齐次线性方程组有 $\boldsymbol{AX}=\boldsymbol{B}$ 和 $\boldsymbol{XA}=\boldsymbol{B}$ 这两种矩阵表达形式，但是在实际使用中，$\boldsymbol{AX}=\boldsymbol{B}$ 的形式相对用的多一些，所以接下来主要针对这种表达形式来展示如何在 MATLAB 中对其求解. 非齐次线性方程组可以使用矩阵的除法、逆矩阵、矩阵的行列式(克拉默法则)以及 linsolve 函数等多种方式来求解.

【例 6.3.1】　求解方程组

$$\begin{cases}2x_1+5x_2-3x_3+2x_4=3\\-x_1-3x_2+2x_3-x_4=-1\\-3x_1+4x_2+8x_3-2x_4=-5\\6x_1-x_2-6x_3+4x_4=2\end{cases}.$$

解　首先写出该方程组的系数矩阵和非齐次项向量：

```
>> A=[2, 5, -3, 2; -1, -3, 2, -1; -3, 4, 8, -2; 6, -1, -6, 4]
A =
     2     5    -3     2
    -1    -3     2    -1
    -3     4     8    -2
     6    -1    -6     4
>> b=[3, -1, -5, 2]'
b =
     3
    -1
    -5
     2
```

为了更准确地表达求解结果，将显示格式设置为分数形式：

```
>> format rat
```

方法一 用矩阵除法求解：

```
>> X=A\b
X =
   -133/17
    -18/17
     -1/17
    202/17
```

方法二 用逆矩阵求解：

```
>> X=inv(A) * b
X =
   -133/17
    -18/17
     -1/17
    202/17
```

方法三 用增广矩阵的行阶梯最简形求解：

```
>> rref([A, b])
ans =
     1    0    0    0   -133/17
     0    1    0    0    -18/17
     0    0    1    0     -1/17
     0    0    0    1    202/17
```

方法四 用 linsolve 函数求解：

```
>> X=linsolve(A, b)
X =
   -133/17
    -18/17
     -1/17
    202/17
```

方法五 用行列式(克拉默法则)求解：

```
>> D=A;
>> D1=[b, A(:, 2:4)];
>> D2=[A(:, 1), b, A(:, 3:4)];
>> D3=[A(:, 1:2), b, A(:, 4)];
>> D4=[A(:, 1:3), b];
>> X=[det(D1)/det(D), det(D2)/det(D), det(D3)/det(D), det(D4)/det(D)]'
X =
   -133/17
    -18/17
     -1/17
    202/17
```

上面用了五种不同的方法对方程组进行求解，得到的结果是相同的. 对于例 6.3.1 这种简单的方程组，这五种方法在求解速度、精度等方面不会有明显差异，但是对于比较复杂的方程组，不同的方法可能会有较大差异. MATLAB 中推荐的方法是用矩阵的除法求解方程组. 需要注意的是，在线性代数的理论中，非齐次线性方程组的解有三种情况，分别是：唯一解、无解和无穷多解. 其中无解主要是由于存在矛盾方程导致的，但在 MATLAB 中，矩阵除法将利用最小二乘法找出它认为最优的解，而不是给出无解的结论. 对于无穷多解的情况，矩阵除法给出的是一个特解，这个特解中非零元素的个数与系数矩阵的秩相同，并且范数是这类特解中最小的.

对于齐次线性方程组 $\boldsymbol{AX}=\mathbf{0}$，MATLAB 中常用的求解函数是 null，它的常用指令格式有两种形式：

(1) X=null(A)：返回结果是解空间的一组标准正交基.

(2) X=null(A, "rational")：返回结果是解空间的有理基，它通常不是正交基.

【例 6.3.2】 求解方程组

$$\begin{cases} x_1-x_2-x_3+x_4=0 \\ x_1-x_2+x_3-3x_4=0 \\ x_1-x_2-2x_3+3x_4=0 \end{cases}.$$

解　首先写出系数矩阵：

```
>> A=[1, -1, -1, 1; 1, -1, 1, -3; 1, -1, -2, 3]
A =
     1    -1    -1     1
     1    -1     1    -3
     1    -1    -2     3
```

然后用 null 函数求解：

```
>> X=null(A, "rational")
X =
     1     1
     1     0
     0     2
     0     1
```

矩阵 $\boldsymbol{X}$ 是求解的结果，它的两列是两个线性无关的解向量，形成了解空间的一个基，结合线性代数的理论知识，我们可以通过求系数矩阵的秩以及化系数矩阵为行阶梯形最简形来检查求解结果是否准确.

```
>> rank(A)
ans =
     2
>> rref(A)
ans =
     1    -1     0    -1
     0     0     1    -2
     0     0     0     0
```

6.4 数据可视化

在学习和研究工作中，数值形式的结果对于问题的分析过程是非常重要的一种表达方式，但是如果只有数值形式，往往不够直观，为了加深对问题的认识，更形象地展现分析方法和结果，我们还需要对某些表达式绘制图形.

数据可视化就是用图形图像来表达数据. MATLAB 提供了非常丰富且功能十分强大的图形绘制函数，限于篇幅，本节只选取与线性代数内容有关的一部分函数进行介绍，通过具体的实例展示它们的基本用法.

6.4.1 plot 函数

plot 函数是一个绘制二维线图的函数，常用的指令格式有：

(1) plot(X, Y)：$\boldsymbol{X}$ 和 $\boldsymbol{Y}$ 为相同维数的向量，代表坐标数据，坐标点之间用直线连接.

(2) plot(X, Y, LineSpec)：$\boldsymbol{X}$ 和 $\boldsymbol{Y}$ 为相同维数的向量，代表坐标数据，LineSpec 用于指定绘制时候使用的线型、坐标点标记符号、颜色等绘制属性.

(3) plot(X1, Y1, …, Xn, Yn)：同时绘制多条线，每组 $\boldsymbol{X}$ 和 $\boldsymbol{Y}$ 代表一条线的坐标数据.

(4) plot(X1, Y1, LineSpec1, …, Xn, Yn, LineSpecn)：同时绘制多条线，每条线的绘制属性由每组坐标数据后面的 LineSpec 参数设定.

【例 6.4.1】 绘制 $y=\sin x$ 在$[-2\pi, 2\pi]$范围内的图形.

解 在 MATLAB 命令行窗口依次输入以下指令并回车.

```
>> X=-2*pi:0.1:2*pi;
>> Y=sin(X);
>> plot(X, Y)
```

MATLAB 输出的图形如图 6.4.1 所示.

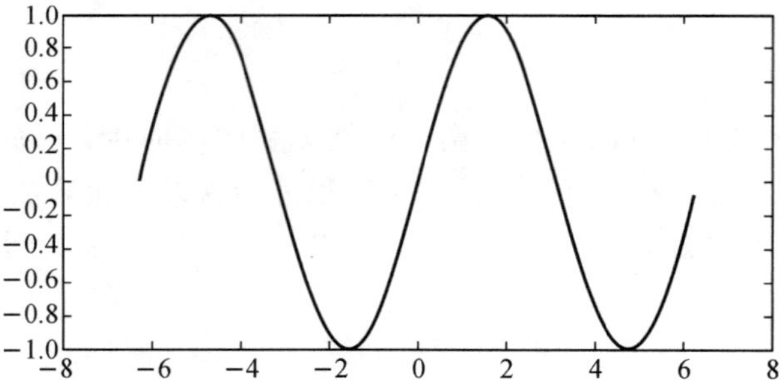

图 6.4.1

图 6.4.1 虽然展示出了正弦函数图形的基本特征，但是看起来不够美观，我们还可以用 LineSpec 属性对图形进行修饰. LineSpec 属性设置分为字符串设置和“参数名称=参数值”设置两个部分. 字符串设置方式可用“参数名称=参数值”方式完全代替，但反之不行.

使用字符串时可以用双引号，也可以用单引号.

表 6.4.1、表 6.4.2 和表 6.4.3 分别列出了用字符串方式设置 LineSpec 属性时可用的字符.

表 6.4.1　线型字符及其含义

线型字符	含 义	线型示例
"-"	实线	————————
"--"	虚线	- - - - - - - - - - - -
":"	点线	························
"-."	点划线	-·-·-·-·-·-·-·-·-

表 6.4.2　坐标点标记字符及其含义

标记字符	含 义	标记示例
"o"	圆圈	○
"+"	加号	+
"*"	星号	✳
"."	点	•
"x"	叉号	×
"_"	水平线条	—
"|"	垂直线条	|
"square"	方形	□
"diamond"	菱形	◇
"^"	上三角	△
"v"	下三角	▽
">"	右三角	▷
"<"	左三角	◁
"pentagram"	五角形	☆
"hexagram"	六角形	✡

表 6.4.3　颜色字符及其含义

颜色字符	短名称	对应的 RGB 三元组	十六进制颜色代码
"red"	"r"	[1 0 0]	"#FF0000"
"green"	"g"	[0 1 0]	"#00FF00"

续表

颜色字符	短名称	对应的 RGB 三元组	十六进制颜色代码
"blue"	"b"	[0 0 1]	"#0000FF"
"cyan"	"c"	[0 1 1]	"#00FFFF"
"magenta"	"m"	[1 0 1]	"#FF00FF"
"yellow"	"y"	[1 1 0]	"#FFFF00"
"black"	"k"	[0 0 0]	"#000000"
"white"	"w"	[1 1 1]	"#FFFFFF"

可以用"参数名称=参数值"的方式设置的属性有：

1. Color(线条颜色)

线条颜色的参数值可以使用表 6.4.3 中给出的颜色字符、短名称、对应的 RGB 三元组、十六进制颜色代码，RGB 三元组还可以用于自定义颜色.

使用方法示例：Color="red"，Color="r"，Color=[1 0 0]，Color="#FF0000".

2. LineStyle(线型)

线型参数的取值为表 6.4.1 所列的字符.

使用方法示例：LineStyle="--".

3. LineWidth(线条宽度)

线条宽度参数值是以磅为单位的正数，其中 1 磅等于 1/72 英寸. 线宽不能小于像素的宽度. 该参数也会影响坐标点标记的线条宽度.

使用方法示例：LineWidth=2，LineWidth=0.5.

4. Marker(坐标点标记符号)

坐标点标记符号的参数取值为表 6.4.2 所列的字符.

使用方法示例：Marker="x".

5. MarkerIndices(要显示标记的数据点的索引)

要显示标记的数据点的索引参数用于指定对哪些坐标点进行标记，参数值为正整数向量. 这个参数不能单独使用，要与上面的 Marker 参数一同设置才有效.

使用方法示例：

MarkerIndices= 1：20：length(Y)，每隔 20 个坐标点设置一个标记.

MarkerIndices=[1，5，13，20]，在第 1、5、13、20 个坐标点设置标记.

6. MarkerEdgeColor(标记的轮廓颜色)

标记轮廓颜色的参数用于设置坐标点标记符号的轮廓的颜色，取值和用法与 Color 参数相同.

7. MarkerFaceColor(标记填充颜色)

标记填充颜色参数用于设置坐标点标记符号的填充颜色，取值和用法与 Color 参数相同.

8. MarkerSize(坐标点标记的大小)

坐标点标记的参数值是以磅为单位的正数，其中 1 磅等于 1/72 英寸. 这个参数不能单独使用，要与上面的 Marker 参数一同设置才有效.

需要说明的是，这些属性的设置只与取值有关，与次序无关. 参数设置方法除了"参数名称=参数值"这种方式之外，也可使用字符串方式，如'Color' 'b'.

下面利用上述属性的设置方法，重新绘制正弦曲线图形.

【例 6.4.2】 绘制 $y=\sin x$ 在$[-2\pi, 2\pi]$范围内的图形. 要求：横坐标间隔步长为0.2；每隔 5 个坐标点设置一个圆圈形标记，标记大小为 10 磅，轮廓为黑色，用蓝色填充；连接线用虚线，线宽为 2 磅，颜色为红色.

解 绘图指令如下：

```
>> X=-2*pi:0.2:2*pi;
>> Y=sin(X);
>> plot(X, Y, LineStyle='--', LineWidth=2, Color='r', …
        Marker='o', MarkerIndices=1:5:length(X), …
        MarkerEdgeColor='k', MarkerFaceColor='b', …
        MarkerSize=10)
```

指令中连续三个点的符号"…"代表下一行的内容与本行内容属于同一条指令. 输出结果如图 6.4.2 所示.

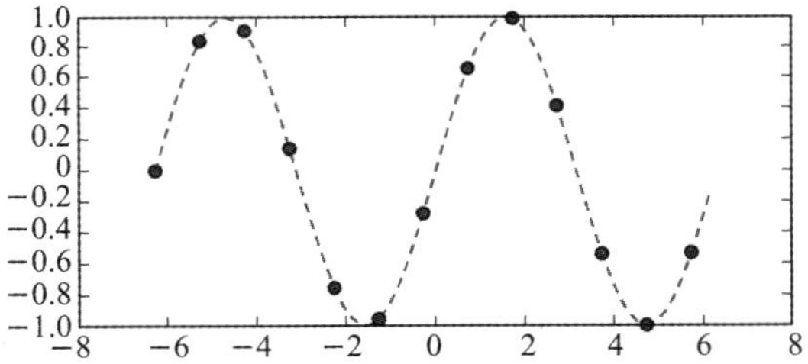

图 6.4.2

6.4.2 fimplicit 函数

fimplicit 函数是绘制隐函数图形的指令. 有些曲线的数学表达式用隐函数表示更加方便，如双曲线 $x^2-2y^2-2x+3y=1$，这种曲线图形用 plot 函数画起来非常不方便，但是用 fimplicit 函数则容易得多.

fimplicit 函数常用的指令格式有：

(1) fimplicit(f)：在默认区间[−5, 5](横纵坐标都是)上绘制 $f(x, y)=0$ 定义的隐函数图形.

(2) fimplicit(f, interval)：在 interval 参数指定的坐标范围内绘制 $f(x, y)=0$ 定义的隐函数图形，interval 参数取值是一个 4 维向量[x_min, x_max, y_min, y_max].

(3) fimplicit(f, LineSpec)：绘制 $f(x, y)=0$ 定义的隐函数图形，并用 LineSpec 设置

图形属性，如线型、标记符号和线条颜色等.

fimplicit 函数的 LineSpec 属性参数包括 MeshDensity、Color、LineStyle、LineWidth、Marker、MarkerEdgeColor、MarkerFaceColor、MarkerSize 等，其中除了 MeshDensity 参数之外，其余参数与 plot 函数的 LineSpec 属性参数设置方法相同. MeshDensity 参数用于设置绘图时每个方向上要计算的点数，点数越大绘图越精细，默认值为 150.

【例 6.4.3】 绘制双曲线 $x^2-2y^2-2x+3y=1$ 的图形，坐标范围是 $-2\leqslant x\leqslant 3$，$-2\leqslant y\leqslant 3$，线宽为 2 磅，颜色为黑色.

解 绘图指令为

```
>> f=@(x, y) x.^2-2*y.^2-2*x+3*y-1;
>> fimplicit(f, [-2, 3, -2, 3], LineWidth=2, Color='k')
```

输出结果如图 6.4.3 所示.

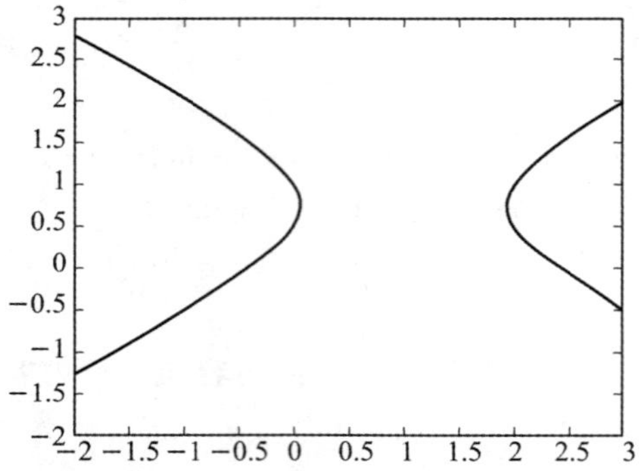

图 6.4.3

6.4.3 fplot 函数

fplot 函数的作用是根据函数表达式绘制曲线图形，可用它实现参数方程的曲线绘制，配合“hold on”指令还可以实现分段函数曲线的绘制.

fplot 函数的常用指令格式有：

(1) fplot(f)：在默认区间[−5，5](对于 x)绘制由函数 $y=f(x)$定义的曲线.

(2) fplot(f，xinterval)：在 xinterval 参数指定的区间绘制由函数 $y=f(x)$定义的曲线，xinterval 参数的取值为向量[xmin，xmax].

(3) fplot(funx，funy)：在默认区间[−5，5](对于 t)绘制由 $x=$funx(t)和 $y=$funy(t)定义的参数方程曲线.

(4) fplot(funx，funy，tinterval)：在 tinterval 参数指定的区间绘制由 $x=$funx(t)和 $y=$funy(t)定义的参数方程曲线，xinterval 参数的取值为向量[tmin，tmax].

(5) fplot(____，LineSpec)：绘制函数图形，并用 LineSpec 设置图形属性，如线型、标记符号和线条颜色等.

fplot 函数的 LineSpec 属性参数与 fimplicit 函数的 LineSpec 属性参数设置方法相同，但 MeshDensity 参数的默认值为 23.

【例 6.4.4】 绘制参数方程 $x=\cos 3t$，$y=\sin 2t$ 确定的曲线图形，线宽为 2 磅，颜色为黑色.

解　绘图指令为

```
>> xt=@(t) cos(3*t);
>> yt=@(t) sin(2*t);
>> fplot(xt, yt, LineWidth=2, Color='k')
```

输出结果如图 6.4.4 所示.

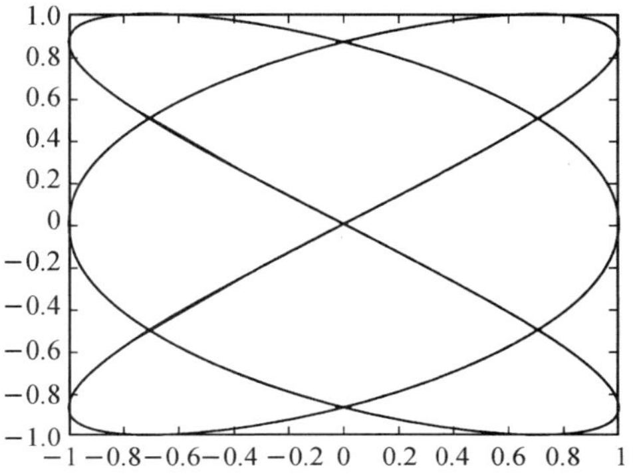

图 6.4.4

【例 6.4.5】 绘制分段函数

$$y=\begin{cases} e^x & (-3\leqslant x<0) \\ \cos x & (0\leqslant x\leqslant 3) \end{cases}$$

确定的曲线图形，线宽为 2 磅，颜色为黑色.

解　绘图指令为

```
>> fplot(@(x) exp(x), [-3 0], 'b', LineWidth=2, Color='k')
>> hold on
>> fplot(@(x) cos(x), [0 3], 'b', LineWidth=2, Color='k')
```

输出结果如图 6.4.5 所示.

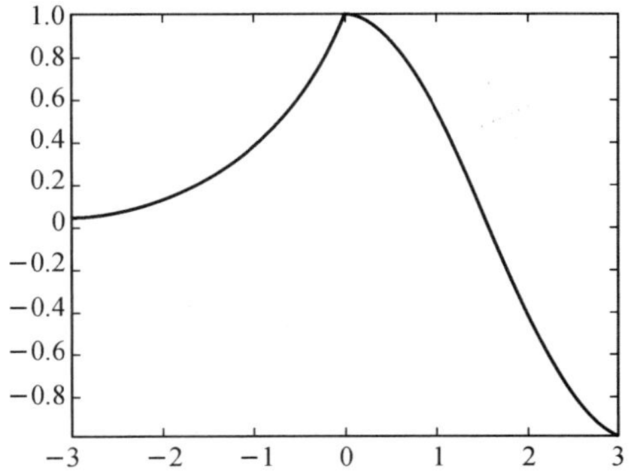

图 6.4.5

6.4.4 plot3 函数

plot3 是绘制三维线图的函数，其用法与 plot 函数相似，常用的指令格式有：

(1) plot3(X, Y, Z)：绘制三维空间中连接指定坐标的线图，也可用于绘制三维参数的方程曲线图. 向量 $\boldsymbol{X}$、$\boldsymbol{Y}$、$\boldsymbol{Z}$ 须有相同的维数.

(2) plot3(X, Y, Z, LineSpec)：绘制三维线图，并用 LineSpec 属性设置线型、标记和颜色.

(3) plot3(X1, Y1, Z1, …, Xn, Yn, Zn)：在同一组坐标系上绘制多组三维线图.

(4) plot3(X1, Y1, Z1, LineSpec1, …, Xn, Yn, Zn, LineSpecn)：在同一组坐标系上绘制多组三维线图，并指定每组线图的线型、标记和颜色等属性.

plot3 函数的 LineSpec 属性参数包括 Color、LineStyle、LineWidth、Marker、MarkerEdgeColor、MarkerFaceColor、MarkerSize、MarkerIndices 等，参数设置方法与 plot 函数相同.

【例 6.4.6】 绘制螺旋线 $x=\cos t$，$y=\sin t$，$z=t(0\leqslant t\leqslant 10\pi)$的曲线图形，线宽为 1.5 磅，颜色为黑色，坐标点标记为 10 磅圆圈，填充浅蓝色.

解 绘图指令为

```
>> t=0: pi/20: 10 * pi;
>> xt=sin(t);
>> yt=cos(t);
>> plot3(xt, yt, t, '-o', 'Color', 'k', 'MarkerSize', 10, …
'MarkerFaceColor', '#D9FFFF', 'LineWidth', 1.5)
```

输出结果如图 6.4.6 所示.

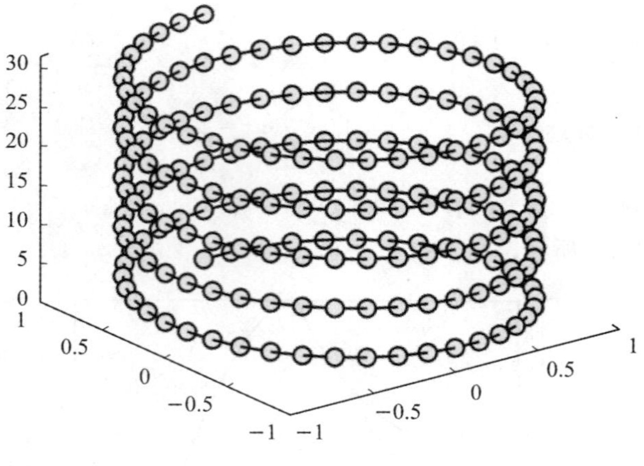

图 6.4.6

6.4.5 fimplicit3 函数

fimplicit3 是绘制三维隐函数图形的绘图函数，其用法与 fimplicit 函数相似，常用的指令格式有：

(1) fimplicit3(f)：在默认区间[−5, 5](x、y、z 坐标都是)上绘制 $f(x, y, z)=0$ 定

义的隐函数图形.

(2) fimplicit3(f, interval)：在 interval 参数指定的坐标范围内绘制 $f(x, y, z)=0$ 定义的隐函数图形，interval 参数取值是一个 6 维向量[x_min, x_max, y_min, y_max, z_min, z_max].

(3) fimplicit3(f, LineSpec)：绘制 $f(x, y, z)=0$ 定义的隐函数图形，并用 LineSpec 设置图形属性，如线型、标记符号和线条颜色等.

fimplicit3 函数的 LineSpec 属性参数包括一些与 fimplicit 函数相同的参数，如 MeshDensity、Color、LineStyle、LineWidth、Marker、MarkerEdgeColor、MarkerFaceColor、MarkerSize 等，其用法也与 fimplicit 函数相同. 还包括一些三维图形设置参数，如 FaceColor、FaceAlpha、EdgeColor 等.

FaceColor 是设置曲面颜色的参数，可以使用表 6.4.3 中的字符进行设置，还可以按如下设置：

(1) 'none'：不给曲面着色.

(2) 'flat'：用指定的颜色矩阵给曲面着色.

'interp'：通过对坐标点进行插值运算得到的渐变色对曲面进行着色，这是 MATLAB 的默认着色方式.

EdgeColor 是给曲面轮廓设置颜色的参数. 取值与 FaceColor 相同.

FaceAlpha 是设置曲面透明度的参数，取值为区间[0, 1]内的实数. 值为 1 时代表完全不透明，值为 0 时代表完全透明；介于 0～1 之间的值表示一定程度的半透明，默认值是 1.

【例 6.4.7】 绘制二次曲面 $x^2-2y^2-3z^2+2xy-4yz+xz=1$ 的图形，并对比 MATLAB 默认参数、FaceAlpha=0.5 和不给曲面着色这三种情况的绘制效果.

解 首先定义隐函数：

```
>>f=@(x, y, z) x.^2-2*y.^2-3*z.^2+2*x.*y-4*x.*z+x.*z-1;
```

使用默认参数的绘图指令为

```
>> fimplicit3(f)
```

输出结果如图 6.4.7 所示.

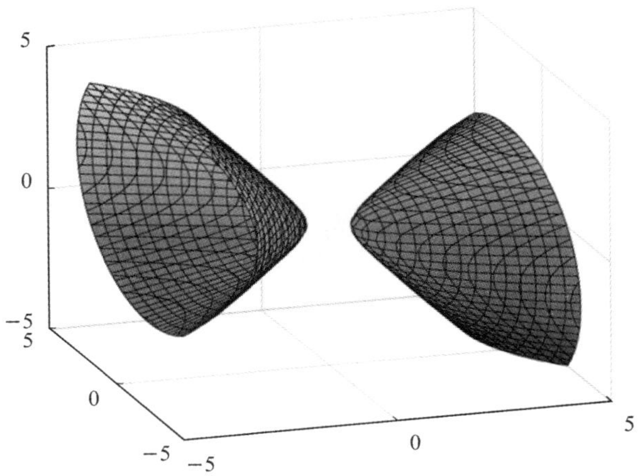

图 6.4.7

使用 FaceAlpha＝0.5 的绘图指令为

```
>> fimplicit3(f, FaceAlpha=0.5)
```

输出结果如图 6.4.8 所示.

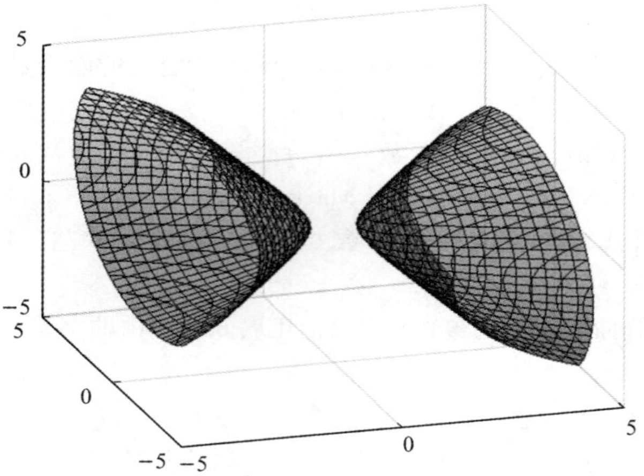

图 6.4.8

不给曲面着色的绘图指令为

```
>> fimplicit3(f, FaceColor='none')
```

输出结果如图 6.4.9 所示.

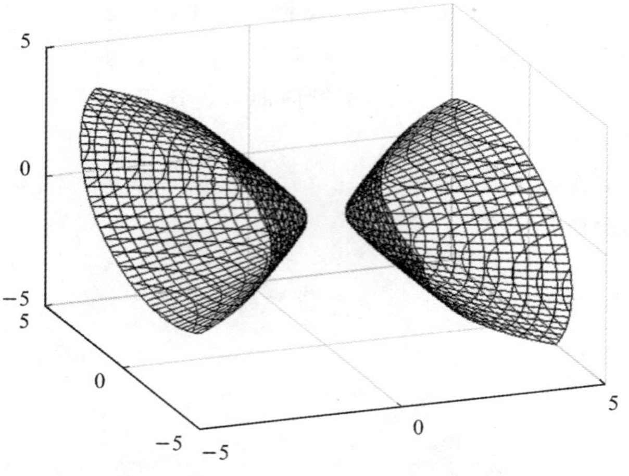

图 6.4.9

本章小结

本章结合线性代数的理论内容，从矩阵运算、线性方程组求解、数据可视化等方面，对 MATLAB 软件的使用方法做了简要介绍，使读者能在较短的时间内对 MATLAB 软件有一个基本认识. 如果读者有兴趣进一步深入学习该软件的使用方法，可以参考其他专门讲解该软件的书籍.

附录 A
线性代数发展简史

A.1 行　列　式

行列式出现于线性方程组的求解，它最早是一种速记的代数表达式，现在已经是数学中一种非常有用的工具. 行列式是由日本数学家关孝和以及德国的莱布尼茨发明的. 关孝和于 1683 年在其著作《解伏题之法》中第一次提出了行列式的概念与展开算法. 同时代的莱布尼茨是欧洲第一个提出行列式概念的人. 他在 1693 年写给洛必达的一封信中使用了行列式，并给出了线性方程组的系数行列式为零的条件.

关孝和

1750 年，瑞士数学家克拉默（G. Cramer，1704—1752）在其著作《线性代数分析导言》中，对行列式的定义和展开法则给出了较完整、明确的阐述，并给出了现在我们所称的解线性方程组的克拉默法则. 稍后，法国数学家贝祖(E. Bezout，1730—1783)将确定行列式每一项符号的方法进行了系统化，利用系数行列式的概念指出了如何判断一个齐次线性方程组有非零解，也就是系数行列式等于零是这个方程组有非零解的条件. 总之，在很长一段时间内，行列式只是作为解线性方程组的一种工具，并没有人意识到它可以独立于线性方程组之外，单独形成一门理论加以研究. 在行列式的发展史上，第一个对行列式理论做出连贯、逻辑的阐述，即把行列式理论与线性方程组求解相分离的人，是法国数学家范德蒙德(A. T. Vandermonde, 1735—1796). 范德蒙德自幼在父亲的指导下学习音乐, 但他对数学有浓厚的兴趣, 后来终于成为法兰西科学院院士. 特别地, 他给出了用一阶子式和它们的余子式来展开行列式的法则. 就对行列式本身这一点来说, 他是这门理论的奠基人. 1772 年, 拉普拉斯在一篇论文中证明了范德蒙德提出的一些规则, 推广了他的展开行列式的方法. 继范德蒙德之后, 在行列式的理论方面, 又一位做出突出贡献的就是法国数学家柯西(Cauchy).

加百利 · 克拉默

柯西

1815 年, 柯西在一篇论文中给出了行列式的第一个系统的、几乎是近代的处理. 其中主要结果之一是行列式的乘法定理. 另外, 他第一个把行列式的元素排成方阵, 采用双足标记法; 引进了行列式特征方程的术语; 给出了相似行列式的概念; 改进了拉普拉斯的行列式展开定理并给出了一个证明等. 继柯西之后, 在行列式理论方面最多产的人就是德国数学家雅可比(J. Jacobi, 1804—1851), 他引进了函数行列式, 即"雅可比行列式", 指出函数行列式在多重积分的变量替换中的作用, 给出了函数行列式的导数公式. 雅可比的著名论文《论行列式的形成和性质》, 标志着行列式系统理论的建成. 由于行列式在数学分析、几何学、线性方程组理论、二次型理论等多方面的应用, 促使行列式理论在 19 世纪得到了很大发展. 整个 19 世纪都有行列式的新结果. 除了一般行列式的大量定理之外, 还有许多有关特殊行列式的其他定理都相继得到.

雅可比

A.2 矩　阵

矩阵是数学中的一个重要的基本概念，是代数学的一个主要研究对象，也是数学研究和应用的一个重要工具．“矩阵”这个词是由西尔维斯特（James Joseph Sylvester，1814—1897)首先使用的，他是为了将数字的矩形阵列区别于行列式而发明了这个术语．矩阵这个词来源于拉丁语，代表一排数．而实际上，矩阵这个课题在诞生之前就已经发展得很好了．从行列式的大量工作中明显地表现出来，为了很多目的，不管行列式的值是否与问题有关，方阵本身都可以研究和使用，矩阵的许多基本性质也是在行列式的发展中建立起来的．在逻辑上，矩阵的概念应先于行列式的概念，然而在历史上发生的次序正好相反．

西尔维斯特

英国数学家凯莱(A. Cayley，1821—1895)一般被公认为是矩阵论的创立者，因为他首先把矩阵作为一个独立的数学概念提出，并首先发表了关于这个题目的一系列文章．凯莱在研究线性变换下的不变量相结合时，首次引进矩阵以简化记号．1858 年，他发表了关于这一课题的第一篇论文《矩阵论的研究报告》，系统地阐述了关于矩阵的理论．文中他定义了矩阵的相等、矩阵的运算法则、矩阵的转置以及矩阵的逆等一系列基本概念，指出了矩阵加法的可交换性与可结合性. 他用单一的字母 A 来表示矩阵是对矩阵代数发展至关重要的. 其公式 det(4B)、det(4)、det(B)为矩阵代数和行列式间提供了一种联系. 另外，凯莱还给出了方阵的特征方程和特征根(特征值)以及有关矩阵的一些基本结果. 凯莱出生于一个古老而有才能的英国家庭，在剑桥大学三一学院大学毕业后留校讲授数学，三年后他转从律师职业，工作卓有成效，并利用业余时间研究数学，发表了大量的数学论文.

凯莱

A.3 向 量

向量又称为矢量，最初应用于物理学. 很多物理量如力、速度、位移以及电场强度、磁感应强度等都是向量. 大约公元前 350 年前，古希腊著名学者亚里士多德就知道了力可以表示成向量，两个力的组合作用可用著名的平行四边形法则来得到.

“向量”词来自力学、解析几何中的有向线段. 最先使用有向线段表示向量的是英国科学家牛顿. 向量进入数学并得到发展的阶段是 18 世纪末期，挪威测量学家威塞尔首次利用坐标平面上的点来表示复数 $a+bi$，并利用具有几何意义的复数运算来定义向量的运算. 把坐标平面上的点用向量表示出来，并把向量的几何表示用于研究几何问题与三角问题. 人们逐步接受了复数，也学会了利用复数来表示和研究平面中的向量，向量就这样平静地进入了数学. 但复数的利用是受限制的，因为它仅能表示平面，若有不在同一平面上的力作用于同一物体，则需要寻找所谓的三维“复数”以及相应的运算体系. 19 世纪中期，英国数学家哈密尔顿发明了四元数(包括数量部分和向量部分)，以代表空间的向量. 他的工作为向量代数和向量分析的建立奠定了基础. 随后，电磁理论的发现者、英国的数学物理学家麦克斯韦把四元数的数量部分和向量部分分开处理，从而创造了大量的向量分析.

A.4 线性方程组

线性方程组的解法早在中国古代的数学著作《九章算术》的方程一章中已作了比较完整的论述.《九章算术》是综合性的历史著作，原作者不详，据研究西汉的张苍、耿寿昌曾经做过增补，东汉时的数学家刘徽做过详细注解. 刘徽定义了若干数学概念，全面论证了《九章算术》的公式解法，提出了许多重要的思想、方法和命题. 在这部书的手稿中解释了如何用消去变元的方法求解带有三个未知量的三方程系统，其中所述方法实质上相当于现代的对方程组的增广矩阵施行初等行变换从而消去未知量的方法，即高斯消元法.

刘徽

在西方，线性方程组的研究是在 17 世纪后期由莱布尼茨开创的. 他曾研究含有两个未知量的三个线性方程组组成的方程组. 麦克劳林在 18 世纪上半叶研究了具有二、三、四个未知量的线性方程组，得到了现在称为克拉默法则的结果. 克拉默不久也发表了这个法则. 18 世纪下半叶，法国数学家贝祖对线性方程组理论进行了一系列研究，证明了 n 个 n 元齐次线性方程组有非零解的条件是系数行列式等于零. 19 世纪，英国数学家史密斯(H. Smith)和道奇森(C. L. Dodgson)继续研究线性方程组理论，前者引进了方程组的增广矩阵和非增广矩阵的概念，后者证明了 n 个未知数 m 个方程的方程组相容的充要条件是系数矩阵和增广矩阵的秩相同. 这正是现代方程组理论中的重要结果之一. 大量的科学技术问题，最终往往归结为解线性方程组. 因此，在线性方程组的数值解法得到发展的同时，线性方程组解的结构等理论性工作也取得了令人满意的进展. 现在，线性方程组的数值解法在计算数学中占有重要地位.

附录 B
习题参考答案

习题 1 参考答案

1. (1) 4， 偶排列. (2) 15，奇排列.

   (3) $\frac{1}{2}n(n-1)$. 当 $n=4R$ 或 $4R+1$ 时为偶排列；当 $n=4R+2$ 或 $4R+3$ 时为奇排列.

2. (1) -69. (2) $-a_{13}a_{22}a_{31}$. (3) 0. (4) $a_{14}a_{23}a_{32}a_{41}$.

   (5) $abcd+ab+cd+ad+1$. (6) $b^2(b^2-4a^2)$. (7) x^2y^2.

3. 略.

4. (1) $\frac{1}{3}$. (2) 1. (3) 2.

5. 略.

6. $A_{14}=908$， $A_{22}=-803$， $A_{32}=-660$.

7. 0.

8. (1) $(-1)^{\frac{(n+3)n}{2}}\cdot n!$. (2) $(-1)^{n+1}\cdot n!$.

   (3) $x^n+(-1)^{n+1}y^n$. (4) $(-m)^{n-1}\left(\sum_{i=1}^{n}x_i-m\right)$.

   (5) $(-1)^n\cdot\frac{1}{2}\cdot(n+1)!$. (6) $\prod_{i=1}^{n}a_i\cdot\left(1+\sum_{i=1}^{n}\frac{1}{a_i}\right)$.

   (7) $a_1a_2\cdots a_{n-1}a_n\left(a_0-\sum_{i=1}^{n-1}\frac{1}{a_i}\right)$.

9. 略.

10. (1) 10 368. (2) 12.

11. (1) $x_1=3$，$x_2=-4$，$x_3=-1$，$x_4=1$.

    (2) $x_1=-2$，$x_2=0$，$x_3=1$，$x_4=5$.

12. $k=4$ 或 $k=-1$.

13. 条件：$a\neq b$，$a\neq c$，$b\neq c$，$a+b+c\neq 0$.

    解为

$$x_1=\frac{(b-d)(c-d)(c-b)(d+b+c)}{(b-a)(c-a)(c-b)(a+b+c)}$$

$$x_2=\frac{(d-a)(c-a)(c-d)(d+b+c)}{(b-a)(c-a)(c-b)(a+b+c)}$$

$$x_3=\frac{(b-a)(d-a)(d-b)(a+b+c)}{(b-a)(c-a)(c-b)(a+b+c)}$$

习题2参考答案

一、选择题

1～5 CCDBC.

二、填空题

1. $3E$； 2. $-\frac{9}{2}$； 3. -16； 4. $\begin{pmatrix}\frac{1}{10} & 0 & 0\\ \frac{1}{5} & \frac{1}{5} & 0\\ \frac{3}{10} & \frac{2}{5} & \frac{1}{2}\end{pmatrix}$； 5. $\boldsymbol{B}-\boldsymbol{E}$.

三、计算题

1. $\begin{pmatrix}-5 & 20 & 5\\ -5 & -4 & -10\\ 15 & -3 & -3\end{pmatrix}$.

2. $\begin{pmatrix}6 & -5 & 0\\ 10 & -7 & -7\end{pmatrix}$.

3. (1) $\begin{pmatrix}\cos\theta & \sin\theta\\ -\sin\theta & \cos\theta\end{pmatrix}$； (2) $\begin{pmatrix}-2 & 0 & 1\\ 0 & -3 & 4\\ 1 & 2 & -3\end{pmatrix}$；

(3) $\begin{pmatrix}-1 & 1 & 0\\ -\frac{7}{2} & 3 & -\frac{1}{2}\\ -9 & 7 & -1\end{pmatrix}$； (4) $\begin{pmatrix}1 & 1 & -2 & -4\\ 0 & 1 & 0 & -1\\ -1 & -1 & 3 & 6\\ 2 & 1 & -6 & -10\end{pmatrix}$；

(5) $\begin{pmatrix}a_1^{-1} & 0 & \cdots & 0\\ 0 & a_2^{-1} & \cdots & 0\\ \vdots & \vdots & & \vdots\\ 0 & 0 & \cdots & a_n^{-1}\end{pmatrix}$； (6) $\left(\begin{array}{cc:cc}1 & -2 & 0 & 0\\ -2 & 5 & 0 & 0\\ \hdashline 0 & 0 & \frac{3}{14} & \frac{1}{7}\\ 0 & 0 & -\frac{1}{14} & \frac{2}{7}\end{array}\right)$.

4. (1) $\boldsymbol{X}=\begin{pmatrix}2 & -23\\ 0 & 8\end{pmatrix}$； (2) $\boldsymbol{X}=(-1\quad 0\quad 1)$； (3) $\boldsymbol{X}=\begin{pmatrix}12 & 12\\ 3 & 0\end{pmatrix}$；

(4) $\boldsymbol{X}=\begin{pmatrix}a & b & c\\0 & a & b\\0 & 0 & a\end{pmatrix}$;　　(5) $\boldsymbol{X}=\begin{pmatrix}2 & 0 & 1\\0 & 3 & 0\\1 & 0 & 2\end{pmatrix}$.

5. $|\boldsymbol{A}^8| = 10^{16}$; $\boldsymbol{A}^4=\begin{bmatrix}5^4 & 0 & 0 & 0\\0 & 5^4 & 0 & 0\\0 & 0 & 2^4 & 0\\0 & 0 & 2^6 & 2^4\end{bmatrix}$.

6. $\boldsymbol{AB}=\left[\begin{array}{cc:cc}1 & 2 & 5 & 2\\0 & 1 & 2 & -4\\ \hdashline 0 & 0 & -4 & 3\\0 & 0 & 0 & -9\end{array}\right]$.

7. $\begin{pmatrix}\boldsymbol{O} & \boldsymbol{B}^{-1}\\\boldsymbol{A}^{-1} & \boldsymbol{O}\end{pmatrix}$.

四、证明题

1. 提示：$(\boldsymbol{A}^2)^{\mathrm{T}}=(\boldsymbol{A}^{\mathrm{T}})^2=(-\boldsymbol{A})^2=\boldsymbol{A}^2$;

$(\boldsymbol{AB}-\boldsymbol{BA})^{\mathrm{T}}=(\boldsymbol{AB})^{\mathrm{T}}-(\boldsymbol{BA})^{\mathrm{T}}=\boldsymbol{B}^{\mathrm{T}}\boldsymbol{A}^{\mathrm{T}}-\boldsymbol{A}^{\mathrm{T}}\boldsymbol{B}^{\mathrm{T}}=\boldsymbol{BA}-\boldsymbol{AB}=-(\boldsymbol{AB}-\boldsymbol{BA})$.

2. 提示：由 $\boldsymbol{A}^k=\boldsymbol{O}$，得 $\boldsymbol{E}-\boldsymbol{A}^k=\boldsymbol{E}$.

3. 略.

习题 3 参考答案

1. (1) $\boldsymbol{A}=\begin{pmatrix}1 & -1 & 3 & -1 & 2\\0 & 1 & -4 & 4 & -3\\0 & 0 & 9 & -10 & 6\end{pmatrix}$;　　(2) $\boldsymbol{A}=\begin{pmatrix}1 & 2 & -2\\0 & -1 & 2\\0 & 0 & 0\end{pmatrix}$;

(3) $\boldsymbol{A}=\begin{bmatrix}1 & -1 & 0 & 2 & -3\\0 & 0 & 1 & -2 & 2\\0 & 0 & 0 & 0 & 0\\0 & 0 & 0 & 0 & 0\end{bmatrix}$;　　(4) $\boldsymbol{A}=\begin{bmatrix}1 & 0 & 2 & 0 & -2\\0 & 1 & -1 & 0 & 3\\0 & 0 & 0 & 1 & 4\\0 & 0 & 0 & 0 & 0\end{bmatrix}$.

2. (1) $\begin{pmatrix}2 & -1\\-5 & 3\end{pmatrix}$;　　(2) $\begin{pmatrix}1 & 0 & 0\\-6 & 3 & -5\\2 & -1 & 2\end{pmatrix}$;

(3) $\begin{pmatrix}1 & -4 & -3\\1 & -5 & -3\\-1 & 6 & 4\end{pmatrix}$;　　(4) $\dfrac{1}{4}\begin{bmatrix}1 & 1 & 1 & 1\\1 & 1 & -1 & -1\\1 & -1 & 1 & -1\\1 & -1 & -1 & 1\end{bmatrix}$.

3. (1) $\boldsymbol{X}=\begin{pmatrix}2 & -23\\0 & 8\end{pmatrix}$;　　(2) $\boldsymbol{X}=\dfrac{1}{6}\begin{pmatrix}11\\-1\\4\end{pmatrix}$;

（3）$X=(-2\quad 2\quad 1)$；　　（4）$X=\begin{pmatrix}2 & -1 & 0\\ 2 & 3 & -4\\ 1 & 0 & -2\end{pmatrix}$.

4.（1）$R(A)=2$；（2）$R(A)=3$；（3）$R(A)=3$；（4）$R(A)=3$.

5. $k=-6$；$k\neq-6$；不可能.

6.（1）无解.

（2）有无穷多解：

$$\begin{pmatrix}x_1\\ x_2\\ x_3\end{pmatrix}=k\begin{pmatrix}-2\\ 1\\ 1\end{pmatrix}+\begin{pmatrix}-1\\ 2\\ 0\end{pmatrix}\quad (k\in\mathbf{R}).$$

（3）只有零解.

7. 当 $k\neq7$，无解.

当 $k=7$ 时，有无穷多解：

$$\begin{pmatrix}x_1\\ x_2\\ x_3\\ x_4\end{pmatrix}=k_1\begin{pmatrix}3\\ 4\\ 1\\ 0\end{pmatrix}+k_2\begin{pmatrix}1\\ -1\\ 0\\ 1\end{pmatrix}+\begin{pmatrix}3\\ 1\\ 0\\ 0\end{pmatrix}\quad (k_1,\ k_2\in\mathbf{R}).$$

8. 当 $\lambda\neq0$ 且 $\lambda\neq1$ 时，有唯一解.

当 $\lambda=0$ 时，无解.

当 $\lambda=1$ 时，有无穷多解：

$$\begin{pmatrix}x_1\\ x_2\\ x_3\end{pmatrix}=k\begin{pmatrix}-1\\ 2\\ 1\end{pmatrix}+\begin{pmatrix}1\\ -3\\ 0\end{pmatrix}\quad (k\in\mathbf{R}).$$

9. **解**　（1）将四个结点命名为A，B，C，D，如图所示.

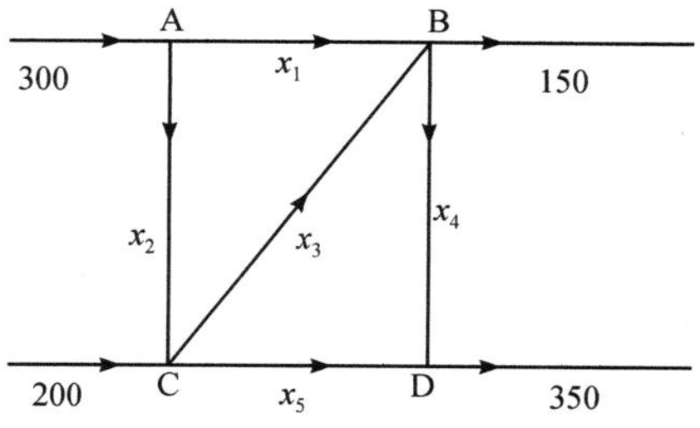

则每一个结点流入的车流总和与流出的车流总和应当一样，这样这四个结点可列出四个方程如下：

$$\begin{cases}x_1+x_2=300 & \text{A}\\ x_1+x_3-x_4=150 & \text{B}\\ -x_2+x_3+x_5=200 & \text{C}\\ x_4+x_5=350 & \text{D}\end{cases}$$

对增广矩阵进行初等行变换：

$$\begin{pmatrix}1&1&0&0&0&300\\1&0&1&-1&0&150\\0&-1&1&0&1&200\\0&0&0&1&1&350\end{pmatrix}\xrightarrow{r_2-r_1}\begin{pmatrix}1&1&0&0&0&300\\0&-1&1&-1&0&-150\\0&-1&1&0&1&200\\0&0&0&1&1&350\end{pmatrix}$$

$$\xrightarrow[\substack{r_3-r_2\\(-1)r_2}]{r_1+r_2}\begin{pmatrix}1&0&1&-1&0&150\\0&1&-1&1&0&150\\0&0&0&1&1&350\\0&0&0&1&1&350\end{pmatrix}\xrightarrow[\substack{r_2-r_3\\r_4-r_3}]{r_1+r_3}\begin{pmatrix}1&0&1&0&1&500\\0&1&-1&0&-1&-200\\0&0&0&1&1&350\\0&0&0&0&0&0\end{pmatrix}$$

可见，x_3 和 x_5 为自由未知数，因此令 $x_3=s$，$x_5=t$，其中 s，t 为任意正整数(车流量不可能为负值)，则可得 $x_1=500-s-t$，$x_2=s+t-200$，$x_4=350-t$.

(2) 令 $x_2=200$，$x_3=s=50$，代入上面的 x_2 的表达式，得 $200=50+t-200$，求出 $t=350$，则 $x_1=500-s-t=100$，$x_4=0$，是可行的.

习题 4 参考答案

一、填空题

1. $\left(-\dfrac{13}{6}, \dfrac{7}{6}, 3\right)^{\mathrm{T}}$； 2. 5； 3. -1； 4. 无关； 5. 2，$\boldsymbol{\alpha}_1$，$\boldsymbol{\alpha}_2$(或 $\boldsymbol{\alpha}_1$，$\boldsymbol{\alpha}_3$，或 $\boldsymbol{\alpha}_1$，$\boldsymbol{\alpha}_4$ 等)； 6. 相关，2，$\boldsymbol{\alpha}_2$，$\boldsymbol{\alpha}_4$(或 $\boldsymbol{\alpha}_3$，$\boldsymbol{\alpha}_4$，或 $\boldsymbol{\alpha}_1$，$\boldsymbol{\alpha}_4$ 等) 7. 无关； 8. 1； 9. 40.

二、选择题

1～5 BCADD； 6～10 DBCBD； 11. D

三、计算题

1. 秩为 3，最大线性无关组为 $\boldsymbol{\alpha}_1$，$\boldsymbol{\alpha}_2$，$\boldsymbol{\alpha}_3$(不唯一)，$\boldsymbol{\alpha}_4=\boldsymbol{\alpha}_1+\boldsymbol{\alpha}_2+\boldsymbol{\alpha}_3$.

2. (1) 线性相关； (2) 线性无关.

3. $\begin{pmatrix}x_1\\x_2\\x_3\\x_4\end{pmatrix}=k\begin{pmatrix}1\\2\\0\\1\end{pmatrix}+\begin{pmatrix}\frac{1}{2}\\\frac{3}{2}\\-1\\1\end{pmatrix}\quad(k\in\mathbf{R})$.

4. $a=1$ 或 $a=2$.

四、证明题

由题意可知 $\boldsymbol{\beta}_1$，$\boldsymbol{\beta}_2$，…，$\boldsymbol{\beta}_r$ 可以由 $\boldsymbol{\alpha}_1$，$\boldsymbol{\alpha}_2$，…，$\boldsymbol{\alpha}_r$ 线性表出，只需证 $\boldsymbol{\alpha}_1$，$\boldsymbol{\alpha}_2$，…，$\boldsymbol{\alpha}_r$ 可以由 $\boldsymbol{\beta}_1$，$\boldsymbol{\beta}_2$，…，$\boldsymbol{\beta}_r$ 线性表出即可. 而由 $\boldsymbol{\beta}_1=\boldsymbol{\alpha}_2+\boldsymbol{\alpha}_3+\cdots+\boldsymbol{\alpha}_r$，$\boldsymbol{\beta}_2=\boldsymbol{\alpha}_1+\boldsymbol{\alpha}_3+\cdots+\boldsymbol{\alpha}_r$，…，$\boldsymbol{\beta}_r=\boldsymbol{\alpha}_1+\boldsymbol{\alpha}_2+\cdots+\boldsymbol{\alpha}_{r-1}$ 可知，$\boldsymbol{\beta}_1+\boldsymbol{\beta}_2+\cdots+\boldsymbol{\beta}_r=(r-1)(\boldsymbol{\alpha}_1+\boldsymbol{\alpha}_2+\cdots+\boldsymbol{\alpha}_r)$，所以得到

$$\begin{aligned}\boldsymbol{\alpha}_1&=\left(\frac{1}{r-1}\right)(\boldsymbol{\beta}_1+\boldsymbol{\beta}_2+\cdots+\boldsymbol{\beta}_r)-(\boldsymbol{\alpha}_2+\cdots+\boldsymbol{\alpha}_r)\\&=\left(\frac{1}{r-1}\right)(\boldsymbol{\beta}_1+\boldsymbol{\beta}_2+\cdots+\boldsymbol{\beta}_r)-\boldsymbol{\beta}_1\\&\vdots\end{aligned}$$

即 $\boldsymbol{\alpha}_i=\left(\dfrac{1}{r-1}\right)(\boldsymbol{\beta}_1+\boldsymbol{\beta}_2+\cdots+\boldsymbol{\beta}_r)-\boldsymbol{\beta}_i$，即 $\boldsymbol{\alpha}_1$，$\boldsymbol{\alpha}_2$，…，$\boldsymbol{\alpha}_r$ 可以由 $\boldsymbol{\beta}_1$，$\boldsymbol{\beta}_2$，…，$\boldsymbol{\beta}_r$ 线性表出.得证.

习题 5 参考答案

1. (1) $\lambda_1=2$，$k_1\begin{pmatrix}-1\\1\end{pmatrix}$ $(k_1\in\mathbf{R})$，$\lambda_2=3$，$k_2\begin{pmatrix}-1\\2\end{pmatrix}$ $(k_2\in\mathbf{R})$；

(2) $\lambda_1=\lambda_2=\lambda_3=1$，$k\begin{pmatrix}1\\1\\-1\end{pmatrix}$ $(k\in\mathbf{R})$；

(3) $\lambda_1=-1$，$k_1\begin{pmatrix}1\\-1\\0\end{pmatrix}$ $(k_1\in\mathbf{R})$，$\lambda_2=9$，$k_3\begin{pmatrix}1\\1\\2\end{pmatrix}$ $(k_2\in\mathbf{R})$，$\lambda_3=0$，$k_3\begin{pmatrix}1\\1\\-1\end{pmatrix}$ $(k_3\in\mathbf{R})$.

2. (1) $\boldsymbol{\beta}_1=\begin{pmatrix}\frac{1}{\sqrt{2}}\\\frac{1}{\sqrt{2}}\\0\end{pmatrix}$，$\boldsymbol{\beta}_2=\begin{pmatrix}\frac{1}{\sqrt{3}}\\-\frac{1}{\sqrt{3}}\\\frac{1}{\sqrt{3}}\end{pmatrix}$，$\boldsymbol{\beta}_3=\begin{pmatrix}-\frac{1}{\sqrt{6}}\\\frac{1}{\sqrt{6}}\\\frac{2}{\sqrt{6}}\end{pmatrix}$；

(2) $\boldsymbol{\beta}_1=\dfrac{1}{\sqrt{3}}\begin{pmatrix}1\\0\\-1\\1\end{pmatrix}$，$\boldsymbol{\beta}_2=\dfrac{\sqrt{15}}{3}\begin{pmatrix}1\\-3\\2\\1\end{pmatrix}$，$\boldsymbol{\beta}_3=\dfrac{\sqrt{35}}{5}\begin{pmatrix}-1\\3\\3\\4\end{pmatrix}$.

3. (1) 是；　(2) 不是.

4. 略. 5. 略.

6. $\boldsymbol{A}=\begin{pmatrix}4&1&1\\1&4&1\\1&1&4\end{pmatrix}$.

7. (1) $\boldsymbol{P}=\dfrac{1}{3}\begin{pmatrix}1&2&-2\\2&1&2\\2&-2&1\end{pmatrix}$，$\boldsymbol{P}^{-1}\boldsymbol{AP}=\begin{pmatrix}10&0&0\\0&1&0\\0&0&1\end{pmatrix}$；

(2) $\boldsymbol{P}=\dfrac{1}{3}\begin{pmatrix}2&-2&1\\2&1&-2\\1&2&2\end{pmatrix}$，$\boldsymbol{P}^{-1}\boldsymbol{AP}=\begin{pmatrix}1&0&0\\0&3&0\\0&0&3\end{pmatrix}$.

8. (1) $f(x, y, z)=(x, y, z)\begin{pmatrix}1&-2&0\\-2&0&\frac{1}{2}\\0&\frac{1}{2}&-3\end{pmatrix}\begin{pmatrix}x\\y\\z\end{pmatrix}$；

(2) $f(x_1, x_2, x_3)=(x_1, x_2, x_3)\begin{pmatrix}1&1&1\\1&1&1\\1&1&1\end{pmatrix}\begin{pmatrix}x_1\\x_2\\x_3\end{pmatrix}$.

9. (1) $\begin{pmatrix}x_1\\x_2\\x_3\end{pmatrix}=\begin{pmatrix}1&0&0\\0&\frac{1}{\sqrt{2}}&\frac{1}{\sqrt{2}}\\0&-\frac{1}{\sqrt{2}}&\frac{1}{\sqrt{2}}\end{pmatrix}\begin{pmatrix}y_1\\y_2\\y_3\end{pmatrix}$, $f=2y_1^2+y_2^2+5y_3^2$;

(2) $\begin{pmatrix}x_1\\x_2\\x_3\end{pmatrix}=\begin{pmatrix}\frac{2}{\sqrt{6}}&0&\frac{1}{\sqrt{3}}\\-\frac{1}{\sqrt{6}}&\frac{1}{\sqrt{2}}&\frac{1}{\sqrt{3}}\\\frac{1}{\sqrt{6}}&\frac{1}{\sqrt{2}}&-\frac{1}{\sqrt{3}}\end{pmatrix}\begin{pmatrix}y_1\\y_2\\y_3\end{pmatrix}$, $f=2y_1^2+3y_2^2$.

10. (1) 负定;(2) 正定.